JN077505

Zero Fighter
vs
Grumman F4F/F6F

日米ライバル戦闘機対決

零戦 VS グラマン

Shigeru Nohara
野原 茂

潮書房光人新社

零戦/F4F/F6F カラー・ファイル

Illustrations : S. Nohara
Photos : National Archives, U. S.Navy, Grumman

↑マリアナ沖海戦における大敗後、唯一の艦隊航空隊となった、第六五三海軍航空隊のマーキングで描いた零戦五二乙型のイラスト。

↑太平洋戦争勃発前の1941年なかば頃、全面ライトグレイ１色の平時塗装で編隊飛行する、空母「ヨークタウン」（ＣＶ－５）搭載の第５戦闘飛行隊（ＶＦ－５）所属Ｆ４Ｆ－３Ａ。

↓1942年なかば頃、グラマン社ベスペイジ工場で完成したのち、格納庫内に集積されたＦ４Ｆ－４群。左手前は併行して生産されたＦ４Ｆ－４のイギリス海軍向けマートレットⅣ。

↑1942年６月５日、ミッドウェー海戦時の空母「赤城」搭載零式一号二型艦戦と、来襲したＦ４Ｆ－４との空中戦、というシチュエーションで描いたイラスト。

←零戦対F4Fの戦いのハイライトでもあった、1942年8月7日から同年10月末頃までの、ガダルカナル島上空における空中戦をシチュエーションして描いたイラスト。手前は、同島に最初に派遣され、且つ最高の撃墜戦果を誇った第223海兵戦闘飛行隊（VMF－223）のNo.2エース、マリオン・E・カール大尉乗機のF4F－4、機番号〝黒の13〟、奥の〝V－105〟号は、ラバウル零戦隊の中核を担った台南航空隊の零式一号二型艦戦。

↑1944年２月17日、トラック島空襲に向かうため、空母「ヨークタウン」（二代目、ＣＶ－10）の飛行甲板を埋め尽くして並び、発艦に備える艦上機群。手前から２列目までと５～７列がＶＦ－５のＦ６Ｆ－３で、２～３列目はＴＢＦ－１艦攻、８～11列目はＳＢＤ－５艦爆である。画面内に写っているだけで40機以上あり、当時のアメリカ海軍空母のエア・パワーの強大さを、改めて知らしめる一葉である。因みに、このトラック島空襲時のヨークタウン搭載機数は、Ｆ６Ｆ－３　36機、ＳＢＤ－５　36機、ＴＢＦ－１　18機、夜戦のＦ６Ｆ－３Ｎ　４機、合計94機だった。

↑かつて台南航空隊の多数機撃墜者として名を馳せた、〝大空のサムライ〟こと坂井三郎少尉が、昭和19年６月24日横須賀航空隊「八幡部隊」の一員として硫黄島防空戦に臨み、Ｆ６Ｆを相手に空戦を展開したときの様子をシチュエーションして描いたイラスト。Ｆ６Ｆを２機撃墜後に苦戦に陥り、追撃をうけているところ。

Ｆ６Ｆ装備の戦闘飛行隊中、機首に特大の部隊マークを描いた唯一の例として知られる、軽空母「プリンストン」（ＣＶＬ－23）搭載の、第27戦闘飛行隊（ＶＦ－27）所属Ｆ６Ｆ－３が、カタパルト発艦するシーンを描いたイラスト。この部隊マークは、機体名称〝ヘルキャット〟に因んだデザインで、目は血走り、牙をむき出した大きな口、滴る血がいかにも勇猛な感じである。

↑前ページのＦ６Ｆ－３で描いたＶＦ－27は、マリアナ沖海戦後に新型Ｆ６Ｆ－５も受領したが、同様の〝ヘルキャット〟マーキングを継承して、同年10月下旬のフィリピン攻防戦に臨んだ。イラストは、そのときのＶＦ－27飛行隊長兼ＣＶＧ－27空母航空群司令官の、フレッド・Ａ・バードシャー少佐搭乗機と零戦の空戦シーンを描いた。同少佐は、通算８機撃墜を記録してエースとなった。

序文

　太平洋戦争の帰趨を決したのが、航空戦の勝敗如何だったことは周知の事実である。その日・米の空の戦いで主役を演じたのが、互いの海軍航空部隊だった。航空戦を制するには、まず何をさておいても、戦闘機が該当戦域上空の制空権を確保しなければならぬ。

　この制空権の掌握をめぐり、開戦半年後あたりから互いにしのぎを削ったのが、日本海軍の三菱・零戦とアメリカ海軍／海兵隊のグラマンＦ４Ｆ、Ｆ６Ｆであった。言い換えれば、太平洋航空戦は零戦対グラマン戦闘機の戦いだったと言っても過言ではない。

　同じ艦上戦闘機といっても、それぞれの国内事情、あるいはユーザーである海軍の運用構想の違い、開発メーカーの技術レベルなどが絡み、完成した機体にはその背景が映し出される。

　本書は、この太平洋航空戦の主役でもあった、零戦とＦ４Ｆ、Ｆ６Ｆの開発経緯、メカニズムを対比させる形で紹介し、それぞれの特徴を把握していただこう、という主旨でまとめたものである。

　ただ、零戦は後継機「烈風」が戦争に間に合わず、真のライバルであるＦ４Ｆに加え、その後継機Ｆ６Ｆとも最後まで対戦することになった。だが、本書では対にして比較する構成なので、開発年度からすればライバルに値する烈風を、Ｆ６Ｆの比較対象とした。

　さらに、零戦とＦ４Ｆ、Ｆ６Ｆが誕生するまで、またそれ以降の三菱、グラマン両社の戦闘機開発についても、それぞれ章立てにして紹介し、沿革が把握できるようにした。

　執筆を進める過程で改めて感じたのは、航空機の成否は、単に開発メーカーの技術力だけでなく、他の要素も大きく作用するということ。

　零戦の設計は、確かにひとつのポリシーの極限を具現する手法ではあったが、他社の〝製品〟である「栄」発動機の存在なしには、高性能実現も叶わなかっただろうし、その性能も、防弾装備の欠如、機体構造強度の低さなどをリスクにして得たものである。

　Ｆ４Ｆに至っては、当初は旧態依然とした複葉形態の設計であり、ブリュースター社のＸＦ２Ａ－１の出現により、急ぎ単葉形態に改めたという経緯がある。

　Ｆ６Ｆは、その試作発注時の当局の要求からして、革新を意図したＸＦ４Ｕ－１が、空母運用に万一失格したときの〝保険機〟と見なされ、凡庸な設計とせざるを得なかった。そのＸＦ４Ｕ－１の憂いが現実のものになったことで、Ｆ６Ｆは一転、脇役から主役の座を〝棚ボタ〟的に獲得したのである。

　こうした経緯を顧みると、Ｆ４ＦにしろＦ６Ｆにしろグラマン社技術陣にしてみれば、必ずしも快心の作ではないのに、他の要因も絡み結果的に主力機として遇された。これは、メーカー、軍にとっても予測不能な成り行きであった。

　零戦は確かに、実戦デビューした昭

和15（1940）年夏の時点で、飛行性能面だけに限ってみれば世界水準以上のレベルを誇ったと言える。だが、軍用機発達のスピードが加速度的だった当時、新型機が性能的優位を保てるのもせいぜい2～3年とされたなかで、その後継機を戦争終結まで実戦配備できず、結果的に旧式化を承知しつつ、5年間も主力機として使い続けなければならなかったところに、日本の工業技術力、ひいては国力の限界が示されている。

1936年に勃発したスペイン内乱で共和政府、反乱軍にそれぞれ荷担した当事国が初めて経験した近代航空戦は、第二次世界大戦でその基礎が確立された。その中で、戦闘機同士の空中戦は第一次世界大戦当時の名残りだった単機格闘戦から、複数機で構成する編隊同士の、垂直面の機動を中心にする形態に進化した。

上昇力や運動性が零戦に比べて劣ったF4Fが、サッチ・ウィーブ戦術の導入と垂直面の機動を中心にした、降下一撃離脱のヒットエンドラン戦法で零戦に対して互角以上の戦績を残したのも、近代航空戦の象徴事例だった。

水平面の旋回性能に秀でた零戦も、格闘戦を避けてヒットエンドラン戦術に徹するF4Fに対しては、苦戦は免れなかったのである。たった1発の不運な被弾でも、防弾装備を欠く零戦搭乗員にとっては命取りになり、燃料タンクに12・7㎜弾が命中すればたちまち爆発、または火災を発生して撃墜されてしまう脆弱性が、結局のところ熟練搭乗員の消耗を早め、ひいては総合戦力の急低下を招くことになった。

第五章で触れたように、F6Fの登場はいわば零戦にとっては引導を渡されたようなものであり、どうあがいたところで空戦での勝利の可能性は見いだせなかった。

零戦は良くも悪くも日本の国民性を具現した機体であり、その外観の繊細、且つ優美さは欧米機にはない魅力なのは確かだが、一方で兵器としての危うさを内包した機体でもあった。

その意味で、F4F、F6Fの両グラマン戦闘機は、まったくの対極にある機体で、質実剛健を地でいく設計だった。そのせいもあってか、大戦機フリークの間での両機の人気度は高くない。しかし、ひとつの兵器として見た場合、F4F、F6Fの価値はきわめて高いと断言できる。

本書は、そうした視点から零戦／烈風とF4F／F6Fの比較をしていただければと思う次第。比較対象となる三菱製機が存在しないので、多くのページを割くことが出来なかったが、筆者が個人的に最も好きな〝究極のレシプロ艦戦〟、F8Fにも注目していただきたいと秘かに思っている。

零戦vsグラマン——目次

第三節　零戦とＦ４Ｆの空母上での運用

第三章　烈風とＦ６Ｆの比較

第一節　烈風とＦ６Ｆの開発

第二節　烈風とＦ６Ｆのメカニズム比較

零戦vsグラマン

第一章　三菱、グラマン社戦闘機開発史

第一節　三菱重工戦闘機開発史（一〇式～九六式まで）

始まりは外国技術依存

　零戦の開発メーカーである三菱重工業（株）が、航空機関連の事業に乗り出したのは大正5（1916）年である。もっとも、最初から機体設計を手掛けるほどのノウハウはなく、当時の社名だった「三菱合資会社神戸造船所」内に内燃機課を設け、フランスのルノー70馬力エンジンのライセンス生産を請け負ったのが手始めだった。

　それから4年後の大正9（1920）年5月、同課は愛知県の名古屋市南区大江町に移転し、三菱内燃機製造株式会社となって独立。機体設計、製作にも手を染めるようになった。

　翌大正10（1921）年2月、日本海軍は当時建造中だった最初の航空母艦「鳳翔（ほうしょう）」に搭載する目的で、三菱に対し艦上戦闘機、艦上偵察機、艦上雷撃機の3機種を同時に試作発注するという、大胆な策を打った。

　ただ、前述したように三菱にはまだ独自設計を行なう技術力がなく、当時指導を仰ぐためにイギリスから招聘していた、元ソッピース社の技師ハーバート・スミス他8名にこれを委託。彼らは手慣れた作業で、8ヵ月後の10月には、早くも社内名「1MF1」と称した艦上戦闘機の原型機を完成させた。

　そして、翌月には海軍側に領収されて審査をうけ、満足すべき性能を示したことから、大正12（1923）年11月、「十年式艦上戦闘機」の名称で制式兵器採用された。

　当然のことだが、本機は当時のソッピース社製単発戦闘機の定番とも言える手堅い設計で、最初から成功が約束されていたようなものだった。機首まわりを改修するなどした二号型とあわせ、昭和3（1928）年12月までに計128機つくられた。なお、昭和2（1927）年5月の内令兵第十九号により、「一〇式艦上戦闘機」と改称されている。

　本機と併行して試作された他の2機種も、それぞれ「十年式艦上偵察機」、「十年式艦上雷撃機」の名称で制式兵器採用されており、三菱は航空機開発の初手から海軍機メーカーの重鎮の座

十年式一号艦上戦闘機〔1MF1〕

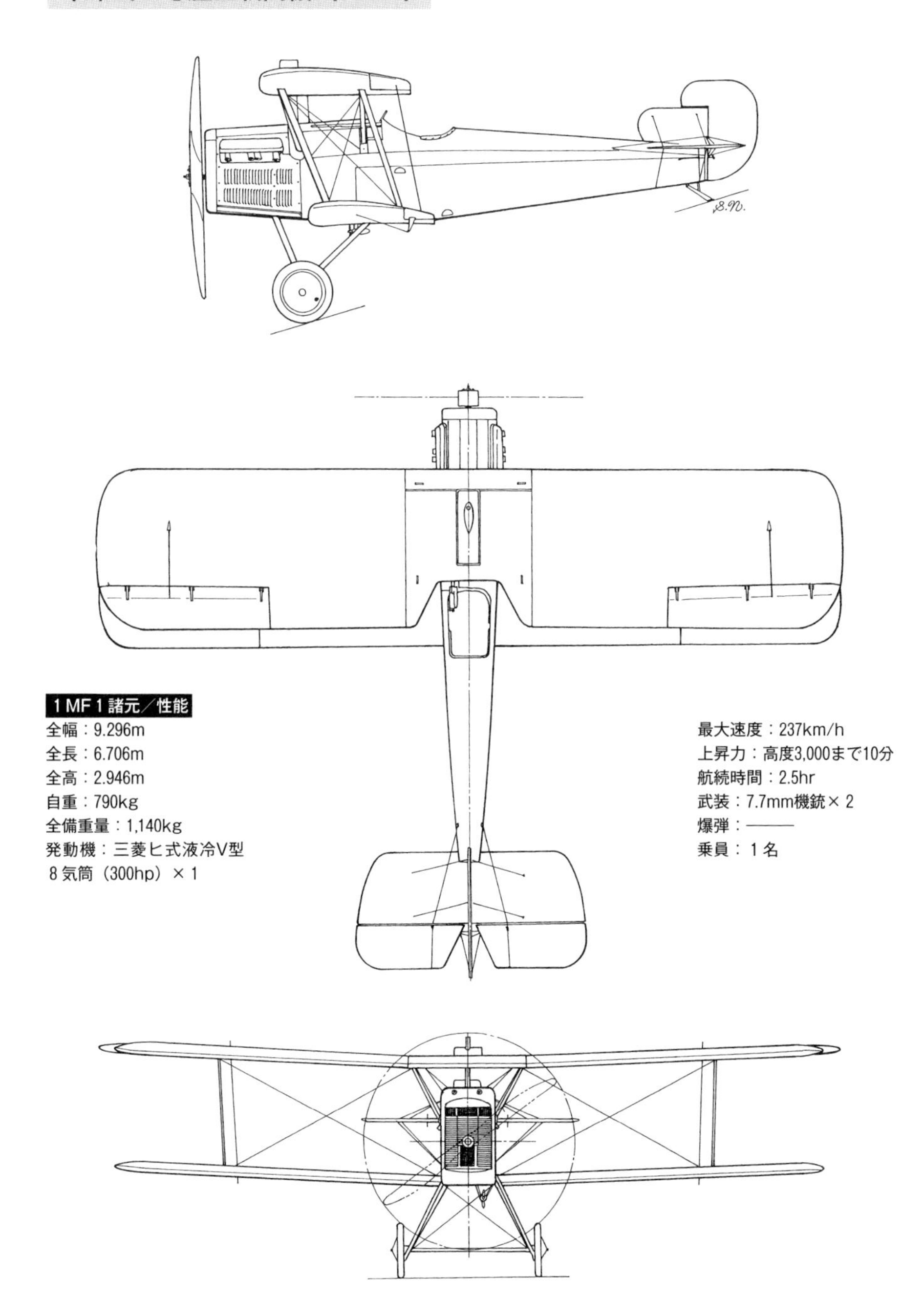

1MF1諸元／性能

全幅：9.296m
全長：6.706m
全高：2.946m
自重：790kg
全備重量：1,140kg
発動機：三菱ヒ式液冷V型
8気筒（300hp）×1

最大速度：237km/h
上昇力：高度3,000まで10分
航続時間：2.5hr
武装：7.7mm機銃×２
爆弾：———
乗員：１名

←一号型の機首まわりが大きく、離着艦時の前方視界が悪いとの指摘を受け、上面中央を窪ませたパネル構成とし、冷却器を胴体下面にランブラン式にして配置するなどの改修を施した、十年式二号艦上戦闘機。

←三菱技術陣にとって、最初の独自設計艦上戦闘機となった「鷹型」。不時着水に備えるために、水密構造にした胴体の下面に馴染むよう、機首下面も波切りに適した形状となっていることに注目。

に君臨することになった。スミス技師以下の功績は、きわめて大なるものだったと言えよう。

独自設計に挑む

大正15（1926）年4月、日本海軍は十年式艦上戦闘機の後継機を得るべく、三菱、中島、愛知の3社に対し次期新型艦戦の競争試作を指示した。

三菱では、3年にわたり滞在したスミス技師以下の指導をうけたうちの1人、服部譲次（はっとりじょうじ）技師を設計主務者に配して作業に着手。1号機は翌昭和2（1927）年7月、2号機も同年9月には完成させて海軍に納入した。

「鷹（たか）型」〔1MF9〕と称した本機は、全体的に十年式艦戦をベースにしたとわかる設計で、各部を相応に洗練したという印象。機体の骨組みは胴体、主翼ともに木製で、外皮は羽布張りであるが、機首まわりのみジュラルミン外鈑だった。搭載した発動機は十年式艦戦のそれと同系の、三菱がライセンス生産していた「ヒ式四五〇馬力」液冷V型12気筒（最大出力６００hp）である。

ただ、本機は海軍側が要求した、不時着水に備える水密構造の胴体と下翼前縁、燃料放出式タンク、投棄式降着装置などを全て盛り込んだため、機体サイズに不釣合いなほど重量が大きくなってしまい、運動性能は鈍かった。

結局、これが災いし審査の結果、より軽量で運動性能に勝る中島「G型」（のちの三式艦戦）が採用され、鷹型は愛知H型ともども不採用になった。

とはいえ、中島G型はイギリスのグロスター社製「ガムベット」、愛知H型はドイツのハインケル社製ＨＤ23が原型で、日本人技師の開発関与率はきわめて低い。その点、スミス技師らの〝作品〟である一〇式艦戦をベースにしたものの、日本人技師だけでまとめた鷹型は、以降の三菱航空機設計技術の向上という面において、小さからぬ貢献をしたと言える。

鷹型艦上戦闘機〔1MF9〕

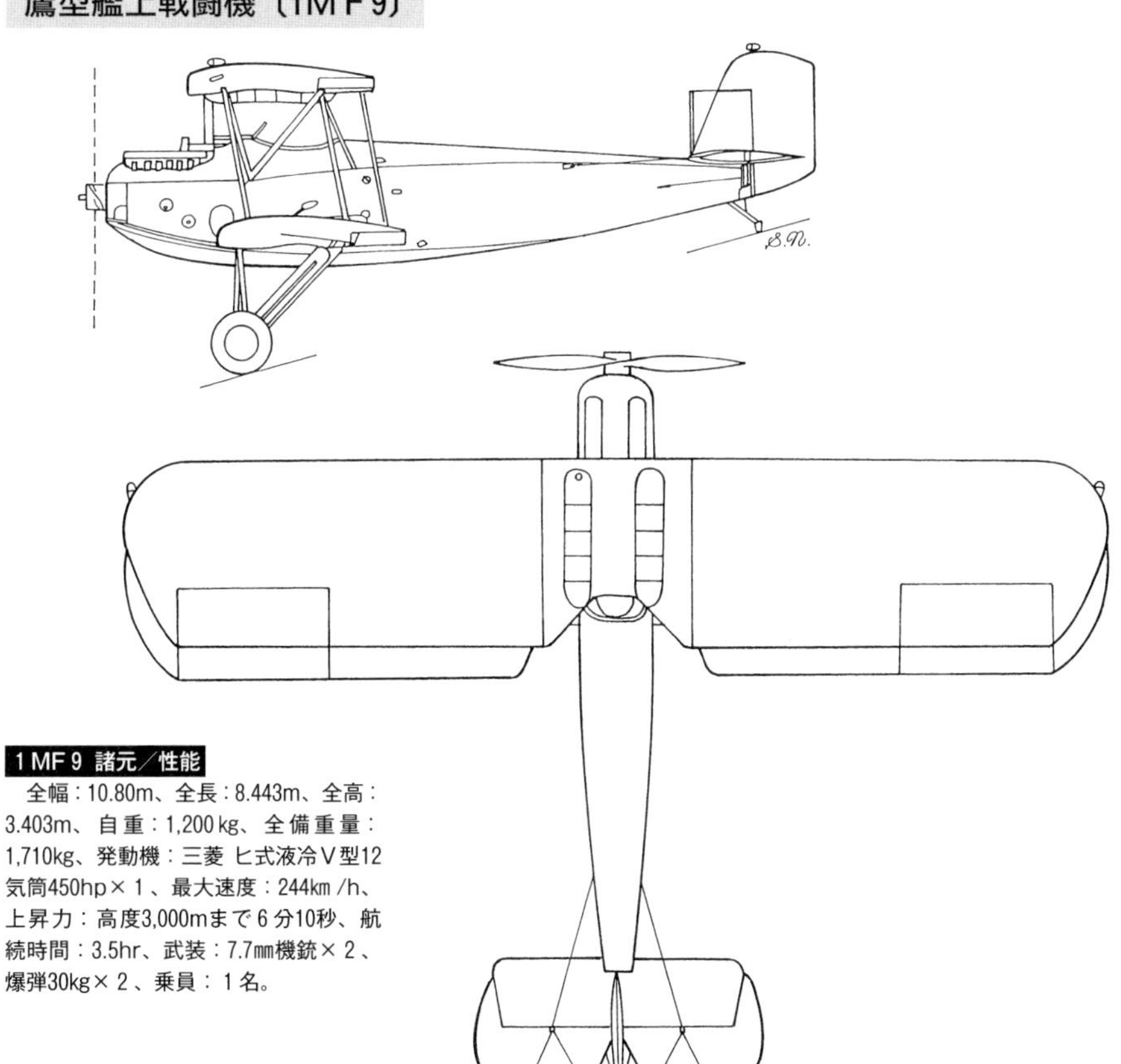

1MF9 諸元／性能

全幅：10.80m、全長：8.443m、全高：3.403m、自重：1,200kg、全備重量：1,710kg、発動機：三菱 ヒ式液冷V型12気筒450hp×1、最大速度：244km/h、上昇力：高度3,000mまで6分10秒、航続時間：3.5hr、武装：7.7mm機銃×2、爆弾30kg×2、乗員：1名。

複座戦闘機構想の挫折

昭和6（1931）年、日本海軍は艦上戦闘機兵力を従来までの単座（1人乗り）型だけではなく、複座（2人乗り）型との2種構成とすることを計画。中島に対して「六試複座戦闘機」の名称で試作発注した。

しかし、翌7（1932）年夏に完成した試作機は性能が振るわず、テスト中に不時着して破壊したこともあり、不採用を通告されてしまう。

その翌年の昭和8（1933）年、海軍は再び複座戦闘機の開発を決定。今度は三菱と中島の両社に対し、「八試複座艦上戦闘機」の名称により競争試作を指示した。

三菱は、鷹型の設計主務者を務めた服部譲次技師の指導のもと、佐野栄太郎、中村孝之助両技師を中心にして作業に着手。翌9（1934）年1月に1号機を完成させた。

発動機は、ライバル会社の中島製「寿（ことぶき）」二型空冷9気筒（580hp）を搭載、胴体骨格は鋼管骨組み、主翼主桁はジュラルミン製とする（外皮はともに羽布張り）など、相応に進化した複葉形態であった。外観上の特徴は、後席防御機銃（7・7㎜）の射撃の妨げにならぬよう、単発機には珍しい双垂直尾翼とした点。

海軍側のテストでは概ね良好なる性能と判定されたが、横須賀基地にてテストを受けていた2号機が、急降下からの引き起こし時に空中分解し、同乗者が死亡する惨事を起こしたため、以後のテストは中止された。

いっぽう、中島機はこれといった欠点もなかったのだが、結局のところ海軍側の複座戦に対する明確な指針がなかったこともあり、両社機とも2機ずつの試作のみに終わった。

三菱にとって八試複戦はモノにはならなかったが、技術陣には貴重な経験となり、佐野技師は2年後、「十試水上観測機」（のちの零式観測機）の設計主務者に抜擢される。

←後方防御機銃を備え、小型爆弾による爆撃能力も併せ持つ、2人乗りの戦闘機という要求に基づいて試作された、八試複座艦上戦闘機。しかし、複座戦に対する海軍側の指針が定まらず、中島機ともども不採用になった。

八試複座艦上戦闘機（カ－8）

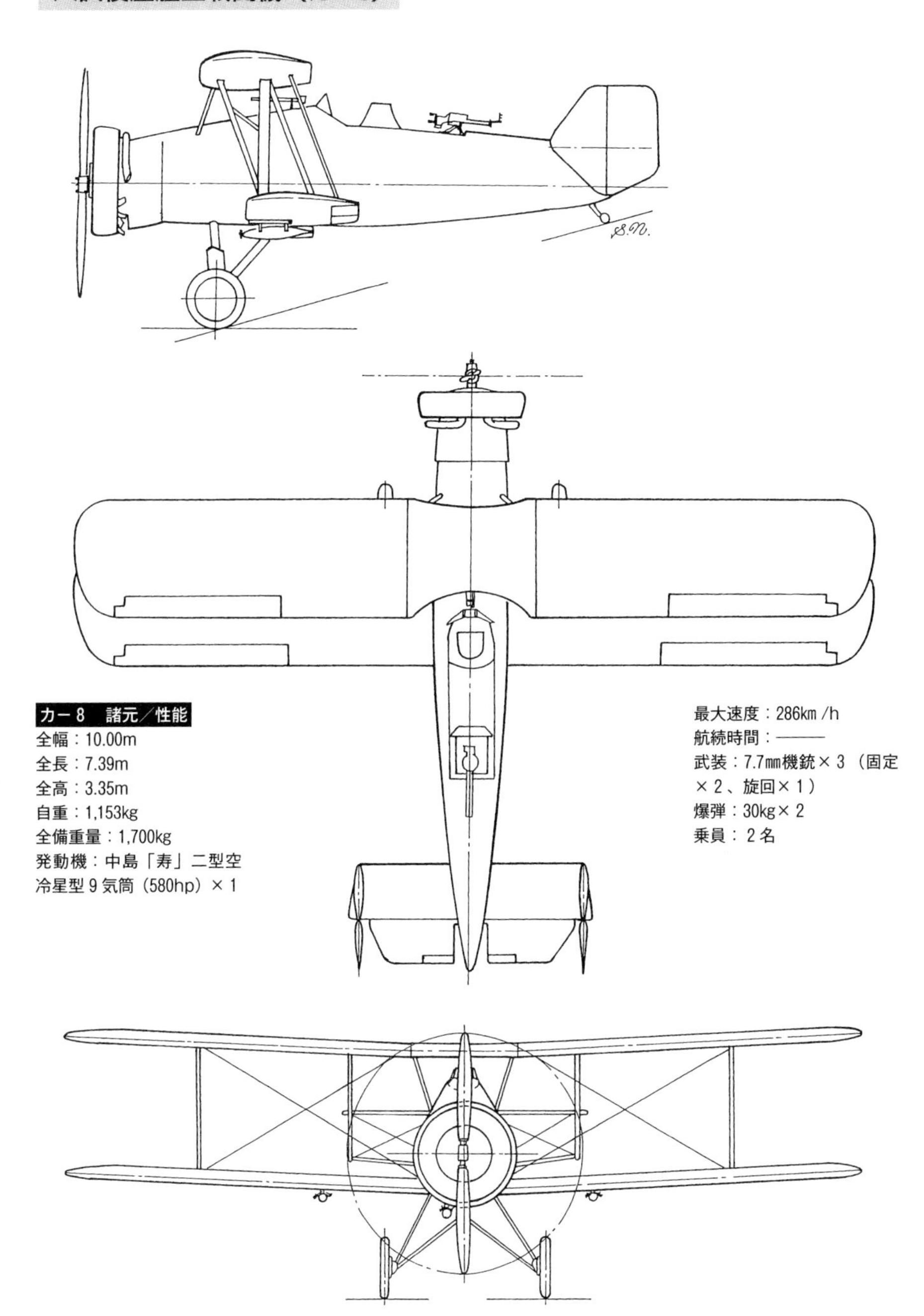

カ－8　諸元／性能

全幅：10.00m
全長：7.39m
全高：3.35m
自重：1,153kg
全備重量：1,700kg
発動機：中島「寿」二型空冷星型9気筒（580hp）×1
最大速度：286km /h
航続時間：―――
武装：7.7㎜機銃×3（固定×2、旋回×1）
爆弾：30kg×2
乗員：2名

堀越設計班の誕生

八試複座艦上戦闘機の競争試作が発注される前年度の昭和7（1932）年、日本海軍は航空機設計、製造面における外国依存からの完全脱却を図り、全てを日本人の力で成し遂げることを目標に、「航空自立計画」を立案。その最初の実践事項のひとつとして、同年4月三菱、中島両社に競争試作が指示されたのが、「七試艦上戦闘機」であった。

現用の中島九〇式艦戦は、独自開発とはいうものの、実質的にはアメリカ海軍ボーイングF4Bの模倣だったので、七試にかける海軍当局の期待は並々ならぬものだった。

三菱も、その辺はよく心得ており、七試の設計主務者には当時入社5年目で、28歳の若い堀越二郎技師を抜擢する英断をもって臨んだ。むろん、堀越技師にとっては初めての経験で荷が重かったはずだが、さきにアメリカの航空機メーカーを視察し、新しい技術を体得して帰国したばかりであり、会社は既成概念に囚われない若い発想力に賭けたのである。

当時、欧米列強国でもまだ複葉形態戦闘機が幅を利かせていたが、水面下では新たな全金属製単葉形態への〝脱皮〟の胎動が始まりつつあった。

堀越技師も、その動きはいち早く察知していて、七試は思いきって全金属製単葉形態を採ることにした。発動機は、営業政策上の見地から自社の発動機部門が開発中の、空冷星型複列14気筒「A4」（710hp）を搭載して、

↓九試単戦の実用化が進められていた昭和10（1935）年春頃、三菱の大江工場敷地内の草地に座って記念写真に収まった堀越設計班。前列左から3人目が堀越二郎、同右端はのちに陸軍機担当となる久保富夫、同2人目が零戦設計時も堀越の右腕となって補佐する、曽根嘉年。

要求性能のクリアを目指した。

苦い教訓

しかし、設計主務者未経験のハンディは小さくなく、意気込みとは裏腹に、翌昭和8（1933）年2月末に完成した試作1号機は、異様な〝猫背〟形の胴体にぶ厚い主翼、そして見るからに空気抵抗が大きそうな〝ズボンスパッツ〟で覆った固定主脚など、洗練というには程遠い外観だった。堀越技師自らも、のちに本機を評して〝鈍重なアヒル〟と自嘲気味に述懐している。

そんな外観に比例し、七試の最大速度は要求値の180kt（333km／h）以上に及ばない173kt（320km／h）どまり。加えて操縦性、前方視界ともに不良につき、艦上機としての適性なしと判定され、試作2機で開発中止を通告された。その試作2機とも、テスト中に墜落・破壊したという事実は、堀越技師にさらなる精神的負荷を強いたが、この苦い経験は、次作「九試単戦」の画期的成功への糧となるのである。

なお、競・試相手の中島七試艦戦も、単葉ではあるが、古めかしいパラソル翼形態で新鮮味に乏しく、性能も振るわなかったため、同様に試作2機で開発中止を通告された。

雪辱の九試単戦

七試艦戦が失敗に帰したことをうけ、海軍は2年後の昭和9（1934）年2月、再び三菱、中島両社に対し「九試単座戦闘機」の名称により競争試作を指示した。機種名を艦上戦闘機とせず、敢えて単座戦闘機としたのは、七試の教訓から、何かと制約の多い艦上

↓結果的には失敗作となったが、堀越技師にとって設計主務者として関わった最初の機体、そして戦闘機設計に関し何が重要かを知らしめた存在、それがこの七試艦戦だった。

七試艦上戦闘機〔1MF10〕

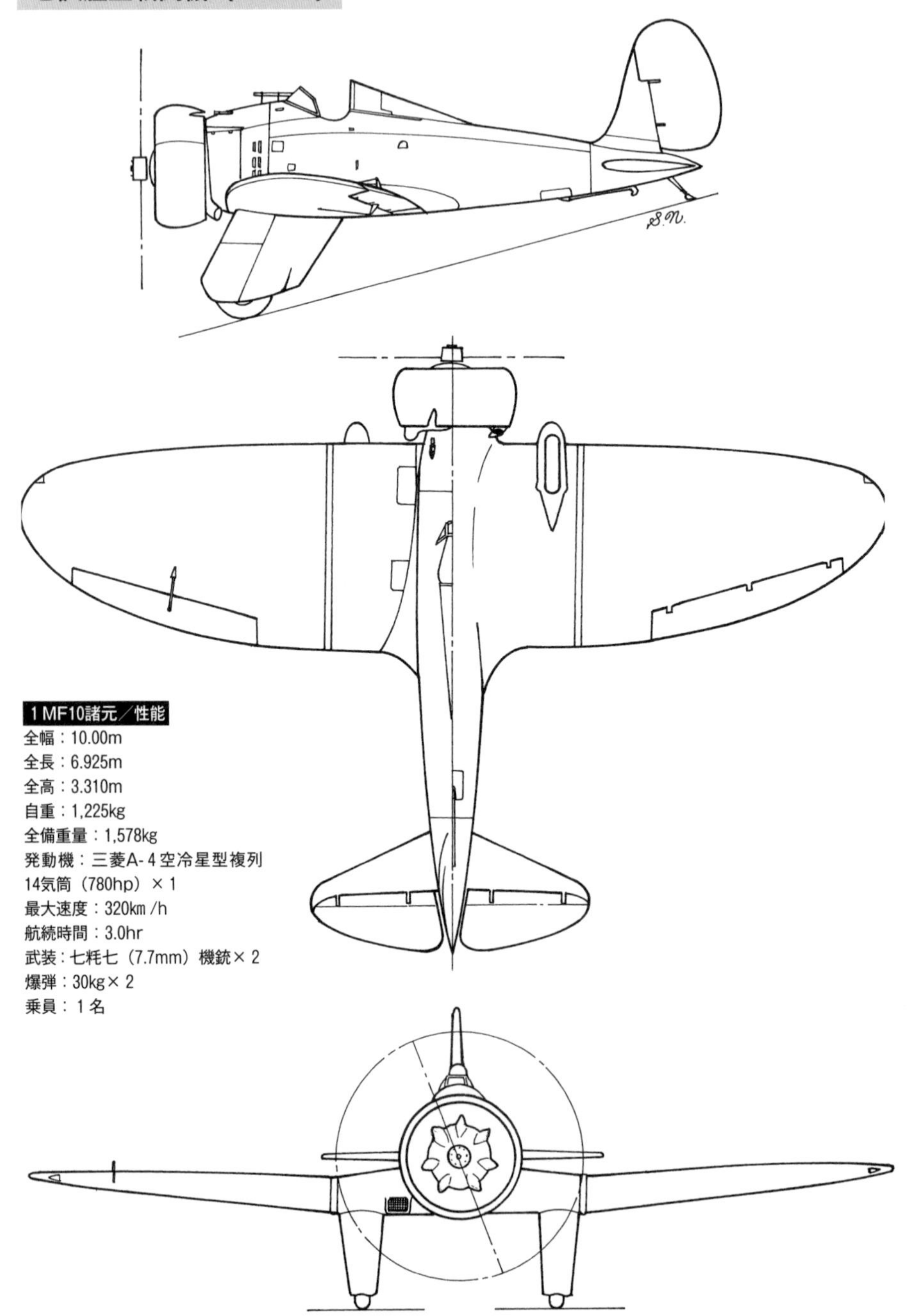

1MF10諸元／性能

全幅：10.00m
全長：6.925m
全高：3.310m
自重：1,225kg
全備重量：1,578kg
発動機：三菱A-4空冷星型複列14気筒（780hp）×1
最大速度：320km/h
航続時間：3.0hr
武装：七粍七（7.7mm）機銃×2
爆弾：30kg×2
乗員：1名

機という〝箍(たが)〟を外し、設計陣に純粋に戦闘機としての高性能を実現してほしいという、当局の思惑だった。

そのため、提示された計画要求書の項目は極めてシンプルで、七試につづき設計主務者に補された堀越技師も、要点を絞り込み、前作の失敗を踏まえた極めて空力的洗練に富む機体にまとめ、雪辱を期した。

ライバル会社中島製の、「寿(ことぶき)」五型空冷星型9気筒発動機（600hp）を搭載した1号機は、翌昭和10（1935）年1月に完成、固定式主脚ながら、七試とは比較にならぬ流麗なスタイルの全金属製単葉機だった。

翌月以降のテストで、この社内名称「カ－14」と呼ばれた1号機は、最大速度243kt（450km／h）という、要求値（190kt—351km／h以上）を遥かに超える高速を示して海軍側を驚嘆させ、ただちに三菱に対して実用化作業の促進が命じられた。

いっぽう、中島の九試単戦はアメリカ陸軍のボーイングP－26を真似た単葉機で、最大速度407km／hを出したものの、設計、性能ともに三菱カ－14に比べて見劣りするのは否めず、不採用を通告された。

九六式艦戦として玉成

1号機が搭載した「寿」五型発動機の耐久性不足が判明し、その代替となる適当品がなかったために実用化に長期を要したが、中国大陸での日中両軍の緊張が高まったことをうけ、出力に不満はあるが実用性の確かな、「寿」二型改一（630hp）を暫定的に搭載した仕様が、昭和11（1936）年11月に「九六式一号艦上戦闘機」の名称で制式兵器採用。堀越技師の七試以来の悲願はついに成就した。

九六式一号艦戦は、希望する出力の発動機搭載が叶わず、また実用に際しての各種装備品追加などによる重量増加もあって、1号機が示した最大速度より45km／hも低い405km／h、高度5,000mまでの上昇時間も、1

←陸軍管轄下の岐阜県・各務原（かかみはら）飛行場にて初飛行、テストを行なった九試単戦試作1号機。胴体との干渉抵抗減少、前下方視界向上を狙って採用した独特の〝逆ガル〟形態主翼は、操縦性不良を招くと懸念されたため、2号機では廃止され、付根は水平に変更された。

九試単座戦闘機〔カ-14〕試作1号機

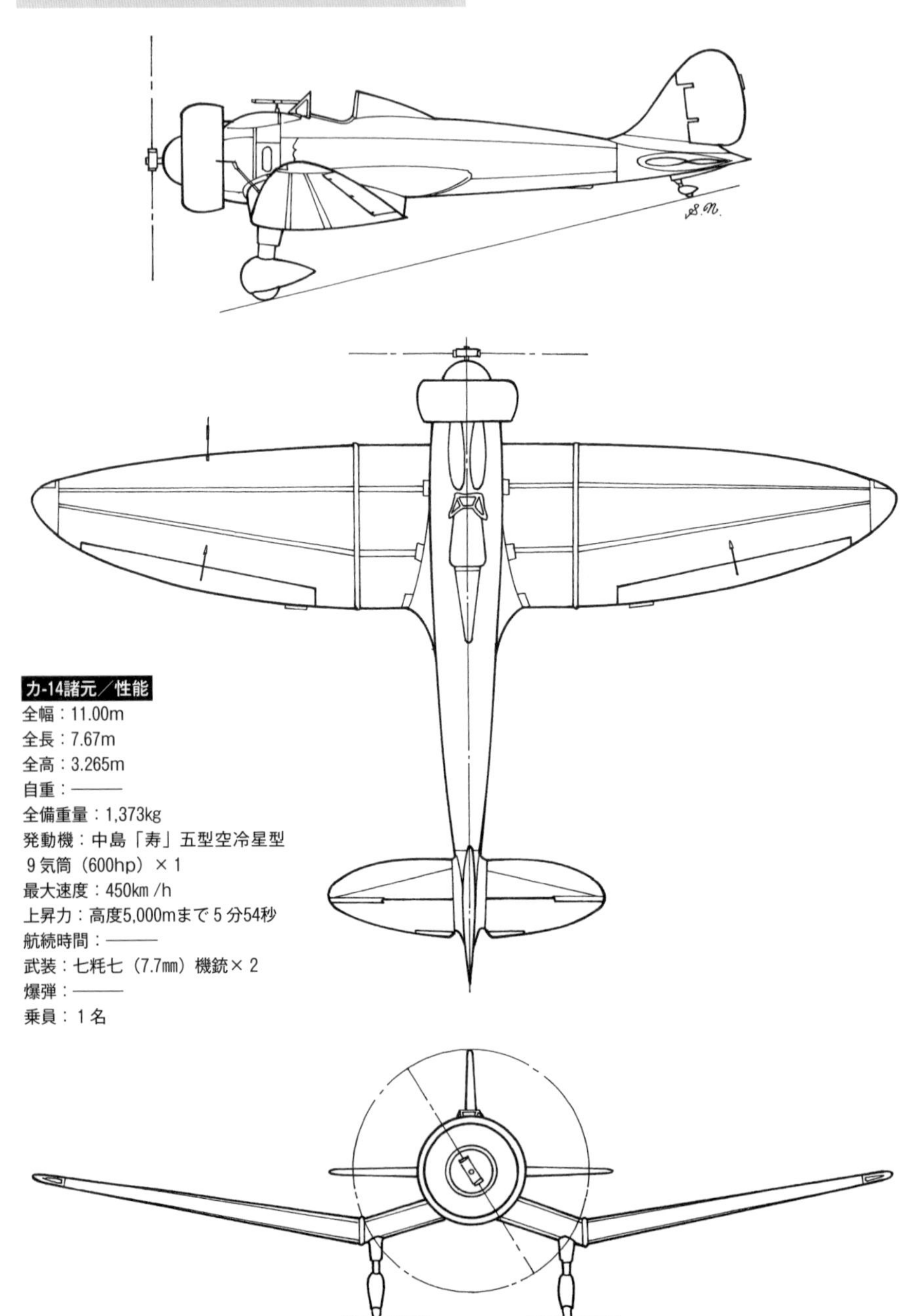

カ-14諸元／性能

全幅：11.00m
全長：7.67m
全高：3.265m
自重：―――
全備重量：1,373kg
発動機：中島「寿」五型空冷星型
9気筒（600hp）×1
最大速度：450㎞/h
上昇力：高度5,000mまで5分54秒
航続時間：―――
武装：七粍七（7.7㎜）機銃×2
爆弾：―――
乗員：1名

号機の5分54秒よりかなり遅い8分30秒になるなど、かなり性能低下した。

それでも、翌昭和12（1937）年7月に中国大陸で日中戦争（当時の呼称は「支那事変」）が勃発すると、陸上基地部隊に配備された本機が、中華民国側が装備する英、米、ソビエト製の戦闘機を相手に圧倒的勝利を収め、日本側の航空優勢確立に大きく貢献した。

一号型につづき、発動機を「寿」三型（690hp）に換装した二号型、同四型（780hp）に換装した九六式艦戦は、次々と生産に入った四号型が昭和15（1940）年までに約1,000機もつくられ、日本軍用機史上初めての1,000機量産機となった。

海軍航空内における三菱と堀越設計班の令名はつとに高まり、やがてそれは稀代の名機と称された、零戦の誕生へとつながってゆく。

←九六式艦戦の最初の生産型として、昭和12（1937）年初頭から完成機が出始めた一号型。しかし、わずか29機がつくられたのみで、発動機を「寿」三型（690hp）に換装した二号一型に切り替わった。

←九六式艦戦として最後、且つ最多生産型となった四号型。「寿」四型発動機（785hp）を搭載し、ようやく九試単戦1号機が出した最大速度に近い435km／hを実現した。写真は、昭和15(1940)年春頃に大陸南部上空を飛行する、第十四航空隊の所属機。落下増槽を懸吊している。

九六式四号艦上戦闘機〔A5M4〕

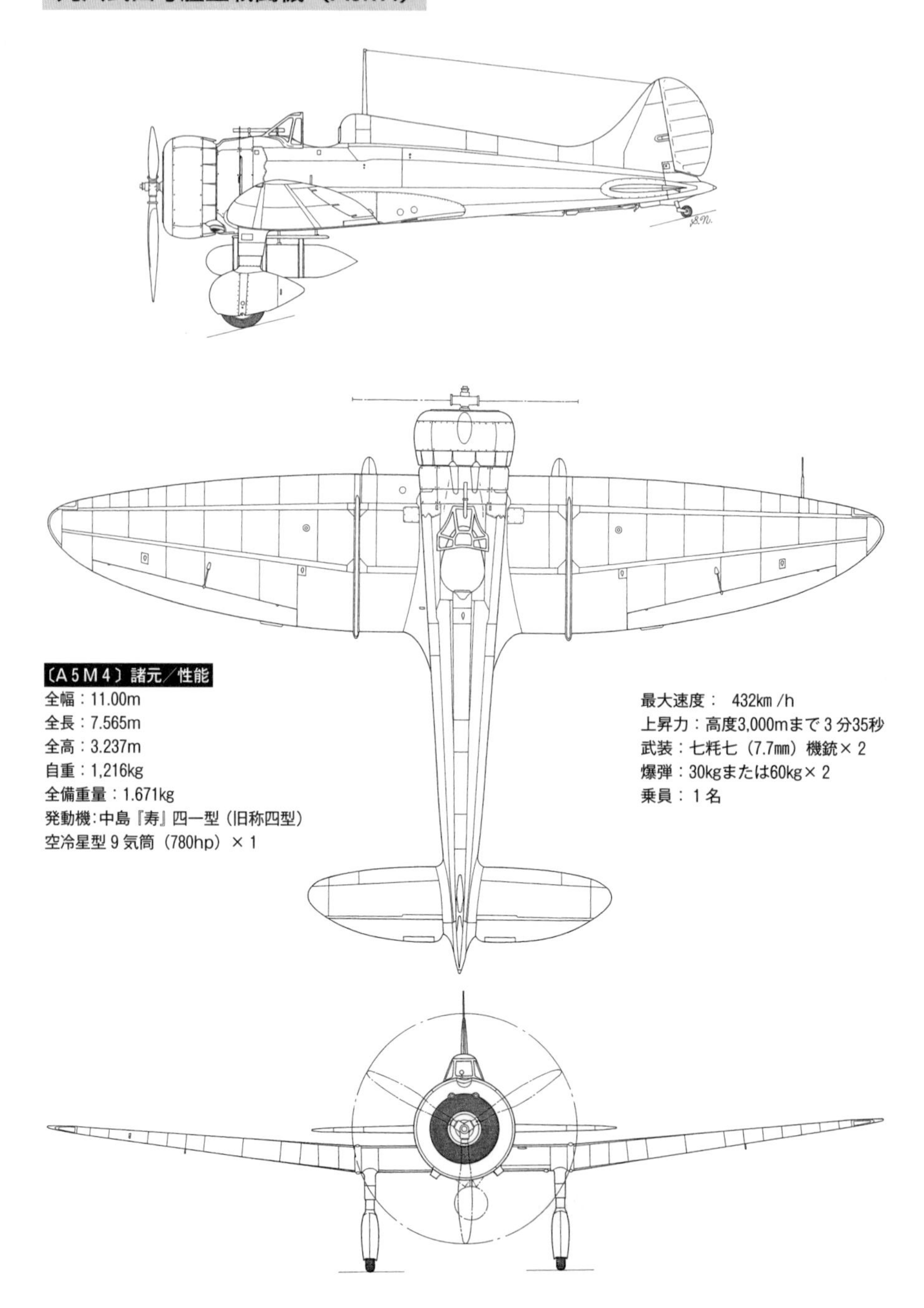

〔A５M４〕諸元／性能

全幅：11.00m
全長：7.565m
全高：3.237m
自重：1,216kg
全備重量：1.671kg
発動機：中島『寿』四一型（旧称四型）
空冷星型９気筒（780hp）×１

最大速度： 432km /h
上昇力：高度3,000mまで３分35秒
武装：七粍七（7.7mm）機銃×２
爆弾：30kgまたは60kg×２
乗員：１名

第二節　グラマン社戦闘機開発史（FF-1〜F3Fまで）

新興メーカーの実力

のちにアメリカ海軍艦上機メーカーの重鎮となるグラマン社は、零戦の開発メーカー三菱に比べると、会社創立もずっと新しく、航空機開発、生産に関わり始めたのも約10年遅かった。

1929年12月、元アメリカ海軍のパイロットで、ローニング航空工業会社に勤務していたレロイ・R・グラマン技師（当時34歳）は、腹心の部下数人とともに退社し、新たにグラマン航空機工業会社を創立した。

そして、翌1930年1月からニューヨーク州ロングアイランドの車庫を間借りし、海軍機関連の開発受注を目指したのだが、新興メーカーが喰い込む余地はなく、最初に受注できた仕事は、もと居たローニング社製の水陸両用機の修理だった。

しかし、次に受注した海軍の現用観測機、ヴォートO3Uコルセア用の引込式車輪付フロートの開発で、当局の信頼を得ることに成功。翌1931年4月、自主的に当局に提示した単発複座艦上戦闘機の設計案が採用され、XFF-1の名称で原型機1機製作の契約を交わすことが出来た。

会社創立から1年数ヵ月、しかもそれまでに戦闘機設計の経験がない技術陣に、開発を託した当局の判断も驚きだが、それに見合うだけの先進性を認めたからである。設計をまとめたのは、

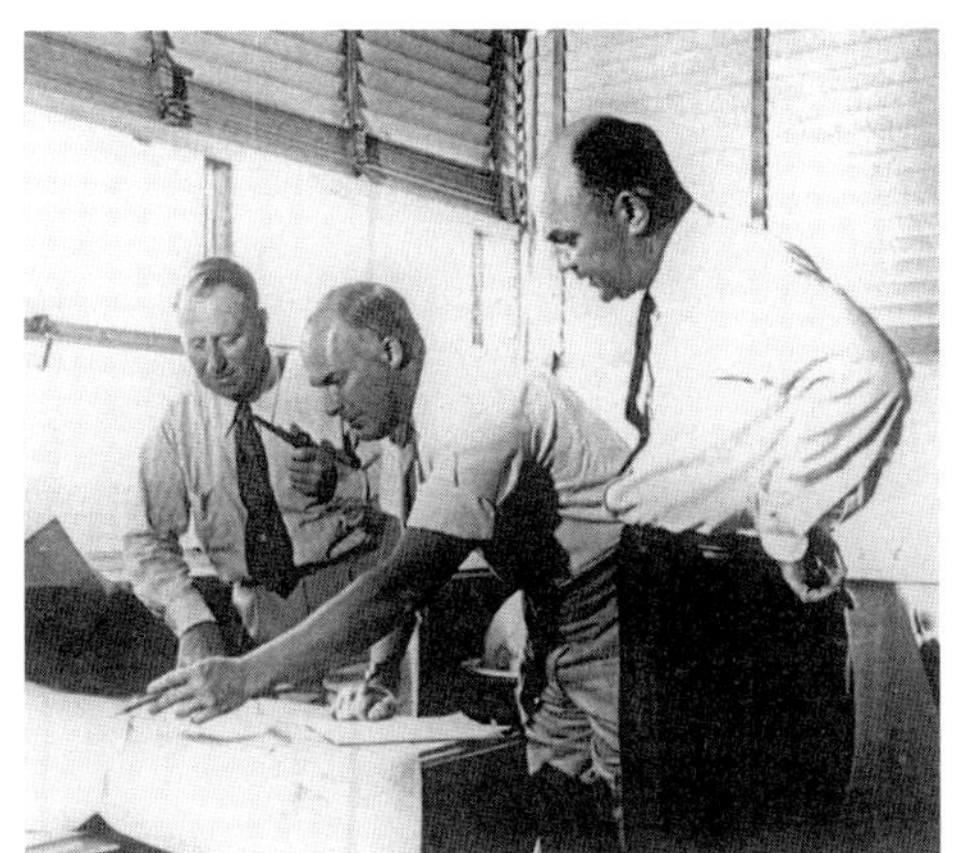

←創立以来のグラマン社幹部。左端が社長のレロイ・R・グラマン、中央は設計主任のウィリアム・T・シュウェンドラー、右端が生産担当のレオン・A・スワーバル。1940年の撮影である。

のちにグラマン社製機の多くを手掛けることになる、ウィリアム・T・シュウェンドラー技師だった。

艦戦市場への喰い込み

会社の意気込みの高さを示すように、XFF－1はわずか8ヵ月余という超短期開発で、1931年12月29日には初飛行にこぎつけた。海軍領収後のテストで最大速度314km／hを出し、ほぼ同時に就役を始めた主力艦戦ボーイングF4Bの新型、F4B－3の302km／hを凌ぐ優速を示した。

これは、XFF－1が複葉形態機には珍しい、胴体内への引込式主脚を採用したことが効いていた。先に受注していたO3Uの引込式車輪付きフロートの開発経験を応用したもので、グラマン社技術陣がただの新興メーカーではないことの証明である。

テスト結果に満足した当局は、グラマン社に対し生産型FF－1として計27機の量産発注を出し、同社は創立後約2年にして、アメリカ海軍機メーカーの一角に喰い込むことが叶った。

なお、XFF－1が完成する直前の11月、グラマン社は間借りしていた車庫から、同じロングアイランドのヴァーリー・ストリームに移転して本社工場を構えたが、ここも手狭になり、さらに1年後には敷地の広いファーミングデールに移り、FF－1の生産を続行した。

FF－1の派生型

FF－1が採用された1931年は、両大戦間の平和な時代という背景もあり、追加の量産発注はなかった。27機発注されたFF－1のうち、実際に空母に搭載されたのは、第5戦闘飛行隊（VF－5B）所属機のみだった（1934～'35年）。

この他、偵察機型に改造されたSF－1が33機生産されたのと、カナダでのライセンス生産型（輸出向け）G－23も52機つくられている。

←グラマン社にとって、会社発展の礎になった最初の独自設計機、且つ最初の生産受注機FF-1。当時の一般的形態である複葉ながら、引込式の主脚、胴体の全金属製半張殻（セミ・モノコック）構造が先進的だった。

FF－1

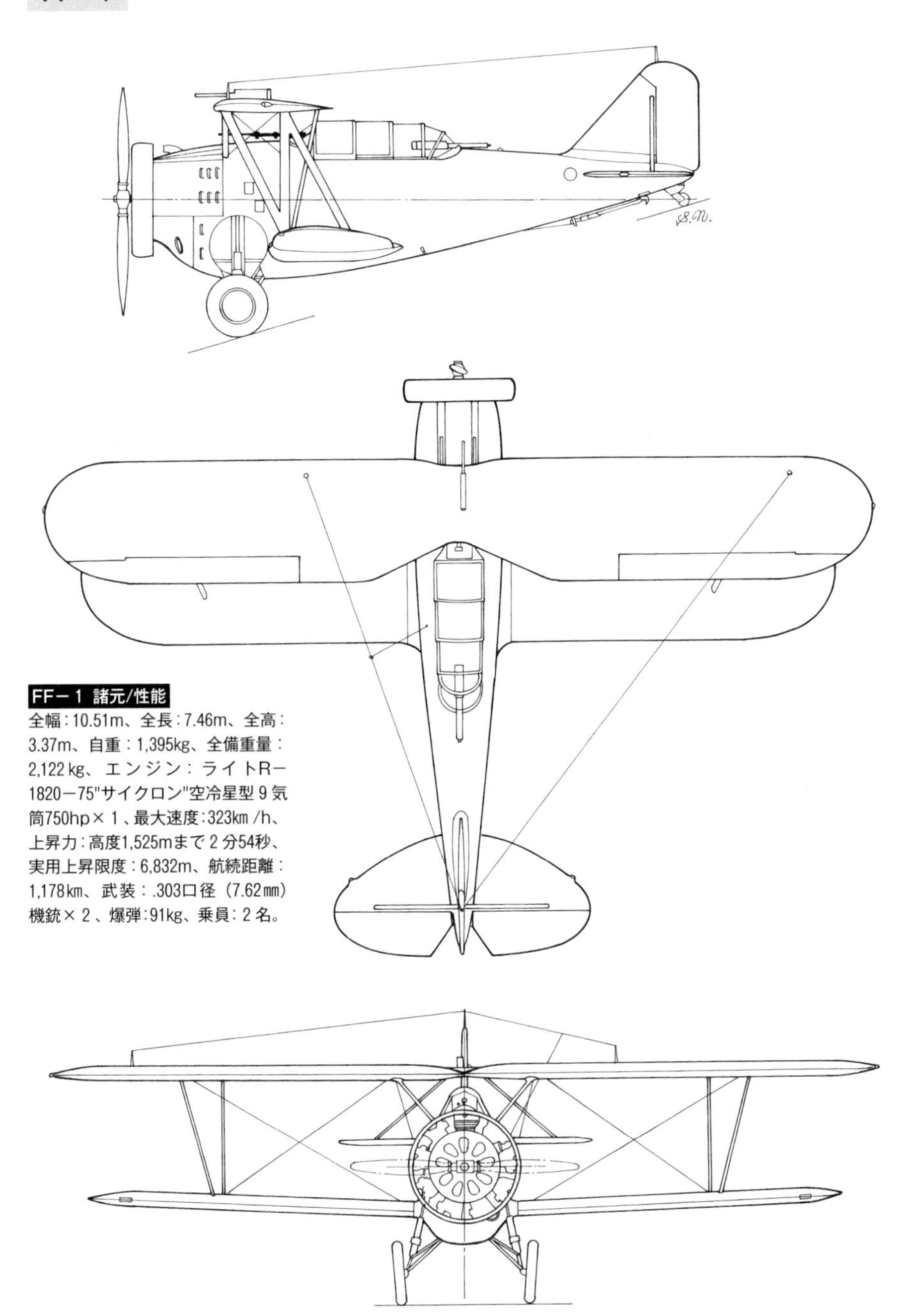

FF－1 諸元/性能

全幅：10.51m、全長：7.46m、全高：3.37m、自重：1,395kg、全備重量：2,122kg、エンジン：ライトR－1820－75"サイクロン"空冷星型９気筒750hp×１、最大速度：323km/h、上昇力：高度1,525mまで２分54秒、実用上昇限度：6,832m、航続距離：1,178km、武装：.303口径（7.62mm）機銃×２、爆弾：91kg、乗員：２名。

ＦＦ－１の単座化

複座にもかかわらず、現用の単座戦闘機ボーイングＦ４Ｂ－４を凌ぐ速度性能を示したＦＦ－１だったが、やはり運動性能では軽量のＦ４Ｂに劣ったこともあり、グラマン社、海軍当局ともにＦＦ－１の単座化を図っては？という共通の思惑を抱いたのも、当然の成り行きだった。

そこで、１９３２年11月に当局はグラマン社に対し、ＦＦ－１の単座化と飛行性能のさらなる向上を主眼にした新型を、ＸＦ２Ｆ－１の名称で試作発注した。

改修のポイントは、エンジンを出力こそ少し小さいが、複列14気筒で直径が小さいＰ&Ｗ Ｒ－１５３５（６５０hp）に換装して機首まわりも再設計、操縦席をＦＦ－１の後方席付近に配置したこと。主脚収納のため、もともと側面形が太いＦＦ－１の胴体は、ＸＦ２Ｆ－１になって全長が１ｍも短縮されたことで、それがいっそう顕著になり、まさに〝ビア樽形〟そのものになった。

単座化の効果は歴然で、１９３３年10月18日に初飛行したＸＦ２Ｆ－１は、ＦＦ－１に比べて約40㎞／ｈも優速の最大速度３７２㎞／ｈを出し、上昇力や実用上昇限度なども全て向上していることが確認された。

ただ、胴体が〝寸詰まり〟になったことで方向安定性が低下し、悪性スピン（錐揉み）に陥りやすい欠点が指摘されたため、上翼幅の15㎝延長、カウリングの再整形、キャノピーの大型化などをもって対処した。

その結果、当局はグラマン社に対して生産型Ｆ２Ｆ－１を54機量産発注（１９３４年５月17日付け）し、１９３５年２月19日の第２戦闘飛行隊（ＶＦ－２Ｂ）への配備を皮切りに部隊就役を開始。以降３個飛行隊が本機を装備し、１９４０年まで第一線にとどまった。

←1935年2月5日、積雪のグラマン社ファーミングデール工場で撮影された、完成直後のF2F－1量産1号機。すでに、空母「レキシントン」搭載の第2戦闘飛行隊（VF－2B）への配備が決まっており、それを示す胴体のコードレター記入、垂直尾翼の黄色塗装も施し済み。

F2F−1

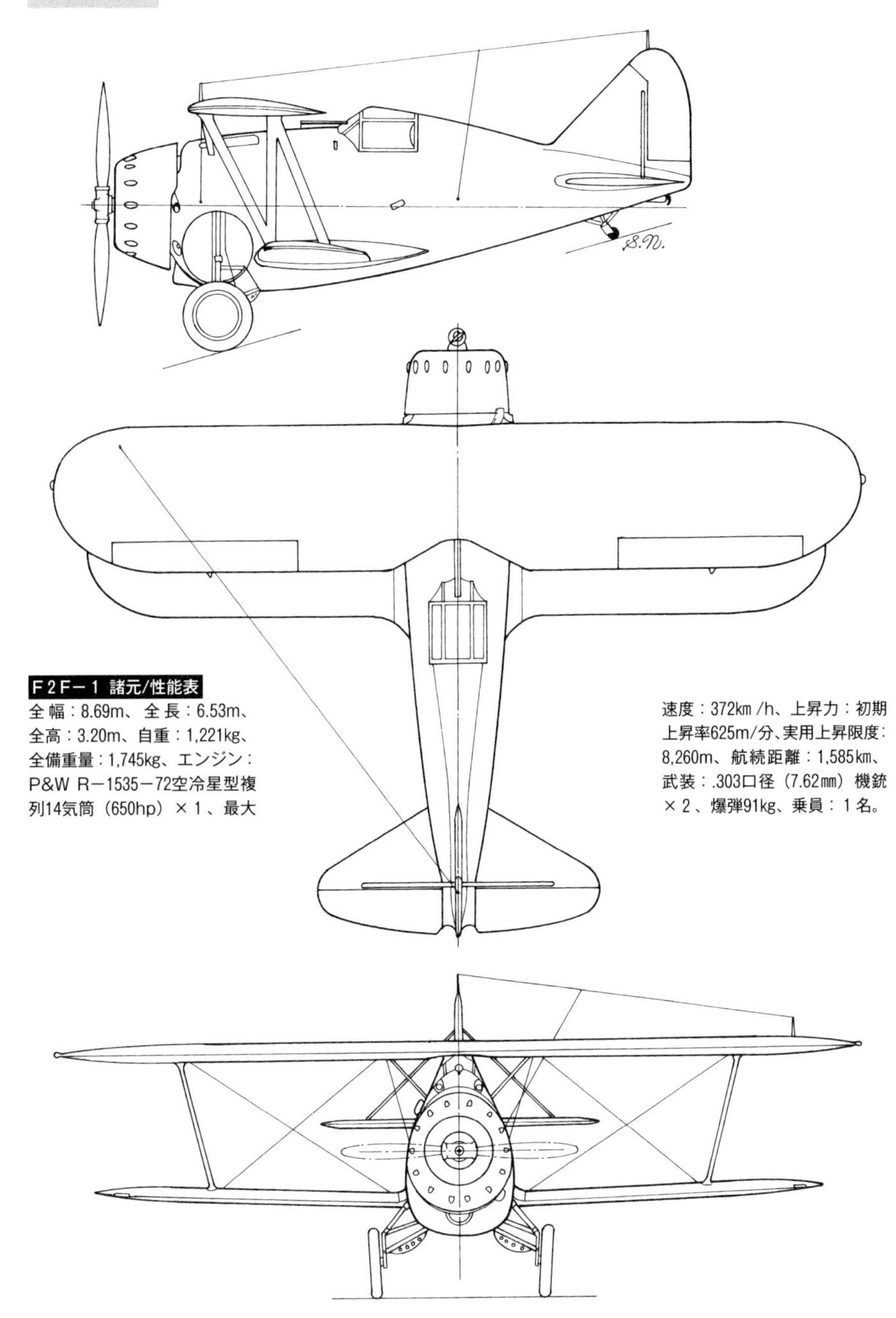

F2F−1 諸元/性能表

全幅：8.69m、全長：6.53m、全高：3.20m、自重：1,221kg、全備重量：1,745kg、エンジン：P&W R−1535−72空冷星型複列14気筒（650hp）×1、最大速度：372km/h、上昇力：初期上昇率625m/分、実用上昇限度：8,260m、航続距離：1,585km、武装：.303口径（7.62mm）機銃×2、爆弾91kg、乗員：1名。

最後の複葉形態艦戦

ＦＦ－１の2倍にあたる54機の量産発注を得たとはいえ、Ｆ２Ｆ－１がグラマン社にとって、真に満足できる機体ではないことは承知していた。

そこで、グラマン社は同機の欠点とされた飛行中の安定性不足、狭くて窮屈な操縦室内の改善を図ることを主眼にした改設計案を当局に提示。Ｆ２Ｆ－１の量産初号機が完成する3ヵ月も前の１９３４年10月15日、ＸＦ３Ｆ－１の名称で原型機製作の発注を得た。

改設計のポイントは、エンジンはＦ２Ｆ－１と同じＲ－１５３５のまま、胴体と主翼幅を延長して安定性の向上を図り、操縦室内は各装備品の配置を変更することで対処した。

ＸＦ３Ｆ－１は、発注から約5ヵ月後の１９３５年3月20日に初飛行したのだが、2日後のテスト中に墜落してパイロットが死亡するアクシデントに見舞われた。そこで、急遽2号機が製作されて5月9日に初飛行したのだが、本機もまた4日後のテスト中に、要改修点だったはずのスピンに陥り、墜落してしまう。

2度の事故はグラマン社技術陣に大きな衝撃を与え、ＸＦ３Ｆ－１の不採用も止むなしを覚悟した。幸い当局は見放さずに3号機の製作を発注してくれ、技術陣もさらに方向舵を増積し、その下方に安定ヒレを追加するなどの必死の改修を施した。

これが効を奏し、3号機は当局の厳しい審査、テストをパス、8月24日付けで生産型Ｆ３Ｆ－１ 54機の量産発注を得た。そして、翌１９３６年1月から完成し始めたＦ３Ｆ－１は、同年3月から4月にかけて、ＦＦ－１を装備していた第5戦闘飛行隊（ＶＦ－５Ｂ）を皮切りに就役を開始する。

その後、ＶＦ－６Ｂ、ＶＦ－４Ｍ、ＶＦ－３、ＶＦ－７の4個飛行隊がＦ３Ｆ－１を装備した。

←P.26写真から11ヵ月後の1936年1月、同じ場所で撮影された完成直後のF3F－1量産1号機Bu.No0211。エンジンがF2F－1と同じ本型は、F3F－2以降と異なり、カウリングはF2F－1と同様の〝イボ付き〟。

F3F−3

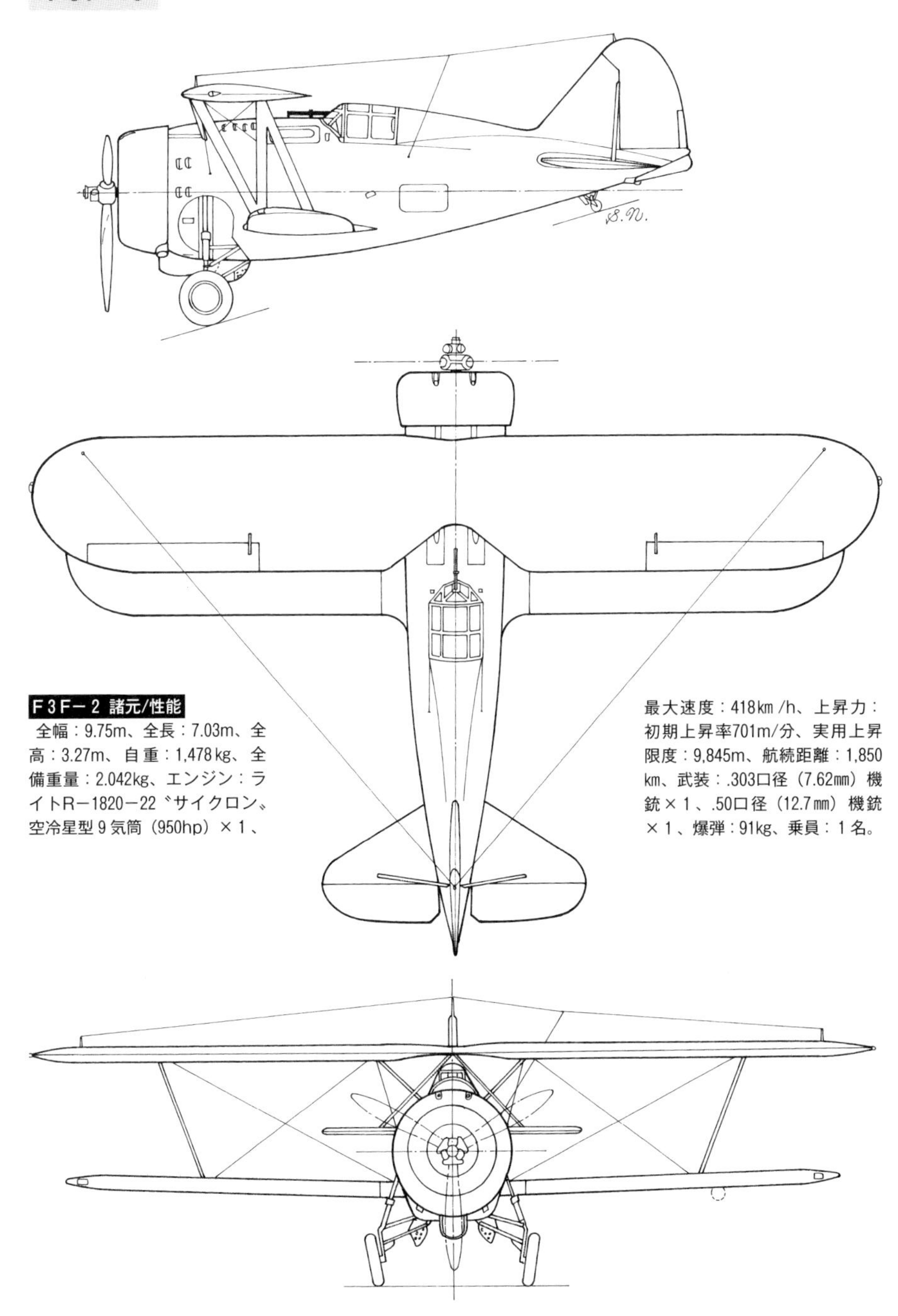

F3F−2 諸元/性能

全幅：9.75m、全長：7.03m、全高：3.27m、自重：1,478kg、全備重量：2.042kg、エンジン：ライトR−1820−22〝サイクロン〟空冷星型9気筒（950hp）×1、最大速度：418km/h、上昇力：初期上昇率701m/分、実用上昇限度：9,845m、航続距離：1,850km、武装：.303口径（7.62mm）機銃×1、.50口径（12.7mm）機銃×1、爆弾：91kg、乗員：1名。

海軍艦戦市場を独占

Ｆ３Ｆ－１が就役を始めた直後の１９３６年７月、ヨーロッパ大陸の西端に位置するスペインで内乱が発生。これに台頭著しいナチス・ドイツとイタリアが関与したことで、ヨーロッパには枢軸国と連合諸国という敵対構図が醸成され、各国の軍備増強が顕著になった。

中立の立場だったアメリカだが、有事に備えた軍備増強は図られ、それは海軍航空兵力にも明確に表われた。Ｆ３Ｆ－１もそれまでの慣例に倣い、54機の量産発注にとどめられていた。だが、当局はグラマン社に対し、１９３６年７月に初飛行した改良型ＸＦ３Ｆ－２（エンジンをライトＲ－１８２０－22空冷９気筒１，０００hpに換装）を、計81機も量産発注した。

さらに、これでも不足と感じた当局は、１９３８年６月にＦ３Ｆ－２の細部を改修した型を、Ｆ３Ｆ－３の名称で計27機追加量産発注し、Ｆ３Ｆは合計１６２機もつくられることになった。この間、グラマン社はさらに敷地の広いベスペイジに移転している。

その結果、１９３７年後半に最後のＦ４Ｂ－４が退役すると、アメリカ海軍、および海兵隊の戦闘飛行隊（ＶＦ、およびＶＭＦ）は全て、Ｆ２Ｆ－１とＦ３Ｆ－１／－２で構成されるようになり、まさにグラマン社が艦戦市場を独占する状況を呈した。

この状況は１９４０年５月まで続いたが、翌６月に全金属製単葉引込脚形態のブリュースター社製Ｆ２Ａ－１が、ＶＦ－３を皮切りに就役を始めると、グラマン複葉艦戦のひとり天下は終わりを告げた。

ライバルの日本海軍は、すでにこの時期全金属製単葉形態の九六式艦戦から、さらに一世代進んだ十二試艦上戦闘機（のちの零戦）の実用化が目前という状況にあり、いかに高性能とはいえ、グラマン複葉艦戦の栄華は過去のものになりつつあった。

←1936年10月、工場拡張を迫られたグラマン社が、それまでのファーミングデールから、同じロングアイランド内のベスペイジに移転して建てた新工場の俯瞰写真。1940年の撮影。

第二章　零戦vsF4F

第一節　零戦とＦ４Ｆの開発史

零戦の開発と各型変遷

堀越技師ら三菱技術陣の計算値をも超える速度、上昇性能を実現、その後の日本陸海軍機設計の指針を示したとも言えるほどの成功作、九六式艦戦の後継機を得るべく、海軍航空本部は昭和12（１９３７）年10月5日、三菱、中島両社に対し「十二試艦上戦闘機」の名称で競争試作を指示した。

九六式艦戦の、予想を超えた性能に意を強くした海軍は、既に3ヵ月前に勃発していた日中戦争の初期戦訓も踏まえ、十二試艦戦に対しては夢想とも言える高性能を求め、三菱、中島両社の技術陣を困惑させた。

計画要求書の内容骨子は、最大速度５００㎞／h以上、高度３，０００ｍまでの上昇時間は3分30秒以内、航続力は巡航速度にて6時間以上、７・７㎜機銃2挺に加え、当時はまだ世界的にも装備例が少なかった20㎜機銃2挺を装備すること、というようなものだった。

九六式艦戦（四号型）が最大速度４３２㎞／h、航続力3時間だったことからすれば、その要求性能がきわめて飛躍しているのがわかる。これに加え、十二試艦戦の空戦（旋回）性能は、九六式二号一型艦戦に劣らないこと、という一文が非現実的だった。

速度、航続力の向上を図るには、より出力の大きい発動機と、より多くの燃料を必要とするうえに、20㎜機銃などの装備を施せば、必然的に機体は大きく重くなる。

物理の法則に照らすまでもなく、大きく重い機体が、小さく軽い機体に比べ旋回性能が劣るのは必然である。海軍の要求は、その物理的に不可能なことを叶えよと、言っているのに等しい。

堀越技師の究極選択

非現実的とも言える計画要求書を見た中島は、現在の設計技術では到底実現は困難と判断して競争試作を辞退、十二試艦戦は三菱の単独試作となった。

とはいえ、九六式艦戦につづき設計主務者に補された堀越技師も、全ての要求性能を実現するのは困難であり、海軍当局に対し、速度、航続力、空戦の主要性能項目のうち、いずれかひとつのレベルを引き下げてほしい旨、具申した。

しかし、これはにべもなく却下されたため、堀越技師はとにかく、持てる技術と英知の全てを注ぎ、やれるだけやるしかないという、悲愴な覚悟で設計作業に臨んだ。

まず、最も重要な発動機の選択だが、出来れば自社製の１，０００hp級空冷星型複列14気筒「金星（きんせい）」が望ましかったが、必要以上に機体が大型化するのは避けたいと考え、同発動機のコンパクト版とも言える「瑞星（ずいせい）」（８７５hp）を選択した。

そして、機体に関しては〝夢想要求〟に少しでも近付くために、九六式艦戦のとき以上の徹底した軽量化構造と、油圧引込式の主脚、３６０度全周視界を可能にした水滴状風防に象徴される、外形上の空力的洗練を追求するという方針を貫いた。

←昭和13（1938）年12月24日、三菱の大江工場内で組み立てが進む、十二試艦戦の試作１号機。機体そのものは完成に近いが、発動機はまだ取り付けられていない。水平尾翼下で作業を見守る、背広姿の人物が堀越技師。

←こちらは、大江工場にて完成後に振動試験をうける、十二試艦戦の試作２号機。のちの零式一号艦戦生産型と異なり、自社製の「瑞星」発動機を搭載し、２翅プロペラを付けている点に注目。本機は、その後海軍に領収され、、急降下テスト中に空中分解して失われる。

十二試艦上戦闘機〔A6M1〕（寸法単位：mm）1/100スケール

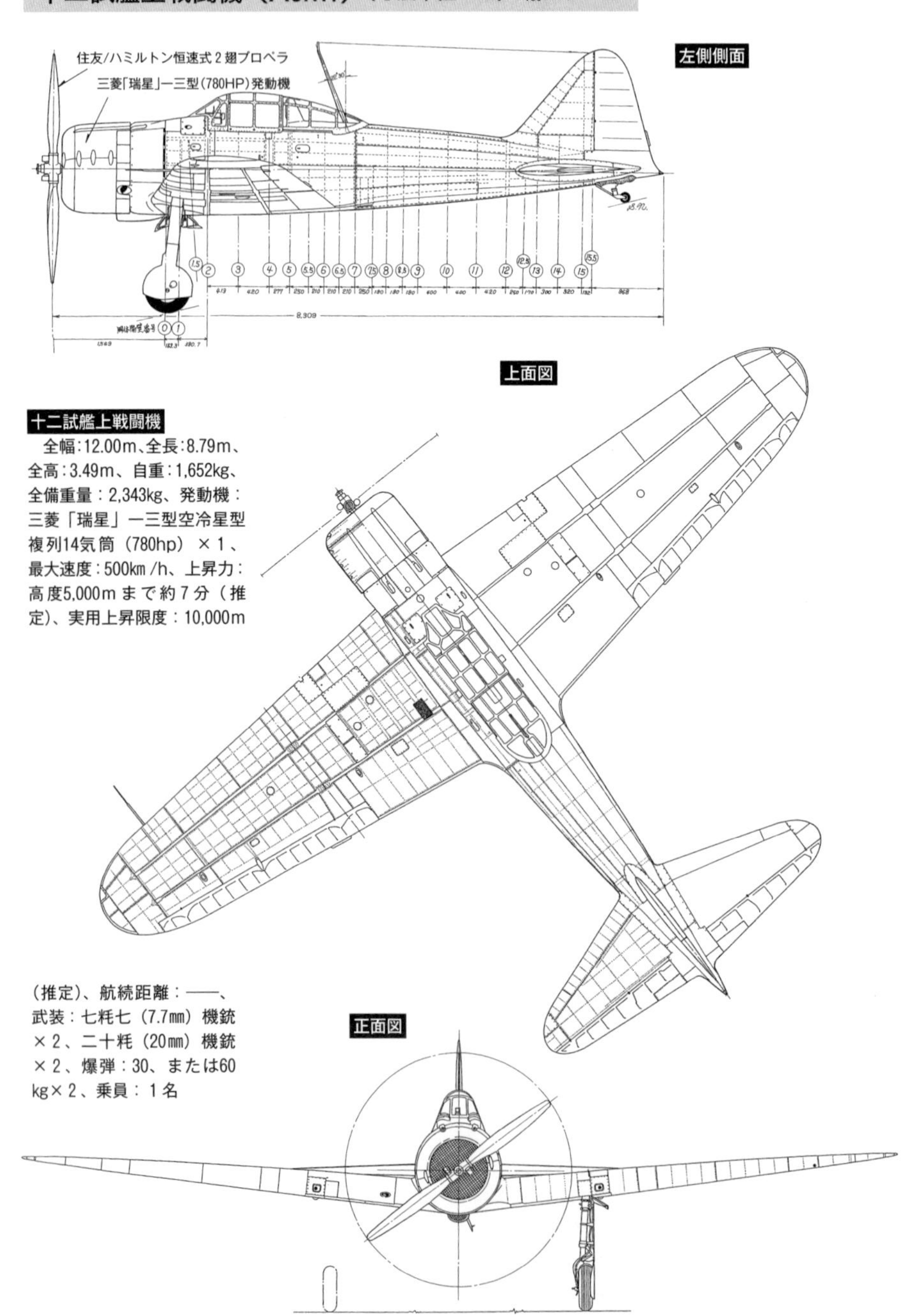

十二試艦上戦闘機

全幅:12.00m、全長:8.79m、全高:3.49m、自重:1,652kg、全備重量：2,343kg、発動機：三菱「瑞星」一三型空冷星型複列14気筒（780hp）×1、最大速度:500km/h、上昇力:高度5,000mまで約7分（推定)、実用上昇限度：10,000m（推定)、航続距離：——、武装：七粍七（7.7mm）機銃×2、二十粍（20mm）機銃×2、爆弾：30、または60kg×2、乗員：1名

こうした、三菱技術陣の血の滲むような努力の結晶とも言えた十二試艦戦の試作1号機は、昭和14（１９３９）年3月中旬に完成、4月1日に初飛行した。テストの結果、最大速度はプロペラ換装後に要求値の５００km／hをクリア。ネックとなっていた空戦性能も、水平旋回にこだわらず、優速を生かした垂直面の空戦に持ち込めば、九六式艦戦を凌駕できることが認識された。

晴れて制式兵器採用

海軍側の思惑で、発動機をライバル会社中島製の空冷星型複列14気筒「栄」一二型（９４０hp）に換装した、試作3号機以降はさらに諸性能が向上し、夢想とも思えた海軍の要求値をほぼクリア。これを受け、海軍は昭和15（１９４０）年7月24日、十二試艦戦を「零式一号艦上戦闘機」の名称で制式兵器採用。堀越技師以下、三菱技術陣の努力は見事に報われた。

すでに制式兵器採用の前に、現地陸上基地部隊の強い要請で、中国大陸の第十二航空隊に配備されていた零戦は、同年9月13日に、重慶上空で初めて中華民国の戦闘機群と空中戦を交え、完全勝利を収めて華々しく実戦デビューを飾った。

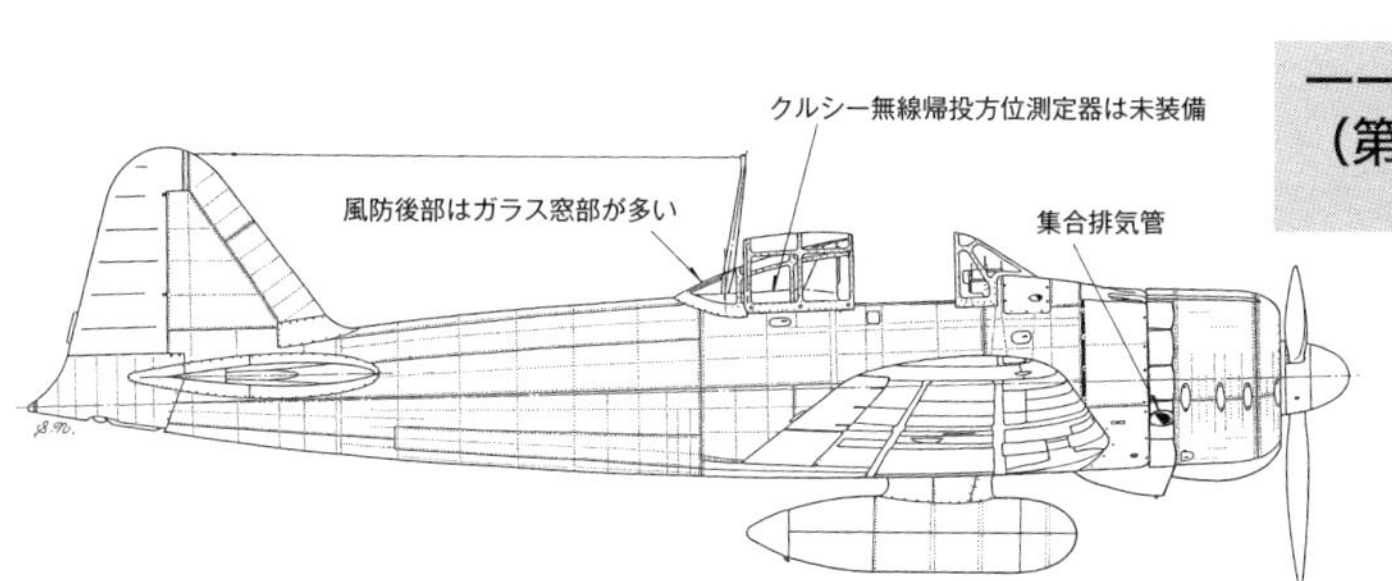

←昭和16（1941）年５月26日、中国大陸の南鄭（ナンチョン）攻撃に向かう第十二航空隊の零式一号艦戦。前年９月13日に、四川省の重慶上空で敵戦闘機27機と空中戦を交え、その全機を撃墜・破し、輝かしい初陣を飾ったのが、この十二空所属機だった。

零式艦上戦闘機二一型〔A6M2b〕（寸法単位：mm）1/100スケール

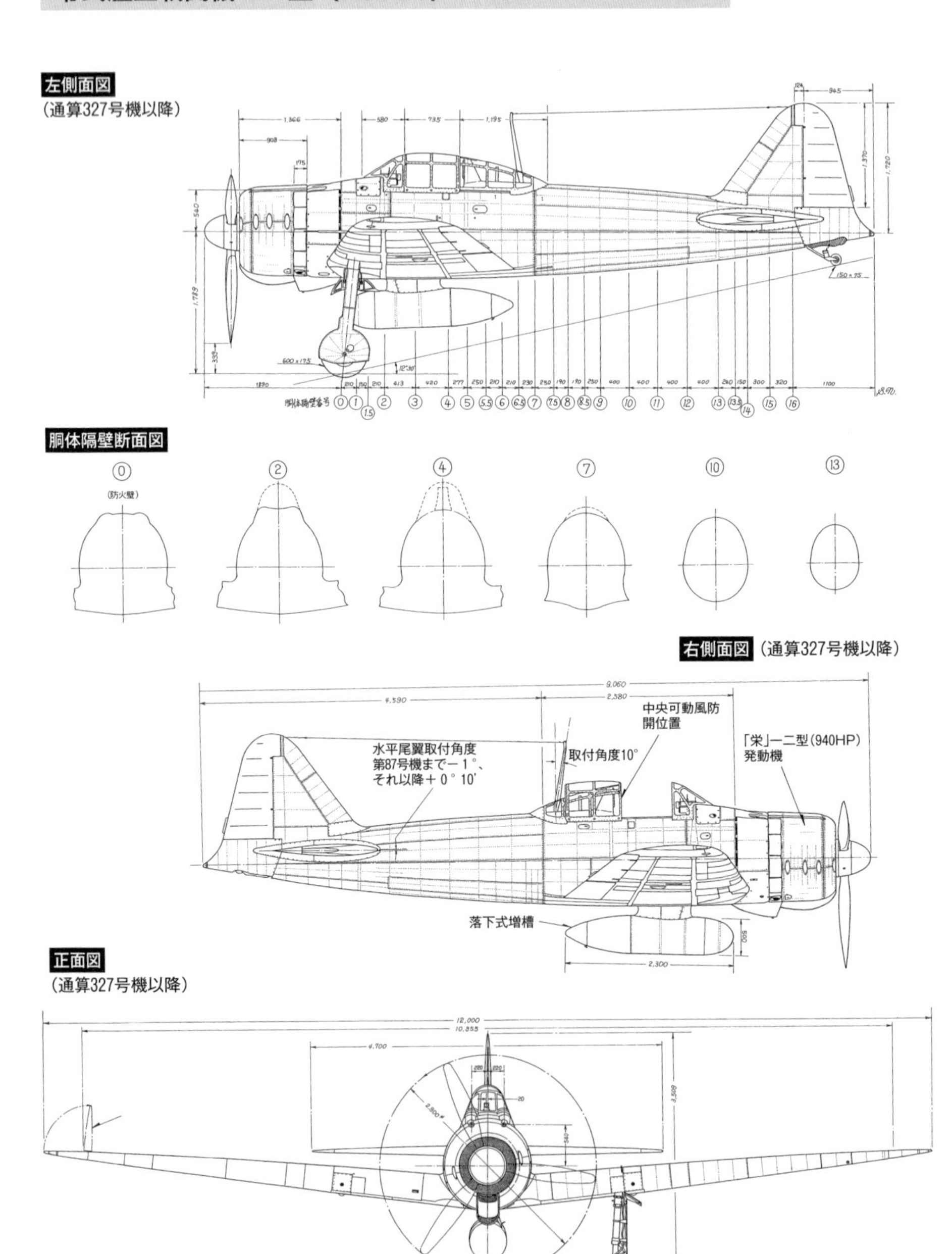

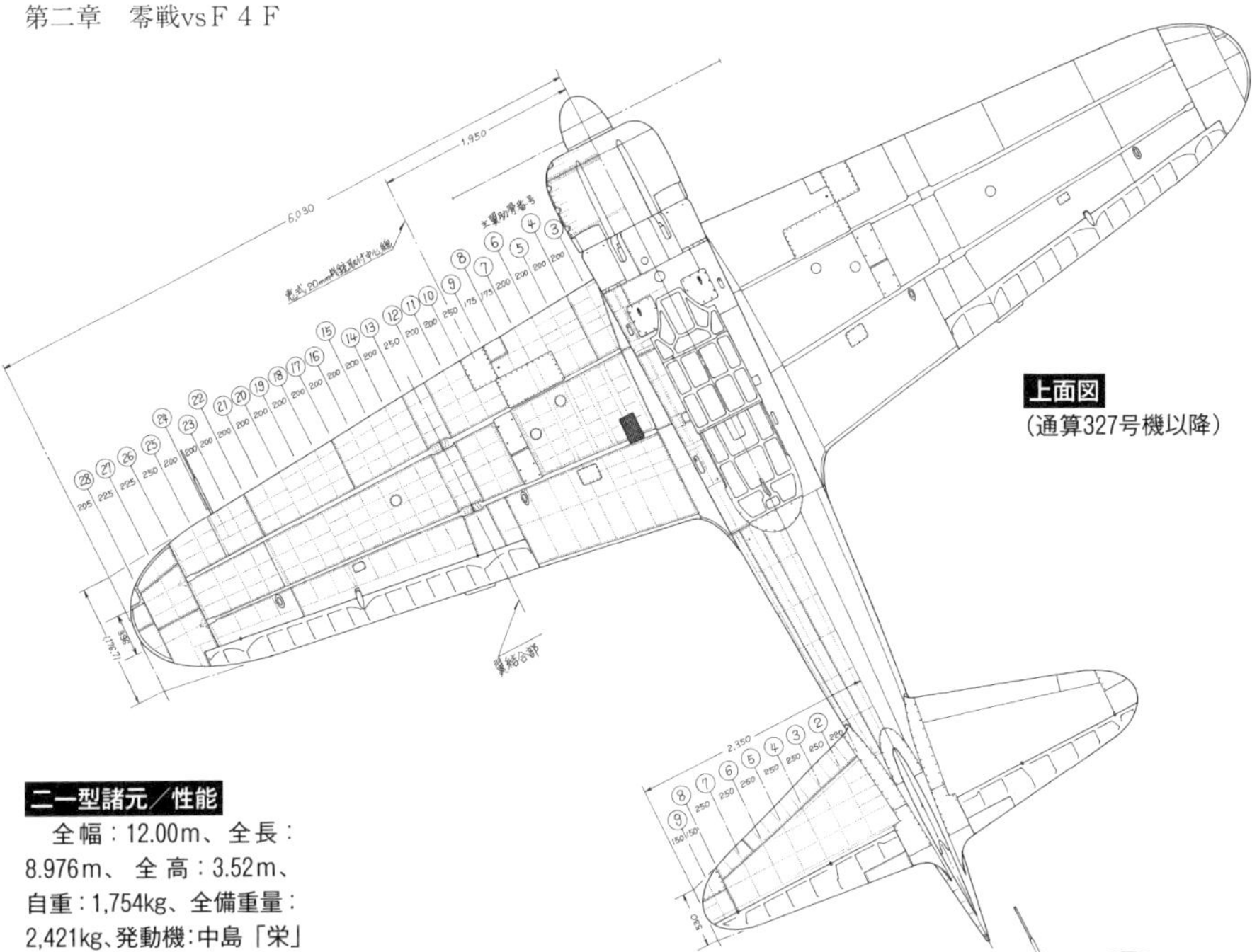

上面図
（通算327号機以降）

二一型諸元／性能

全幅：12.00m、全長：8.976m、全高：3.52m、自重：1,754kg、全備重量：2,421kg、発動機：中島「栄」一二型空冷星型複列14気筒（940hp）×１、最大速度：533km/h、上昇力：高度6,000mまで７分27秒、実用上昇限度：10,080m、航続距離：3,300km、武装：七粍七（7.7mm）機銃×２、二十粍（20mm）機銃×２、爆弾：30、または60kg×２、乗員：１名

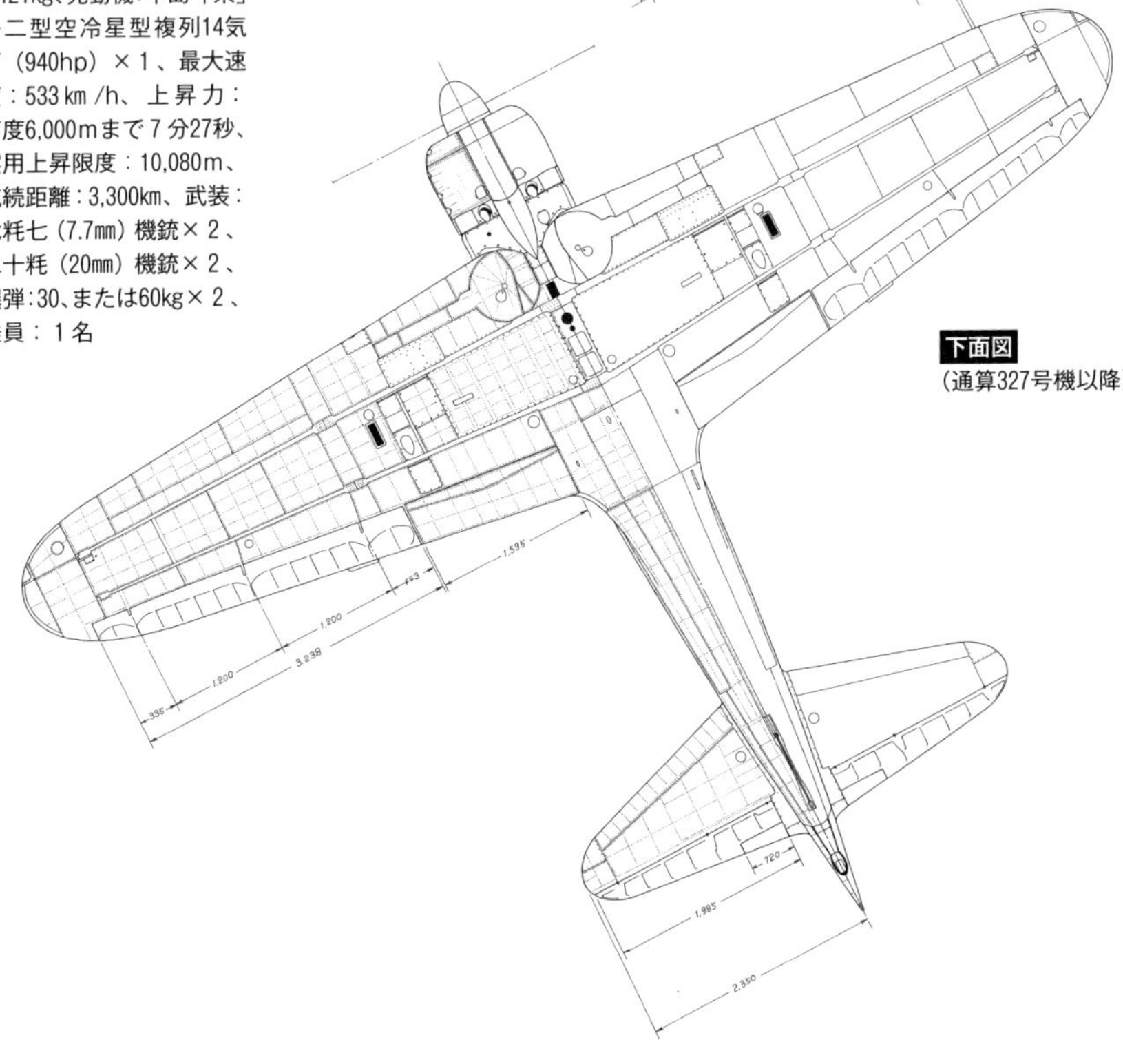

下面図
（通算327号機以降）

栄光の頂点から苦闘へ

不本意ながら、陸上基地部隊配備が先行した零戦だったが、太平洋戦争開戦時には主要空母6隻に、本来の艦上機装備を施した一号二型が配備完了しており、陸上基地部隊の中核である第三、台南航空隊も同様だった。

そして、これら各隊の一号二型が、昭和17（1942）年前半期までの各戦域で、連合国側の戦闘機群を一蹴して無敵とも言える活躍を演じ、太平洋の覇者に君臨する。

しかし、零戦の栄光は長続きせず、同年8月にアメリカ軍がソロモン諸島のガダルカナル島に上陸作戦を敢行。本格的な対日反攻に打って出てきたうえ、宿敵グラマンF4Fワイルドキャット艦戦が、「サッチ・ウィーブ」に象徴される対零戦空戦法を徹底したことにより、一方的な優勢は崩れ、苦戦を強いられる機会も多くなった。

このガ島を巡る攻防戦の始まりに合

←昭和16（1941）年12月8日未明、ハワイ・真珠湾攻撃の第二次攻撃隊として、機動部隊旗艦の空母「赤城」飛行甲板上に並び、発艦前の発動機暖機運転を行なう艦上機群。手前より3列目までが零式一号二型艦戦〔A6M2b〕（のちに二一型と改称）。

←量産が終了する昭和17（1942）年12月まで、零式二号艦戦と呼称されていた三二型〔A6M3〕。「栄」二一型に換装して変化した機首まわり、全幅11mに短縮して翼端を角形に整形したのが、外観上二一型〔A6M2b〕との目立つ相違点。

わせるかのように、三菱技術陣が前年より開発を進めてきた「二号型零戦」（のちの三二型）も実戦に投入された。

だが、発動機を「栄」二一型（１，１３０hp）に換装し、主翼幅を１ｍ短縮するなどして速度、高空性能の向上を図った二号型も、一号二型に比べ速度はわずか10㎞／ｈほど向上しただけにとどまり、逆に航続力は大幅に低下する期待外れの内容だった。

そのため、ラバウルとガ島間の往復作戦飛行が不可能ということで、現地部隊の批判を浴び、その責任をとって航空本部長が辞表を提出するという大問題に進展した。

そこで、三菱に対し二号型零戦の主翼を一号二型と同じ12ｍ幅に戻し、左右外翼内に40ℓ入り燃料タンクを追加した〝航続力恢復型〟の開発が急ぎ命じられ、同じＡ６Ｍ３の記号のまま、昭和17年12月から生産に入った。これが、翌18（１９４３）年１月29日付けで制式兵器採用される二二型である。

なお、同日付けで旧二号型零戦も、三

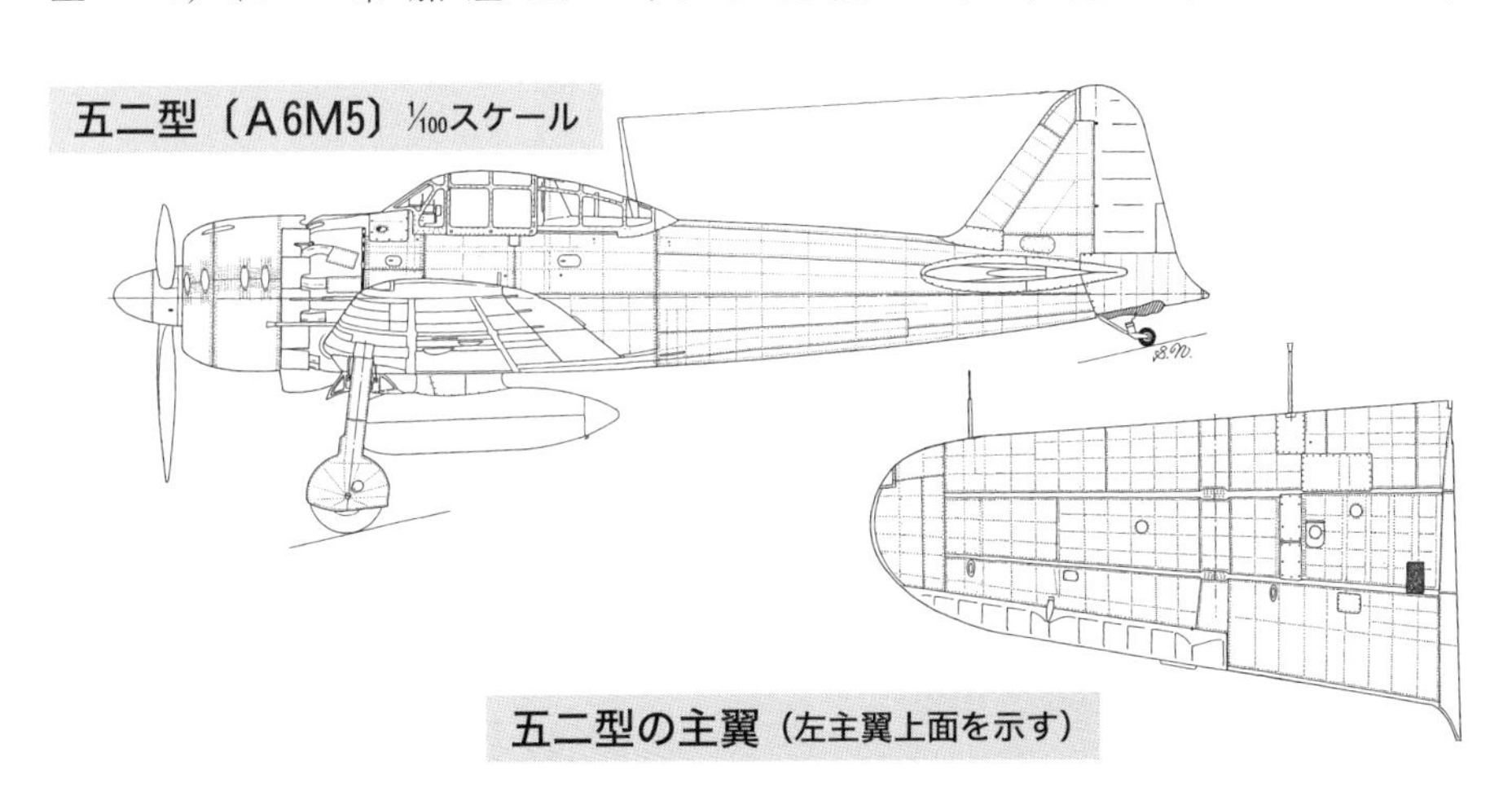

←昭和19（1944）年3月、愛知県の豊橋基地から進出地のボルネオ（現：カリマンタン）島に向けて離陸する、第三八一海軍航空隊所属の五二型〔A6M5〕。三菱工場で完成して間もない新品機である。

二型の名称で制式兵器採用の手続きがとられている。

さらなる改良とその限界

皮肉なことに、二二型の部隊配備が本格化した18年春頃には、ガ島を巡る攻防戦が日本軍の同島から撤退（同年2月）という形で終わっており、その航続力恢復の必要性は薄れてしまった。

その代わりに零戦に求められた改良点は、アメリカ軍の新型機に対応できる速度向上と、射撃兵装の強化だった。この要求に応じ、18年8月から二二型に代わって量産に入ったのが五二型〔A6M5〕である。

しかし、五二型は発動機が二二型と同じ「栄」二一型のままであり、主翼幅を再び11mに短縮し、推力式単排気管に変更するなどして約25km／hの速度向上を果たしていたとはいえ、18年秋の実戦参入時期には、アメリカ海軍側に、2,000hp級エンジン搭載のグラマンF6Fヘルキャットが充足しつつあった。

F6Fは、低高度域での旋回性能を除き、他の全ての面で五二型を凌駕。配備数は圧倒的に勝ったうえ、パイロット技量面においても徐々に差が開いていったため、零戦にとって空戦での勝機はきわめて低くなった。

後継機不在という事情もあって、零戦は五二型の火力強化、防弾装備追加などの苦し紛れの対策を講じて生き残りを図ったが、重量が増すばかりで飛行性能は低下。もはや設計、性能上の旧式化は否めず、制空戦闘機としての存在感は失われていた。

最後の量産型になった六二型〔A6M7〕が、爆弾架を常設した事実上の神風特攻専用機だったという点に、零戦の最後に置かれた立場が集約されている。その総生産数1万430機という、日本航空史上空前絶後の記録は偉大ではあるが、反面、それは後継機不在によってつくられた数値でもあり、日本航空技術、ひいては国力の限界を意味していた。

←零戦として最後の量産型になった六二型〔A6M7〕。主翼中央下面に二五番（250kg）爆弾の懸吊金具を埋め込み式に備えたのが特徴。実質的な神風特攻専用型だった。写真は、敗戦後の旧中島飛行機工場における撮影で、主翼の13mm機銃は取り外されている。

Ｆ４Ｆの開発と各型変遷

ＦＦ－1、Ｆ2Ｆ、Ｆ3Ｆと歴代3種の開発機が続けて制式採用を獲得、アメリカ海軍艦戦市場を独占する勢いのグラマン社は、Ｆ3Ｆの量産1号機が完成する2ヵ月前の1935年11月に、海軍当局から要請された次期新型戦闘機の設計案提出に応じ、社内名称「Ｇ－16」と称する案を提出した。

同案は、それまでに培った〝グラマン複葉引込脚形態〟の集大成と位置づけた設計で、エンジンはＦ3Ｆ－1と同じＰ＆Ｗ　Ｒ－1535（800hp）、またはライトＲ－1670（800hp）のいずれかを搭載し、機体サイズを少し小型化、相応の空力的洗練も加えて、性能向上（最大速度はＦ3Ｆ－1より53km／h優速と計算）を図るのが狙いだった。

当局もこれを一応評価し、翌1936年3月2日にＸＦ4Ｆ－1の名称により、原型機製作を発注する。ところが、それから3ヵ月後の6月22日、ブリュースター社が近代的な全金属製単葉引込脚形態の、社内名称「モデル139」案をもって、当局からＸＦ2Ａ－1の名称で原型機製作を受注するにおよび、ＸＦ4Ｆ－1に対する当局の扱いは一転。7月10日付けをもって、原型機製作契約の破棄が通告された。

慢心とは思えないが、シュウェンドラー以下のグラマン社技術陣に、時代の趨勢を見誤る隙があったことは確かなようだ。

XF4F－1　1/100スケール

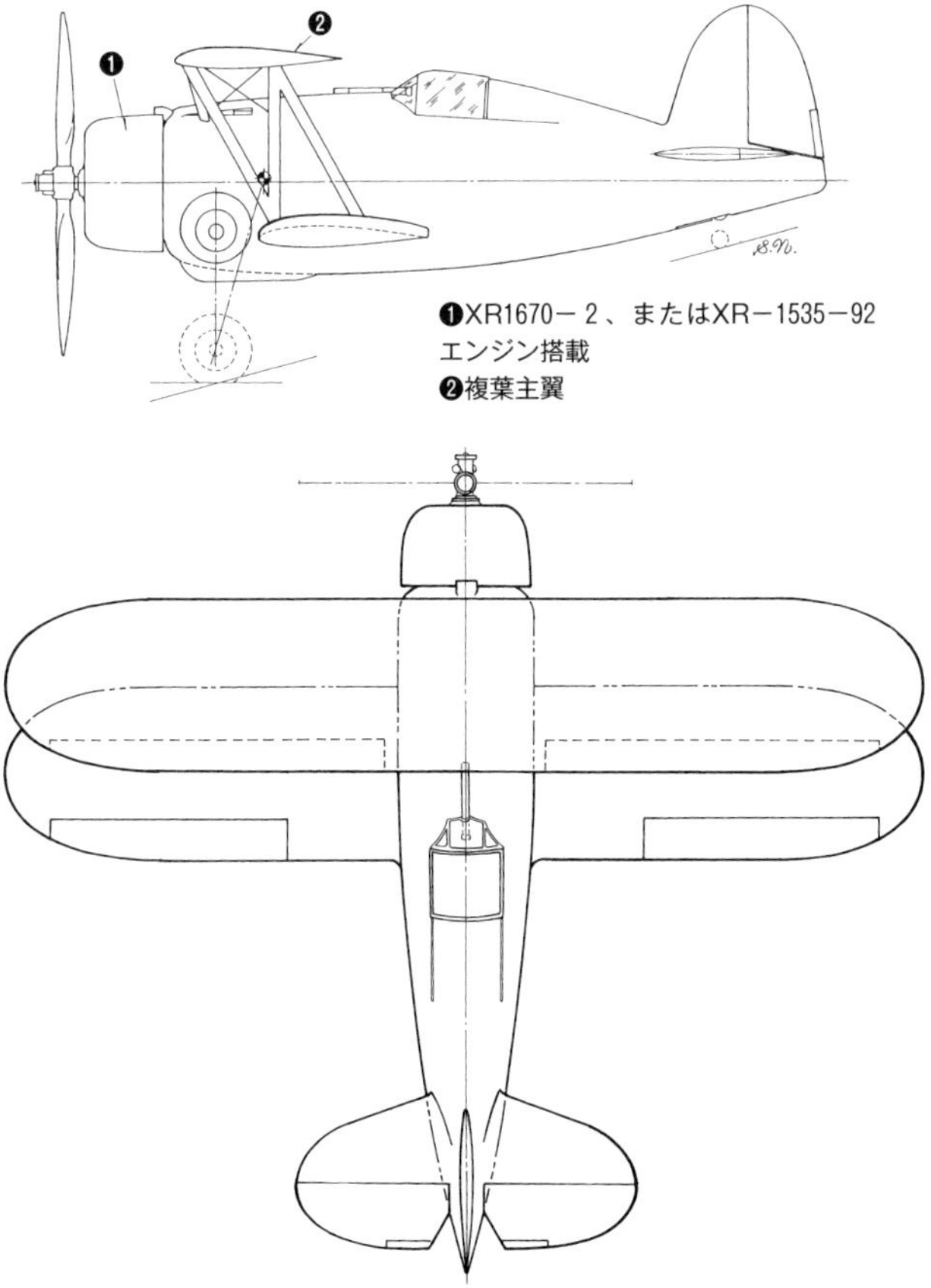

❶XR1670－２、またはXR－1535－92エンジン搭載
❷複葉主翼

慌てて単葉化を図る

ＸＦ４Ｆ－１の原型機製作契約が破棄されたことは、確かにグラマン社技術陣にとって大きなショックではあったが、すでにヨーロッパではイギリス空軍のスピットファイア、ドイツ空軍のＢｆ１０９など、全金属製単葉引込脚形態の戦闘機が次々に初飛行しており、ライバルの日本海軍でも、固定脚ではあるが全金属製単葉形態の九六式艦戦が、制式兵器採用を目前にしている状況だったから、アメリカ海軍当局の判断は妥当だった。

通告を受けたグラマン社は、ただちにＸＦ４Ｆ－１の単葉化案を当局に提出。幸いにも7月28日付けでＸＦ４Ｆ－２の名称により、改めて原型機製作契約を交わすことが出来た。

必死にリベンジを図ろうとする技術陣の意気込みを示すように、ＸＦ４Ｆ－２はライバルＸＦ２Ａ－１より約３ヵ月も早い、翌１９３７年９月２日に

←複葉形態のXF4F－1がキャンセルされたのち、急遽その単葉型として開発され、1937年9月2日に初飛行したXF4F－2。その外観は、奇しくもXF4F－1を葬った相手、ブリュースターXF2A－1とそっくりであった。

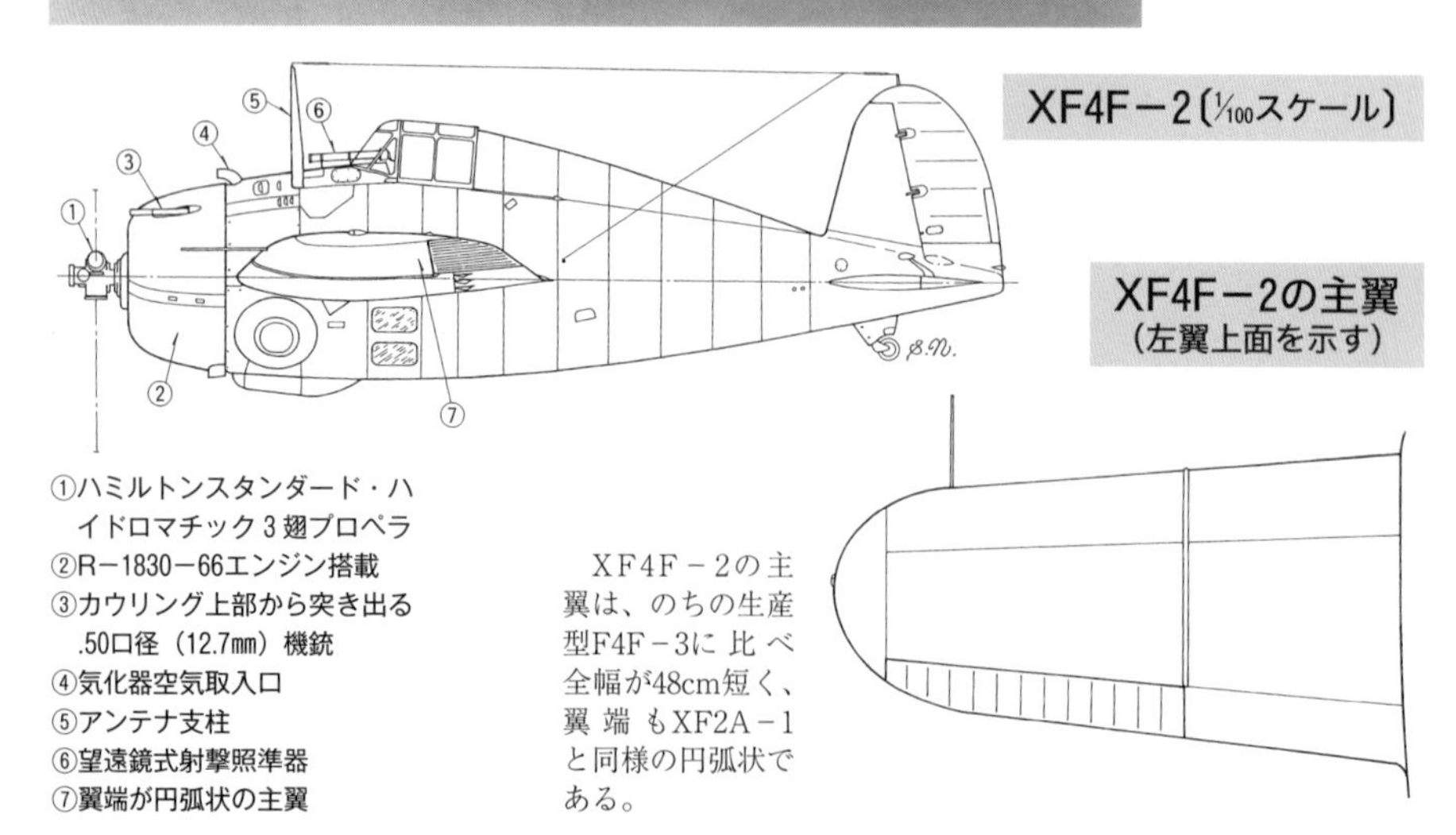

XF4F－2（1/100スケール）

①ハミルトンスタンダード・ハイドロマチック３翅プロペラ
②R－1830－66エンジン搭載
③カウリング上部から突き出る.50口径（12.7㎜）機銃
④気化器空気取入口
⑤アンテナ支柱
⑥望遠鏡式射撃照準器
⑦翼端が円弧状の主翼

XF4F－2の主翼
（左翼上面を示す）

XF4F－2の主翼は、のちの生産型F4F－3に比べ全幅が48cm短く、翼端もXF2A－1と同様の円弧状である。

初飛行を果たす。

ただ、本機は急いでまとめあげたが故に、設計的には〝未消化〟が否めず、搭載したＰ＆Ｗ Ｒ－１８３０－66エンジン（１，２００hp）のトラブルに加え、尾部を極端に細く絞り込んだ〝猫背形〟の胴体、アスペクト比の小さい主翼など、見るからに危うい印象を与えた。

その結果、翌１９３８年に入って行なわれたＸＦ２Ａ－１との比較審査では、設計、性能両面で勝った同機が制式採用され、ＸＦ４Ｆ－２は不採用になった。

必死のリベンジ

Ｆ２Ａ－１に制式採用を奪われ、〝艦戦のグラマン〟のブランド・イメージが揺らぎかけたのは確かだった。ただ、グラマン社にとっての救いは、当局がＸＦ４Ｆ－２に改良の余地があることを認め、１９３８年10月に改めてＸＦ４Ｆ－３の名称で原型機製作契約を交わしてくれたこと。

これが最後のチャンスと理解した技術陣は、ＸＦ４Ｆ－３はＸＦ４Ｆ－２の単なる改良ではなく、胴体主要部と主脚以外は全て再設計するという〝大手術〟を施し、ほとんど別機と言える内容にして、１９３９年２月12日初飛行にこぎつけた。

ＸＦ４Ｆ－３の搭載エンジンは、ＸＦ４Ｆ－２のそれと同系のＰ＆Ｗ Ｒ－１８３０－76で、出力も同じ1，２００hpだったが、技術陣必死の機体再設計が効を奏し、最大速度は74km／hも優速の５３７km／hを記録。ＸＦ４Ｆ－２が苦敗をなめた相手、Ｆ２Ａ－１の４８４km／hは言うに及ばず、同機の新型Ｆ２Ａ－２の５２０km／hをも凌ぐ好成績だった。

このテスト結果に満足した当局は、１９３９年８月８日に生産型Ｆ４Ｆ－３を54機量産発注。技術陣は、一度揺らぎかけた当局からの信頼を、取り戻すことに成功した。

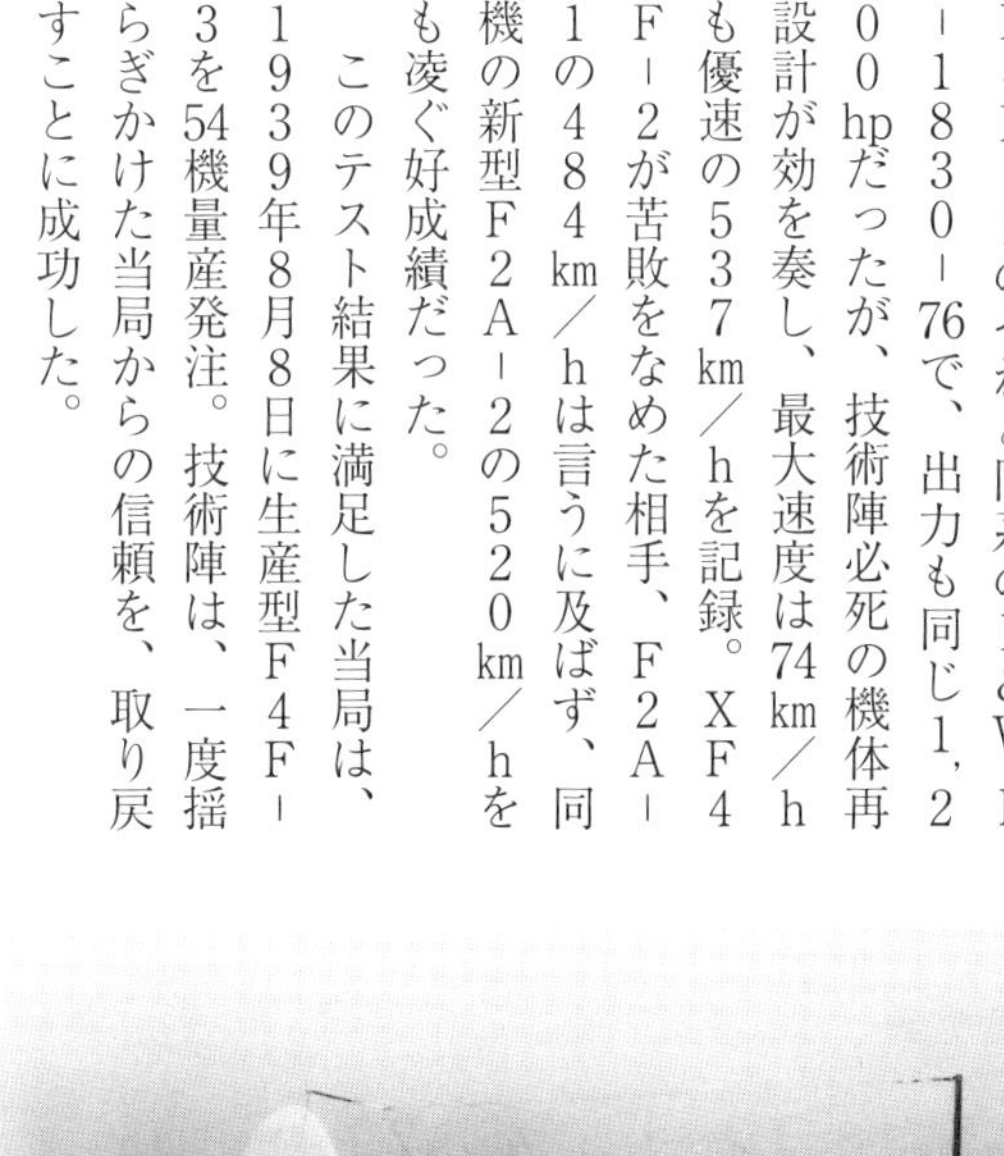

←ライバルXF4F－2との比較審査に勝利して制式採用、アメリカ海軍最初の単葉引込脚艦戦の肩書きを冠せられた、ブリュースターXF2A－1。前ページのXF4F－2の写真と見比べれば、驚くほど外観がそっくりなのがわかる。

大戦勃発による特需

Ｆ４Ｆ－３の量産発注から１ヵ月も経たない１９３９年９月１日、ヨーロッパでナチス・ドイツのポーランド侵攻を契機に第二次世界大戦が勃発。中立の立場をとっていたアメリカも、有事に備えた軍備拡張に迫られた。

これに沿い、わずか54機の発注にとどめられていたＦ４Ｆ－３も、同年末までに５７８機まで増加されたが、グラマン社の量産態勢が整うには少し時間を要し、翌１９４１年末時点での生産数は約２３０機にとどまった。

太平洋戦争が勃発したのは同年12月７日（日本時間では８日）で、ライバルの日本海軍には、ＸＦ４Ｆ－２の初飛行の直後に試作発注された零戦が、すでにこの時、空母、陸上基地部隊双方に約２５０機も配備されており、海兵隊を含めたＦ４Ｆ－３／－３Ａの、実戦部隊への配備数１８６機を大きく凌いでいた。

←不採用となったXF4F－2の胴体主要部、主脚を除いて全面的な再設計を施し、1939年2月12日に初飛行したXF4F－3。主翼も尾翼も、のちにグラマン艦戦の〝定番〟となる角形に整形され、F2Aの模倣イメージから脱却している。

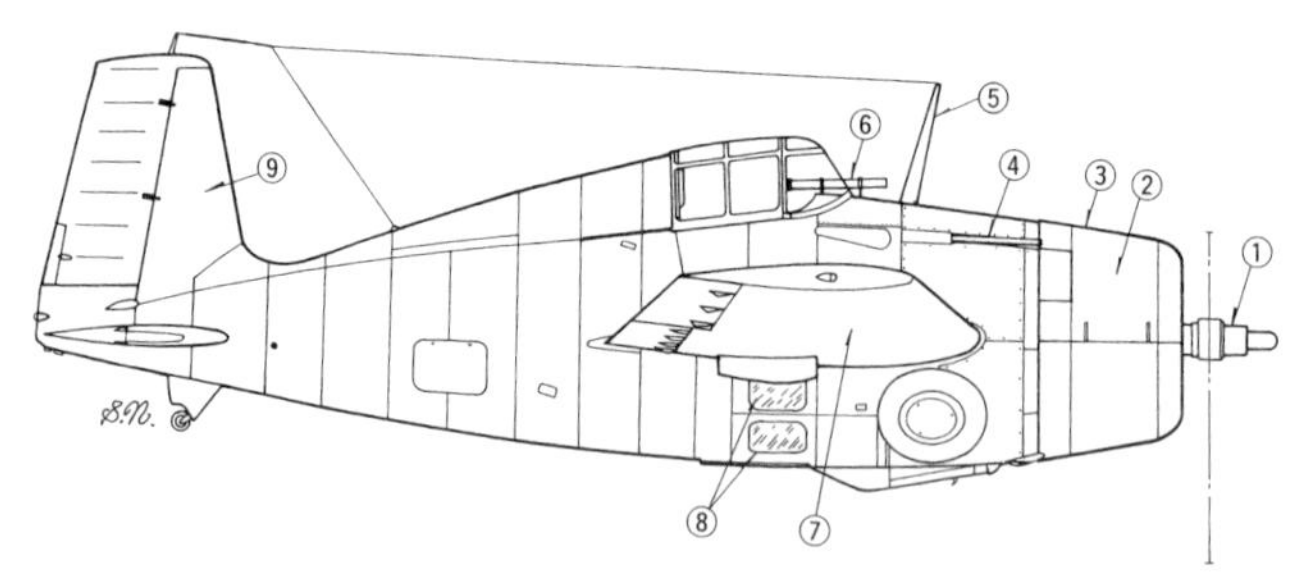

XF4F－3
（1/100スケール）

①カーチスエレクトリック定速３翅プロペラ
②R－1830－76エンジン搭載
③カウリング再設計
④ブローニングM２ .50口径（12.7㎜）機銃
⑤アンテナ支柱
⑥望遠鏡式射撃照準器
⑦再設計され、翼端が角形になった主翼
⑧下方視認窓は２つ
⑨再設計された尾翼

アメリカ海軍は、航空機の新型開発に際し、原型機は1機か2機しか製作発注せず、初飛行後に判明する要改修点は、その原型機を何度にもわたり手を加えて実用化に供するというやり方を基本にした。原型（試作）機とは別に、いわゆる「増加試作機」と呼ばれた改修専用機を、何機も製作発注するのを慣例とした日本海軍とは対照的であった。故に、上の写真、図で紹介したXF4F－3も、その後生産型F4F－3に準じた外観になるまで、何度も改修を繰り返した。

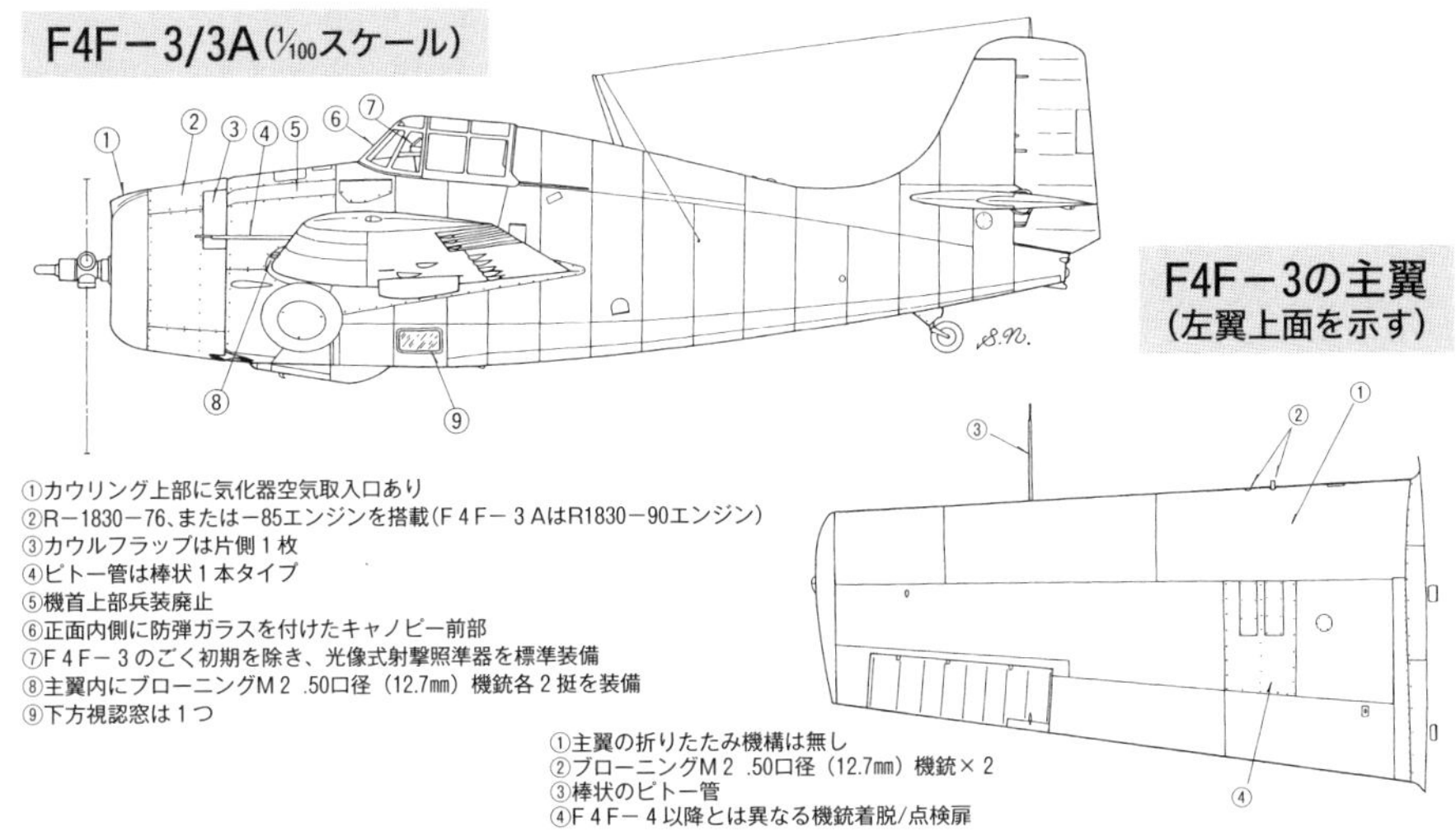

←1939年12月に完成した、生産型F4F－3の第1号機Bu.No1844。とは言っても、原型機が1機しか存在しないこともあり、この1号機は2号機ともども、実用化のための各種テスト用機とされた。

←日・米開戦が目前に迫った1941年11月、ルイジアナ州で実施された大規模な陸海軍合同の軍事演習に参加した、第111海兵戦闘飛行隊（VMF－111）所属のF4F－3A。胴体後部と主翼に記入した赤い十字マークは、「赤軍」の一員であることを示す。F4F－3Aは、－3のエンジンを暫定的に一段2速過給器付きのR－1830－90に換装した型である。

水上戦闘機化は中止

1942年8月、ソロモン諸島戦域に零戦を水上戦闘機化した「二式水上戦闘機」が出現したことに驚いたアメリカ海軍は、ただちにこれに倣（なら）いF4F－3Sの名称で試作を命じた。改造を担当したのはフロート・メーカーのエド社で、標準型F4F－3の1機の降着装置を撤去し、代わりに双フロートを取り付け、横安定維持のため水平尾翼に小さな垂直安定板を追加した。

この改造機は、翌1943年2月に初飛行したが、重量、空気抵抗の増加で性能低下が著しく、一時はF4F－7の型式名で100機生産する予定だったが中止され、二式水戦のようには上手くいかなかった。

主力生産型の登場

F4Fはアメリカ海軍のみならず、近代的な艦戦を持てずにいた同盟国イ

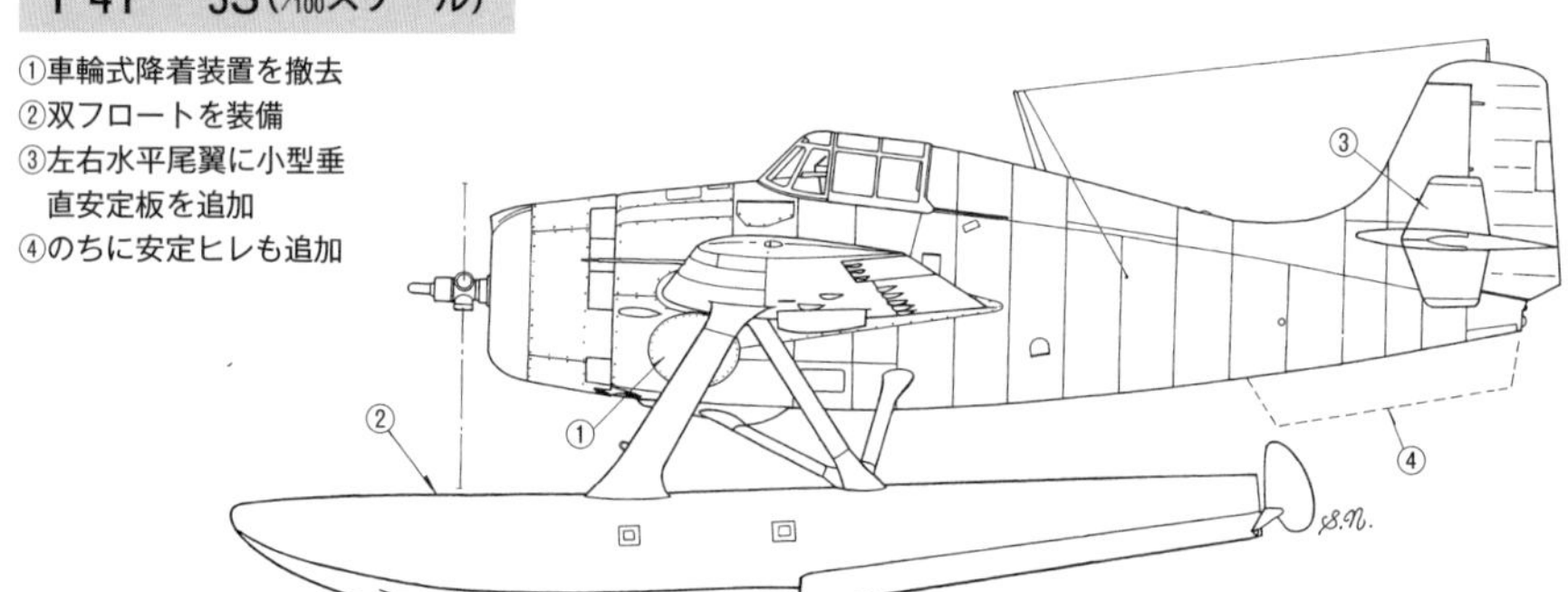

←右前方から見たF4F－3S。二式水戦がシンプルな主浮舟（メイン・フロート）1本と、左右主翼下面の補助浮舟（サブ・フロート）という、空力的に洗練された設計だったのに比べ、見るからに重く、空気抵抗が大きそうな本機は、設計、性能両面において見劣りするのは否めない。

ギリス海軍にも、「マートレット」の名称で多数が供与された。そのイギリス海軍空母の狭い格納庫とエレベーターに対応し、２番目の型式マートレットⅡは、グラマン社独創の後方折りたたみ式の主翼を導入した。

この折りたたみ式主翼は、アメリカ海軍空母でも搭載機数の増加に寄与すると判断され、Ｆ４Ｆ－４として量産発注された。原型機ＸＦ４Ｆ－４は１９４１年４月に初飛行、太平洋戦争勃発後に実戦部隊への配備が本格化した。１９４２年８月からのガダルカナル島攻防戦において、ラバウルから飛来する零戦隊と激しい空戦を展開したのも、海兵隊所属のＦ４Ｆ－４だった。

Ｆ４Ｆ－４は、グラマン社にて１，１６８機生産された他、ＧＭ社イースタン航空機でもＦＭ－１の名称で１，０６０機肩替わり生産され、計３８０機生産にとどまったＦ４Ｆ－３、－３Ａにかわり、翌１９４３年夏に後継機Ｆ６Ｆが充足するまで、主力艦戦として第一線にとどまった。

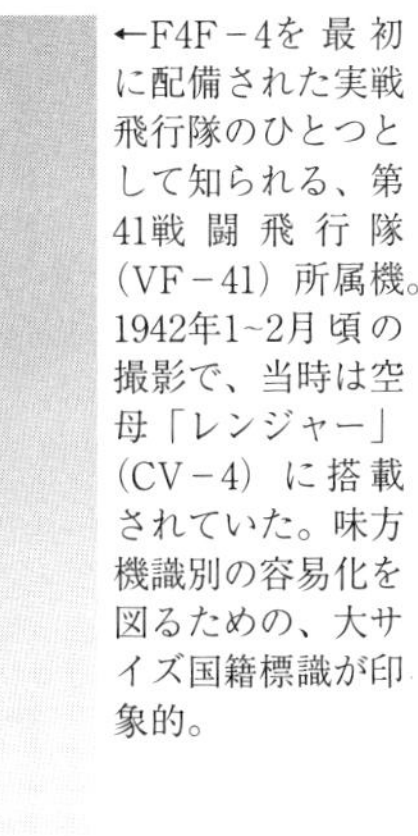
←F4F－4を最初に配備された実戦飛行隊のひとつとして知られる、第41戦闘飛行隊（VF－41）所属機。1942年1~2月頃の撮影で、当時は空母「レンジャー」（CV－4）に搭載されていた。味方機識別の容易化を図るための、大サイズ国籍標識が印象的。

←工場で完成した後、グラマン社テスト・パイロットの操縦で試飛行するF4F－4。折りたたみ式主翼導入の他、F4F－4は－3に比べ主翼内武装を.50口径機銃6挺にし、防弾装備も強化するなどの〝戦時対策〟が講じられている。

F4F－4 精密五面図（1/100スケール）寸法単位：mm

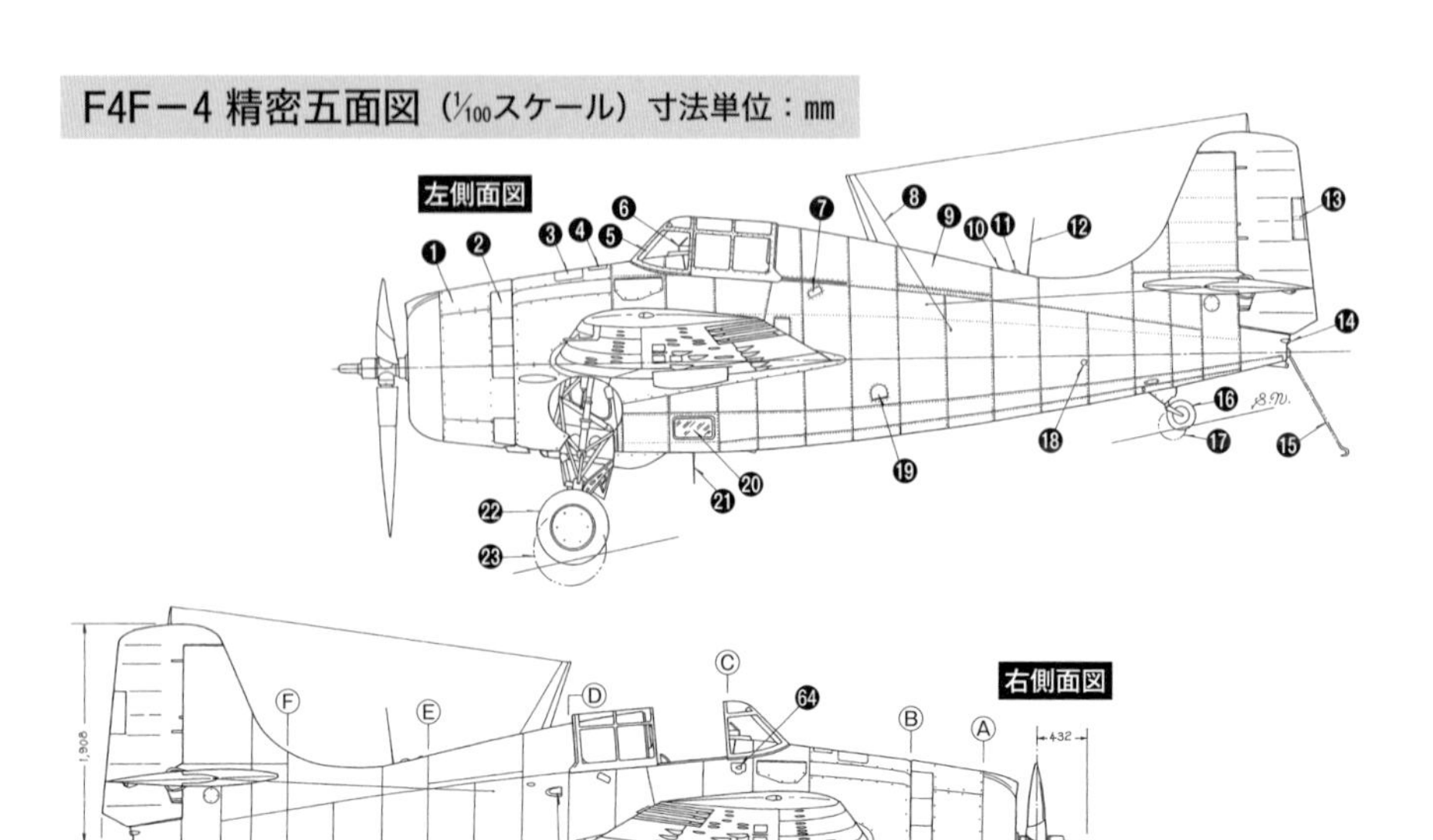

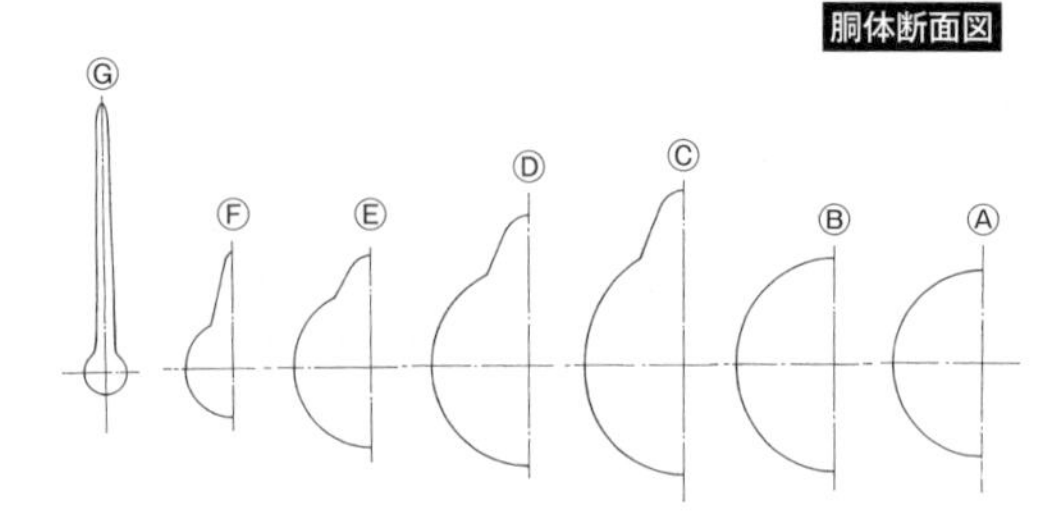

F４F－４諸元/性能

全幅:11.58m、全長:8.76m、全高:2.81m、自重:2,612kg、全備重量:3,359kg、エンジン:P&W R－1830－86空冷星型複列14気筒(1,200hp)×１、最大速度:512km /h、上昇力:初期上昇率594m/分、実用上昇限度:10,365m、航続距離:1,465km、武装:ブローニングM２ .50口径(12.7mm)機銃×６、爆弾:90kg、乗員:１名。

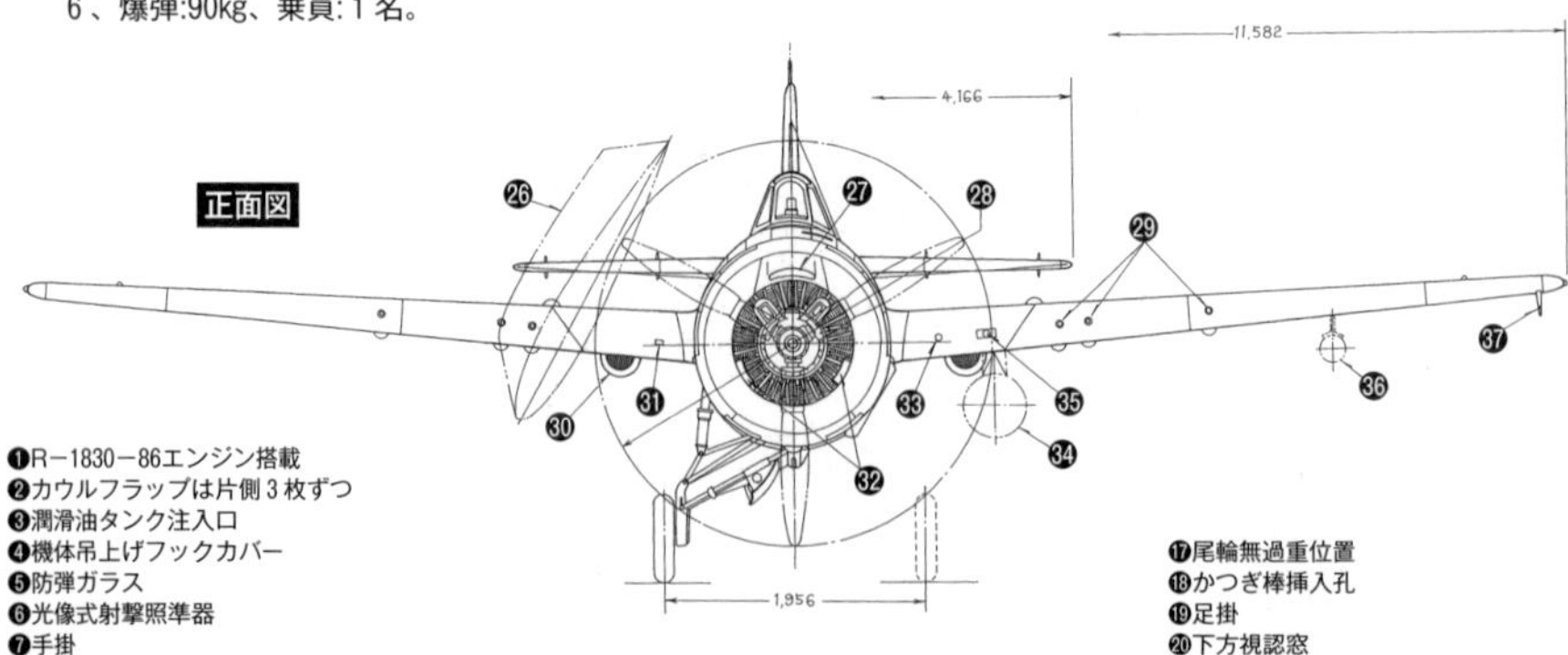

❶R－1830－86エンジン搭載
❷カウルフラップは片側３枚ずつ
❸潤滑油タンク注入口
❹機体吊上げフックカバー
❺防弾ガラス
❻光像式射撃照準器
❼手掛
❽アンテナ空中線引込線
❾救命ボート収納部
❿区分灯
⓫識別灯
⓬ホイップ・アンテナ
⓭方向舵トリム・タブ
⓮尾灯
⓯着艦フック下げ位置
⓰尾輪(266×100mm)
⓱尾輪無過重位置
⓲かつぎ棒挿入孔
⓳足掛
⓴下方視認窓
㉑ロッド・アンテナ
㉒主車輪(660×150mm)
㉓主車輪無過重位置

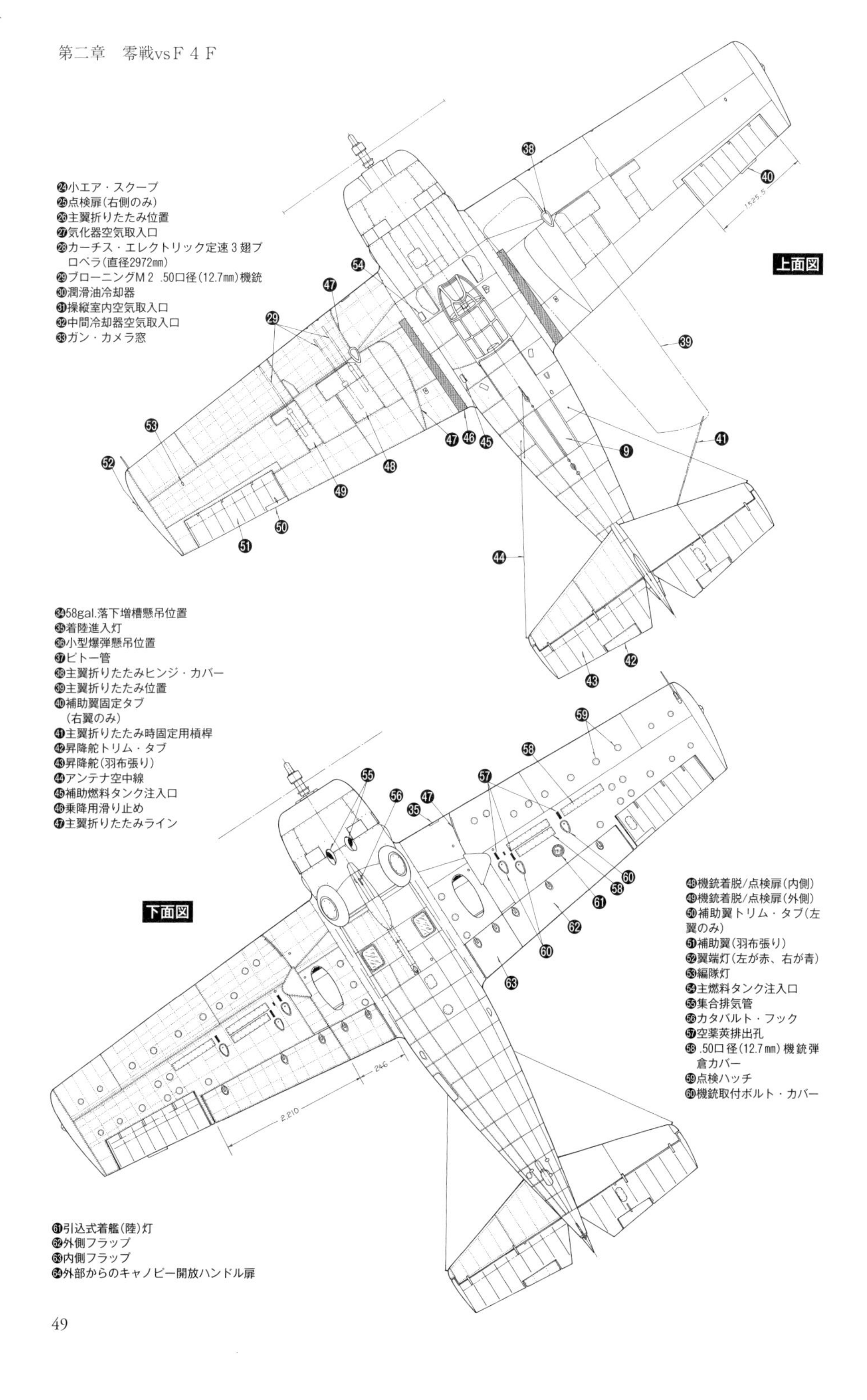
㉔小エア・スクープ
㉕点検扉(右側のみ)
㉖主翼折りたたみ位置
㉗気化器空気取入口
㉘カーチス・エレクトリック定速３翅プロペラ(直径2972㎜)
㉙ブローニングM２ .50口径(12.7㎜)機銃
㉚潤滑油冷却器
㉛操縦室内空気取入口
㉜中間冷却器空気取入口
㉝ガン・カメラ窓
上面図
1525.5
㉞58gal.落下増槽懸吊位置
㉟着陸進入灯
㊱小型爆弾懸吊位置
㊲ピトー管
㊳主翼折りたたみヒンジ・カバー
㊴主翼折りたたみ位置
㊵補助翼固定タブ(右翼のみ)
㊶主翼折りたたみ時固定用横桿
㊷昇降舵トリム・タブ
㊸昇降舵(羽布張り)
㊹アンテナ空中線
㊺補助燃料タンク注入口
㊻乗降用滑り止め
㊼主翼折りたたみライン
下面図
246
2210
㊽機銃着脱/点検扉(内側)
㊾機銃着脱/点検扉(外側)
㊿補助翼トリム・タブ(左翼のみ)
51補助翼(羽布張り)
52翼端灯(左が赤、右が青)
53編隊灯
54主燃料タンク注入口
55集合排気管
56カタパルト・フック
57空薬莢排出孔
58 .50口径(12.7㎜)機銃弾倉カバー
59点検ハッチ
60機銃取付ボルト・カバー
61引込式着艦(陸)灯
62外側フラップ
63内側フラップ
64外部からのキャノピー開放ハンドル扉

護衛空母専用型のＦＭ－２

太平洋戦争勃発後、アメリカ海軍は空母戦力の大幅な拡充を目指し、「エセックス」級大型空母の建造を急ぐとともに、これを補佐する小型の護衛空母の大量建造にも着手。その護衛空母に搭載するＦ４Ｆの軽量化型として試作されたのが、ＸＦ４Ｆ－８だった。

ポイントは、Ｆ４Ｆ－４のエンジンをライトＲ－１８２０－56（１，３５０hp）に換装し、主翼内武装を.50口径機銃４挺に軽減、方向安定性向上のため垂直尾翼を上方に増積したこと。

原型機は１９４２年11月に初飛行し、後継機Ｆ６Ｆの開発、量産に専念するグラマン社に代わり、ＧＭ社がＦＭ－２の名称で生産することにされた。そして、同社は得意のマスプロ能力を発揮し、１９４５年８月の生産終了までに、実に４，７７７機もの膨大な数を送り出す。まさにアメリカの底力を見る思いである。

FM－2（1/100スケール）

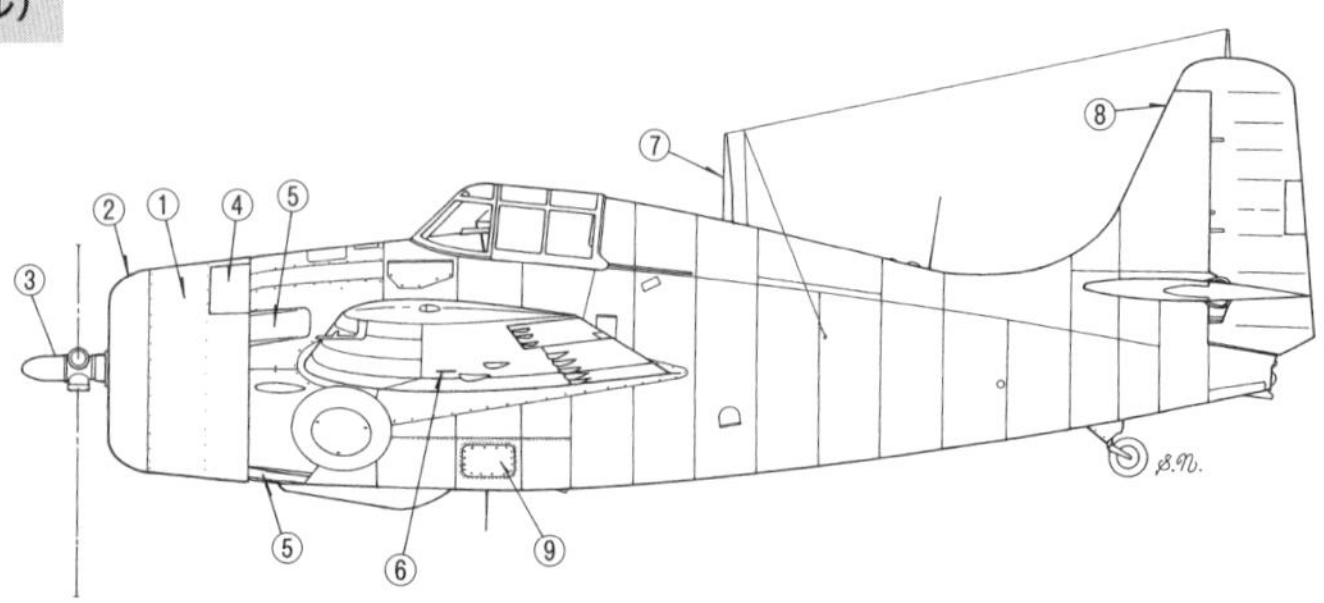

←飛行中の海兵隊所属のFM－2。エンジン換装によって変化した機首まわり、背が高くなった垂直尾翼など、本型の特徴がよくわかる。FM－2はF4F－4に比べ最大速度はほとんど同じ515km/hで、上昇性能が少し向上していた。なお、FM－2を含めたF4F系の生産総数は、試作型を除き7,817機に達した。

第二節　零戦とＦ４Ｆのメカニズム比較

この方針に沿った最初の成功例が九六式艦戦だった訳で、これに倣った陸軍の九七式戦も同様に成功。それぞれの延長線上に現れたのが後継機の零戦と一式戦だった。

これとまったく対照的だったのがＦ４Ｆで、むろん無駄な重量増加は避けつつも、必要以上の軽量化は意識せず、十分な強度を持たせた機体構造と、相応の空気力学的洗練でまとめ上げた。

その結果、エンジン出力面での優越に見合う飛行性能は得られなかったものの、実戦においては零戦にはない長所を生かして十分に対抗できた。

この両機のメカニズムを通して比較を試みたのが本項である。

対照的な構造特徴

零戦とＦ４Ｆは、同じ艦上戦闘機として開発されながら、それぞれの国情を背景にした当局側の要求と、設計技術者のポリシーの違いもあり、機体製造やメカニズム、各種装備品に至るまで全ての面で対照的であった。

もともと、軍事航空という面において欧米先進国の後塵を拝していたせいもあるが、日本は同じ開発世代機の発動機出力が、常に2～3割がた低い水準で推移したので、同等の飛行性能を得るには、機体をなるべく軽く仕上げ、外形の空気力学的洗練を追求する方針で対抗するしかなかった。

←三菱の試作工場内の治具に固定されて組み立てが進む、零戦の原型機十二試艦戦１号機の主翼本体骨組み。前縁を上にして立てた状態で、左右方向に通る２本の主桁と小骨（リブ）の配置がよくわかる。縦通材はまだ取り付けられていない。

零戦二一型 機体内部構造配置図

①住友/ハミルトンCS−40B定速可変ピッチ３翅プロペラ（直径2.90m）②気化器空気取入口 ③中島『栄』一二型空冷星型複列14気筒発動機 ④潤滑油冷却空気取入口 ⑤集合排気管 ⑥潤滑油冷却器 ⑦潤滑油タンク（容量58ℓ）⑧落下式増槽（容量320ℓ）⑨増槽燃料注入口 ⑩発動機取付架 ⑪胴体内燃料タンク（容量138ℓ）⑫九六式空一号無線機 ⑬九九式二十粍一号固定機銃（弾数60発）⑭主翼前桁 ⑮翼端灯（左・赤、右・青）⑯補助翼 ⑰補助翼作動アーム ⑱補助翼固定タブ ⑲主翼後桁 ⑳主翼内燃料タンク注入口 ㉑フラップ

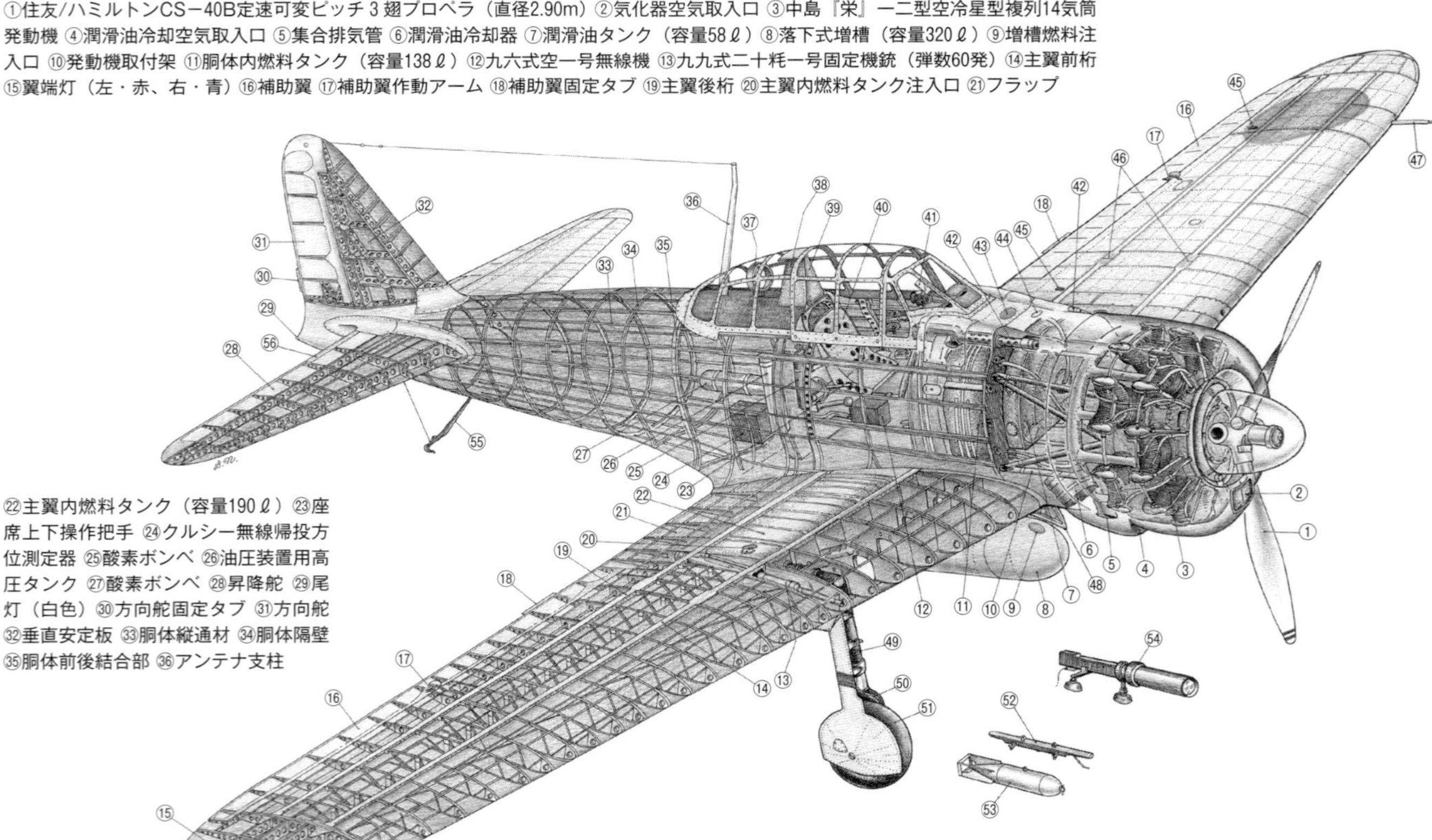

㉒主翼内燃料タンク（容量190ℓ）㉓座席上下操作把手 ㉔クルシー無線帰投方位測定器 ㉕酸素ボンベ ㉖油圧装置用高圧タンク ㉗酸素ボンベ ㉘昇降舵 ㉙尾灯（白色）㉚方向舵固定タブ ㉛方向舵 ㉜垂直安定板 ㉝胴体縦通材 ㉞胴体隔壁 ㉟胴体前後結合部 ㊱アンテナ支柱

㊲クルシー無線帰投方位測定器用枠型空中線（D/Fループ・アンテナ）㊳転覆時保護支柱（ロールバー）㊴頭当て（ヘッドレスト）㊵座席 ㊶九八式射爆照準器 ㊷九七式七粍七固定機銃（弾数各700発）㊸胴体内燃料タンク注入口 ㊹潤滑油タンク注入口 ㊺編隊灯（左・赤、右・青）㊻主翼桁内外結合部 ㊼ピトー管 ㊽主車輪覆 ㊾主脚柱 ㊿ブレーキ・パイプ 51主車輪 52戦闘機用改一型小型爆弾架 53三番（30kg）、または六番（60kg）爆弾 54八九式活動写真銃 55着艦拘捉鈎（フック）56昇降舵修正舵

F4F－4 機体内部構造配置図

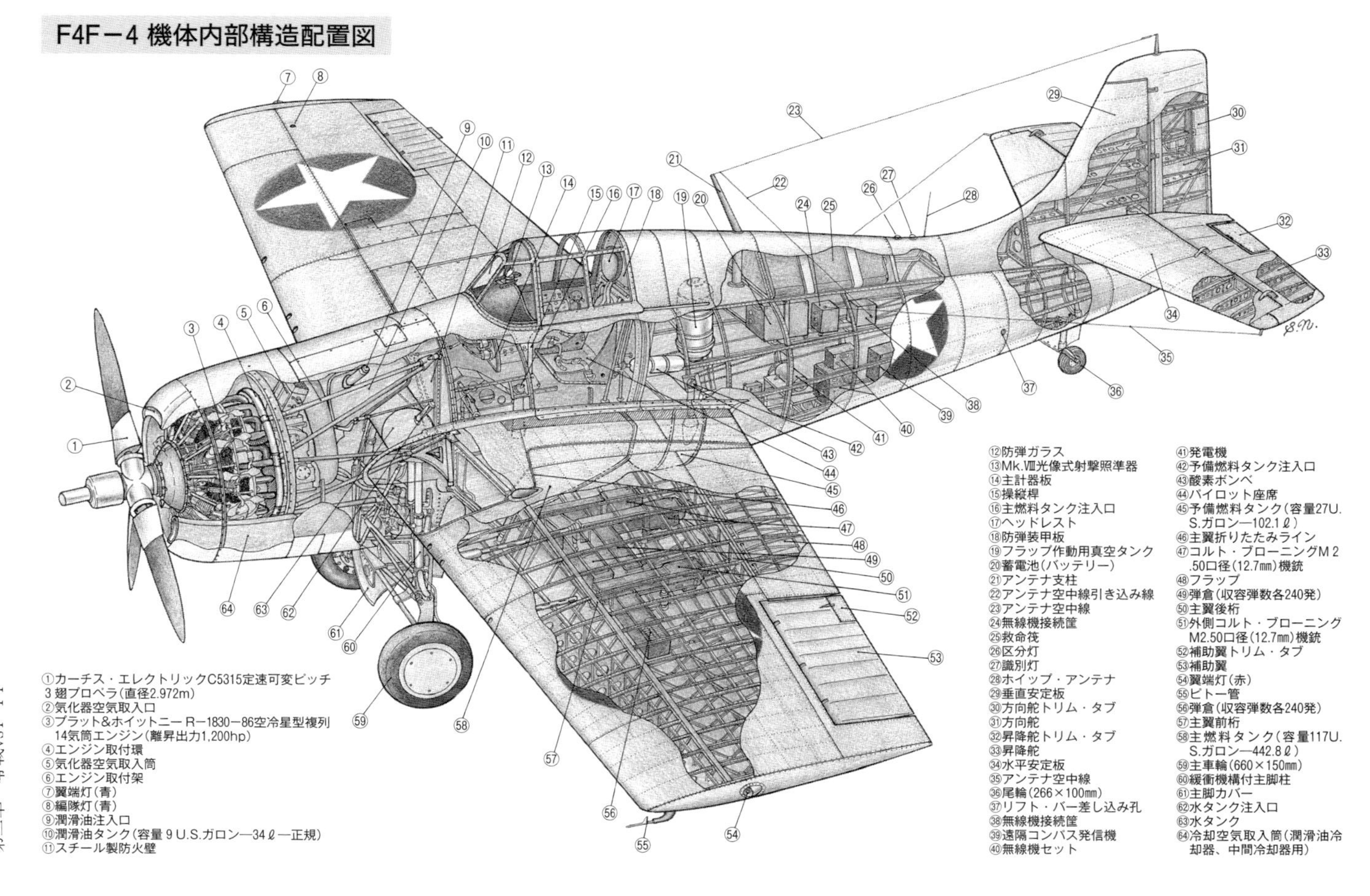

零戦の発動機（エンジン）

零戦の試作機「十二試艦上戦闘機」は、当初三菱「瑞星」一三型空冷星型複列14気筒（780hp）を搭載していたが、3号機以降は海軍の命令でライバル会社中島飛行機製の、「栄」一二型空冷星型複列14気筒（940hp）に換装した。

結果的に、この栄への換装により零戦は類稀な、高水準の総合性能を手にすることが出来たのである。栄は、中島にとって複列14気筒としては2番目の開発品であり、燃費に優れ、実用性も高い申し分のない成功作だった。零戦の他、九七式艦攻、夜戦「月光」、さらに陸軍仕様が「ハ二五」「ハ一一五」の名称で、九九式双軽爆、一式戦などにも搭載された。

栄一二型の諸元は、直径1，150mm、乾燥重量530kg、シリンダー内径×ピストン行程は130×150mm、総容積は27・9ℓ。過給器は一段一速式で、気化器は昇流式。

零戦三二型以降が搭載した「栄」二一型は、本体は一二型と同じまま、過給器を一段二速式に、気化器を降流式に改め、離昇出力を1，130hpまで高めたもの。

この二一型に水メタノール噴射を行ない、出力向上を図ろうとしたのが栄三一型だが、装置自体の調達が叶わず、基本的に二一型と同じ出力で変わり映えのしない、三一甲型、乙型の生産に甘んじた。

因に、栄発動機の生産は〝本家〟中島の他、石川島航空工業でも行なわれ、二一、三一型をあわせ敗戦までに計2286台を製造した。

零戦最後の開発型になった五四型の搭載発動機である三菱「金星」六二型は、同じ複列14気筒だが、総容積が32・34ℓと大きく、出力も1，500hpを発揮したが、五四型の生産1号機が完成する直前で敗戦となり、実戦参加は叶わなかった。

中島「栄」一二型発動機

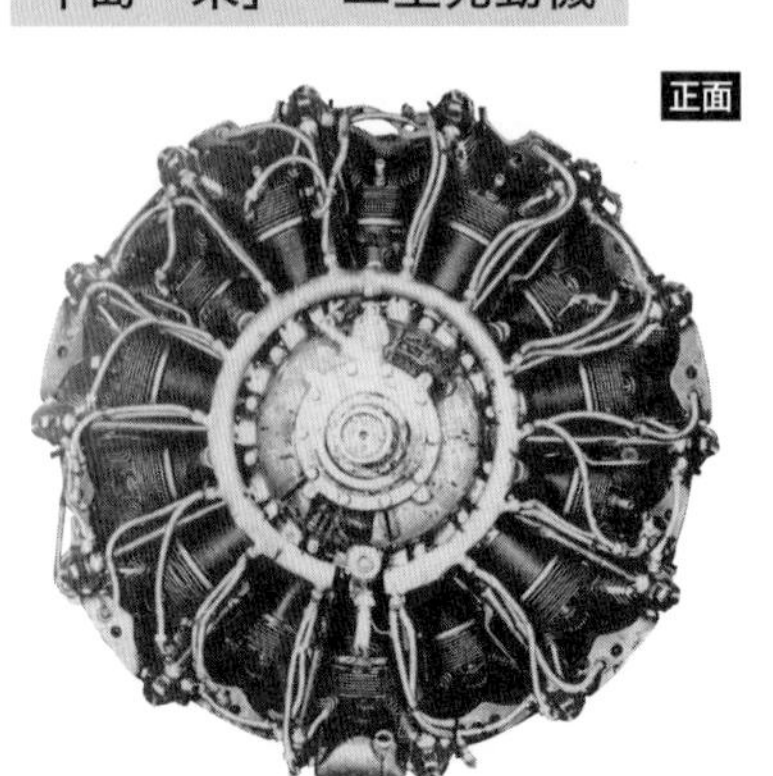

正面

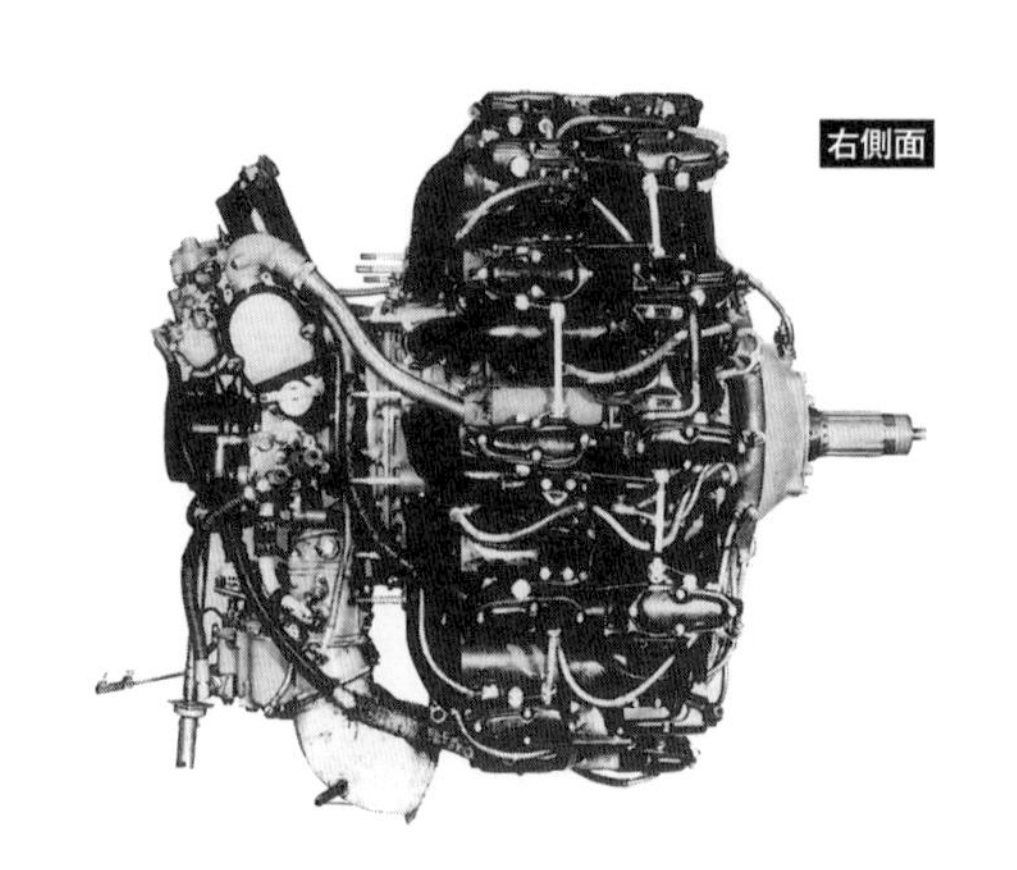

右側面

Ｆ４Ｆのエンジン

Ｆ４Ｆが搭載したエンジンは、アメリカの航空機用空冷エンジン・メーカーの双壁と謳（うた）われた、プラット・アンド・ホイットニー（Ｐ＆Ｗ）社のＲ－１８３０（Ｆ４Ｆ－４まで）と、ライト社のＲ－１８２０（ＦＭ－２）の２種。

Ｒ－１８３０は複列14気筒で、直径１，２２２mm、乾燥重量６６２kg、シリンダー内径×ピストン行程は１３９・５×１３９・５mm、総容積30ℓで、零戦の「栄」一二型に比べてやや大きく、出力も１，２００hpと２６０hpも大きかったが、Ｆ４Ｆの重量が零戦より約１トンも重かったせいで、飛行性能面においてやや劣ってしまった。

なお、Ｒ－１８３０で特筆すべきは、世界で最も早く二段二速式過給器を備えたこと。高空域での出力維持に効果のある、この二段二速式過給器は、日本ではついに敗戦までに実用化することが出来なかった。

〝ツイン・ワスプ〟の愛称で親しまれたＲ－１８３０は、Ｆ４Ｆの他、陸軍のＢ－24四発重爆、Ｃ－47輸送機などの搭載エンジンとなり、数万台にも及ぶ膨大な数が製造された、ベストセラーエンジンだった。

Ｒ－１８２０は、Ｒ－１８３０とは対照的な単列９気筒で、総容積はほぼ同じ29・９ℓ、シリンダー内径×ピストン行程は１５５・６×１７４mmと大きく、直径も１，３９８mmと大きかった。ただし、乾燥重量は約５５０～６００kgで少し軽い。

〝サイクロン９〟のシリーズ名称で多くの生産型式があり、当初は６００～７００hp級だったが段階的に出力向上を果たし、中期型で１，０００～１，２００hp、ＦＭ－２が搭載した後期型のＲ－１８２０－56は、１，３５０hpにまでアップしていた。陸軍のＢ－17爆撃機が搭載したことでも知られ、排気タービン過給器併用に対応していた。

ライトR－1820エンジン

P&W R－1830エンジン

零戦のプロペラ

複葉機時代の木製固定ピッチ・プロペラはともかくとして、金属製可変ピッチ式プロペラが普及した1930年代なかば、独自開発技術力が育たなかった日本では、アメリカのハミルトン・スタンダード社からライセンス生産権を取得し、大阪の住友金属工業がほぼ一手に引き受けて量産した。

発動機回転を一定に保てるよう、調速器を用いてピッチを自動的に変化させる、いわゆる定（恒）速可変ピッチ式プロペラについても同様だった。

その住友／ハミルトン定速可変ピッチ式プロペラを、日本軍用機として最初に導入したのが零戦であり、十二試艦戦の1、2号機のみが当初に適用した2翅タイプを除き、二一型までを通して、CS－40Bと称した、直径2・95mの3翅を適用した。

発動機を「栄」二一型に換装した三二型以降は、直径が少し大きい3・05mの3翅を用いた。最後の開発型となった「金星」六二型搭載の五四型では、さらに直径が10cm増した3・15mのものを組み合わせた。

ハミルトン・スタンダード・プロペラのピッチ変更は油圧によって行なう。下左写真のハブまわりクローズ・アップで、中心にある筒状のものがその油圧シリンダーである。

発動機回転を利用した歯車ポンプと、調速器のポンプで発生した油圧をシリンダー内に導き、どちらかの油圧が増減して内部のピストンを前後に動かし、ピストン後方のカムを廻し、その後部に刻まれた傘歯車とプロペラ羽根付根の傘歯車が噛み合い、いずれかに回転してピッチを変更するというメカニズム。

→零戦二一型までが適用した、住友/ハミルトンCS－40B定速可変ピッチ式3翅プロペラ。

↑ハミルトン・プロペラのハブ・まわり。中央の筒状の部品がピッチ変更用油圧シリンダー。

Ｆ４Ｆのプロペラ

ハミルトン・スタンダード社とともに、アメリカの金属製可変ピッチ式プロペラ・メーカーの双璧を成したのが、カーチス・エレクトリック社で、その社名どおり、ピッチ変更のエネルギーは電気に依った。

エンジン回転数の変化を調速器で検知し、それを電気信号でプロペラ・ハブ中心に設置したモーターに伝え、その回転を左、右いずれか廻りにしてプロペラ付根の歯車を廻し、ピッチ変更を行なうというメカニズム。

生産型Ｆ４Ｆ－３以降が適用したのは、Ｃ５３１５と称した直径２・９７２ｍの３翅で、羽根の付根にエンジン冷却効果を上げるための、カフス（整形覆）を付けているのが外観上の特徴。

因みに、イギリス海軍向けの輸出仕様「マートレット」Ｉ、Ⅳは、Ｒ－１８３０エンジン搭載だが、ハミルトン・スタンダード社製３翅プロペラ（直径３・05ｍ）を適用した。むろん、羽根の付根にカフスは付かない。

Ｆ４Ｆ系最後の量産型になったＦＭ－２の原型機ＸＦ４Ｆ－８は、グラマン社で製作され、ハミルトン・スタンダード３翅プロペラを組み合わせていたが、ＧＭ社での生産機はカーチス・エレクトリック製の３翅を適用した。

カーチス・エレクトリック C5315プロペラ

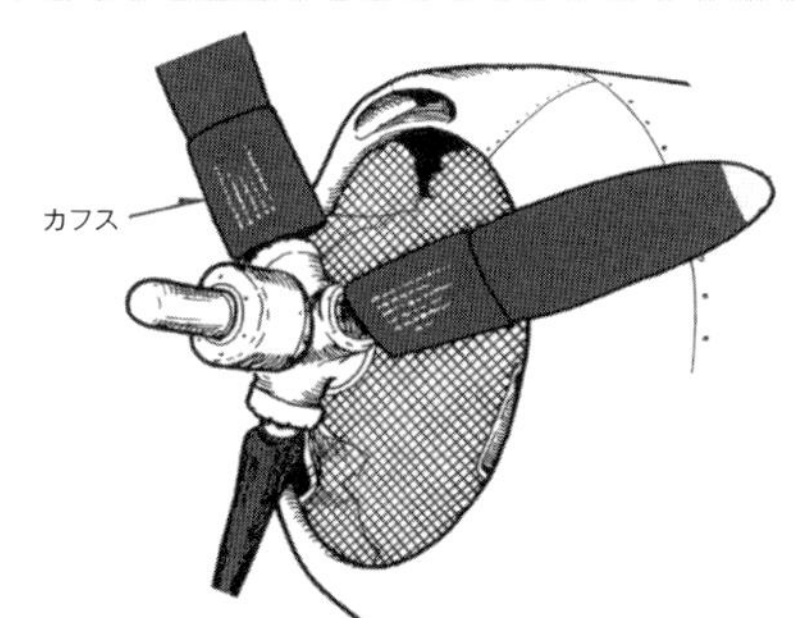

FM－2のプロペラ

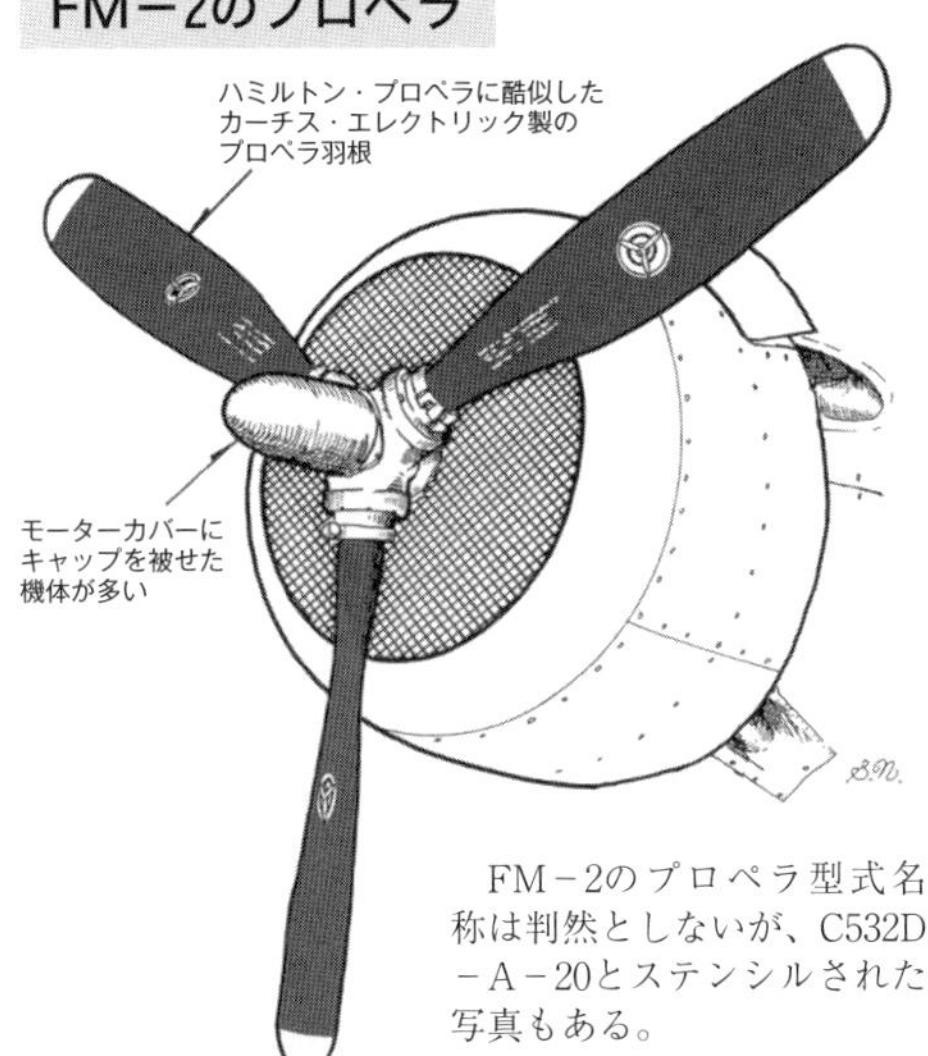

FM－2のプロペラ型式名称は判然としないが、C532D－A－20とステンシルされた写真もある。

↑F4FのC5315プロペラ、およびR－1830－86エンジン前面のクローズ・アップ。

零戦の胴体

胴体構造そのものは、隔壁（フレーム）と縦通材から成る骨組みに外鈑を鋲（リベット）止めした、当時の一般的な全金属（ジュラルミン）製半張殻（セミ・モノコック）式であるが、他国機には見られない、徹底した軽量化への工夫が凝らされているのが特徴だった。

それを象徴的に示していたのが、下右図の胴体後部骨組図でわかるように、隔壁のいたるところに開けられた〝軽め穴〟。強度上許されるギリギリのところまで徹底して軽量化を図るという、設計主務者堀越技師の強い信念の表れでもある。

図版類で具体的に示すのは難しいが、縦通材などの細長い部材については、航空機設計の基本順守事項である「安全率」を、規定の1・8から独自の理論に基づき、1・6くらいまで引き下げ、必要以上の強度的余裕を省き、厚さを減じて重量軽減を図ったことも見逃せない。

ライバル会社の中島飛行機が、すでに陸軍九七式戦闘機で実践していた方法だが、アイディア的には堀越技師らも前作九六式艦戦の試作中に考えていた、胴体を前後2分割組み立てにし、前部胴体と主翼は一体造りにして、従来までの個別組み立てで生じる結合金具を省くという方法も採り入れ、軽量化に貢献した。ただ一方で、この方法はのちの太平洋戦争にて分解・輸送に

胴体後部骨組図（後方に向けて見る）

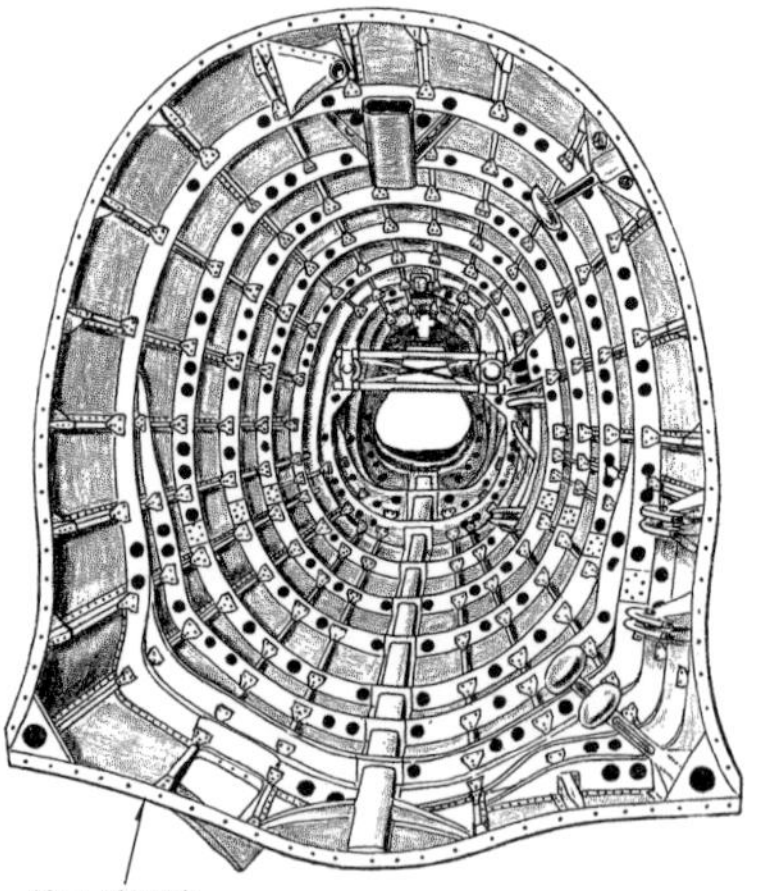

A6M2 胴体骨組図

この骨組図は、一一／二一型の取・説青焼図をトレースしたもの。部分的に外鈑厚の増大、金具の強化などは講じられたが、最後の五四型まで基本的な構造に変化はなかった。

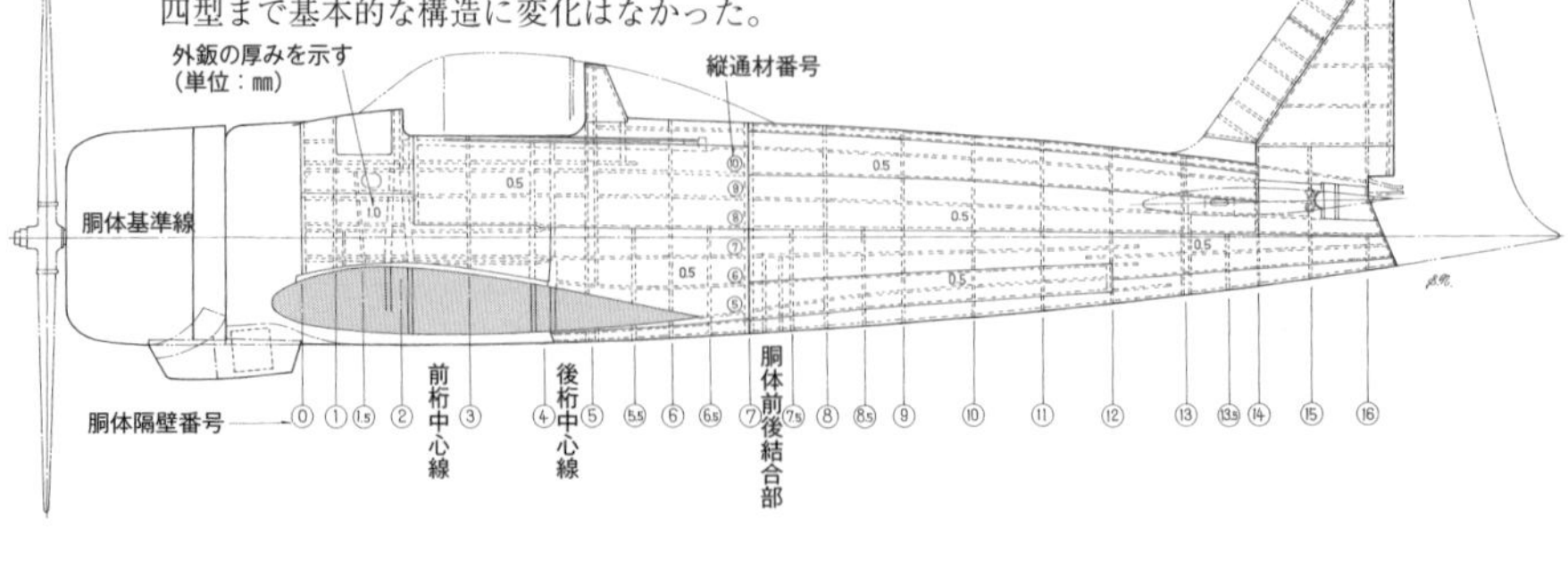

不便というマイナス面を晒した。

外鈑の厚さは、当時の欧米戦闘機の多くが平均して１㎜くらいだったのを、零戦の胴体外鈑は強度的負荷がかかる前方上部の０・６㎜、同下部の１㎜を除き全て０・５㎜の薄鈑にして重量軽減を図った。そのため、のちに使い込まれた〝中古機〟のなかには、側面に皺が寄っているものが多々見られた。

後述するＦ４Ｆの、〝ズングリ形〟胴体に比べると零戦の胴体は細長く、洗練された印象を与えるが、これは主翼内に装備した二十粍機銃の、射撃時の大きな反動で機体がブレぬよう、モーメント・アームをできるだけ長くする必要があって採った措置。

また、Ｆ４Ｆの胴体外鈑は一般的な丸い頭が突出する鋲（リベット）で止められていたが、零戦はすでに前作九六式艦戦が導入していた、三菱が考案した「平頭鋲」（沈頭鋲とも言う）を用い、外鈑と面一にして空気抵抗源にならぬよう配慮した。

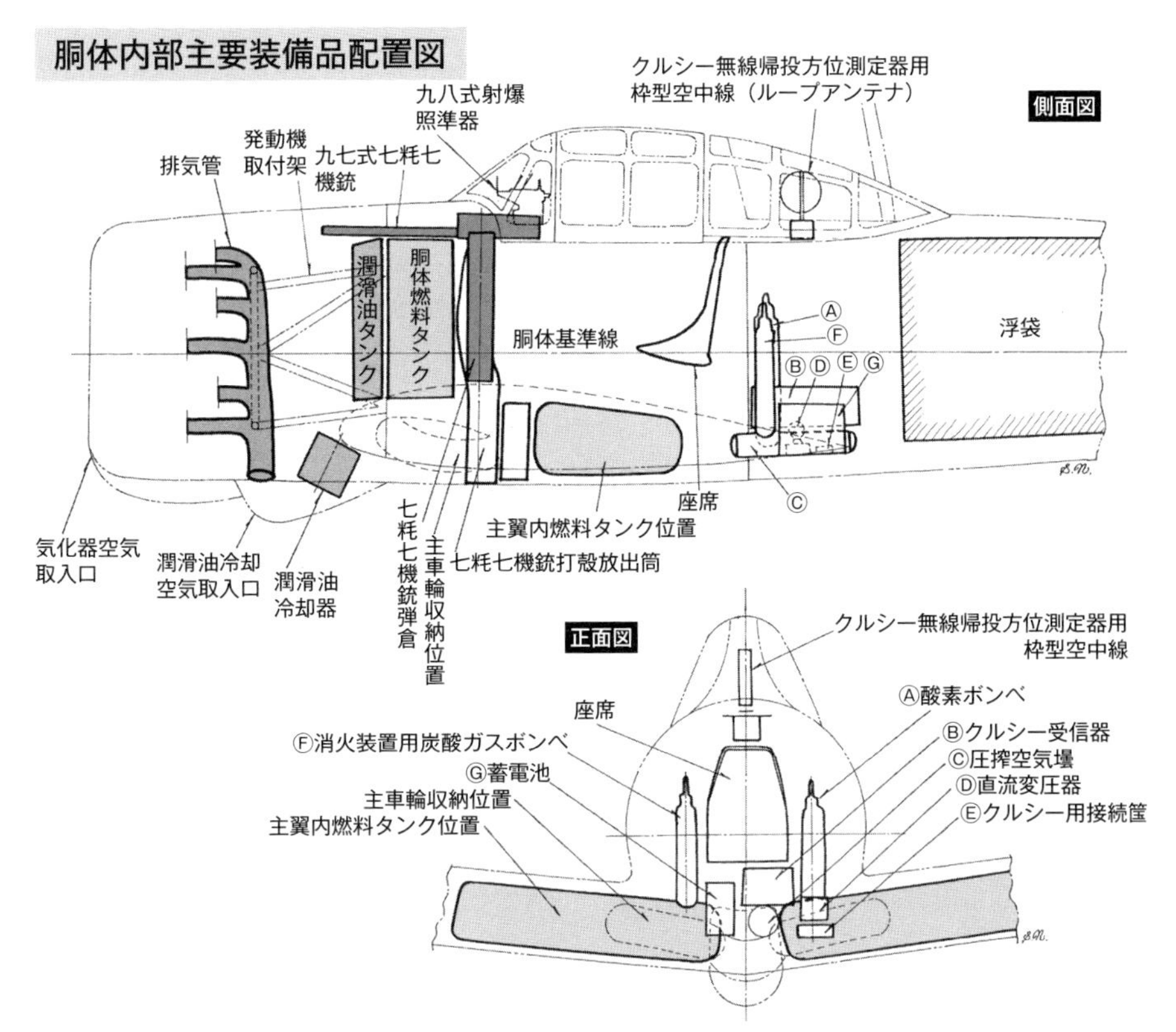

零戦の各種装備品は、そのほとんどが前部胴体内に収められており、後部胴体内には方向舵、昇降舵、着艦拘捉鈎（フック）の各操作索が通る他は、海上不時着水時に〝浮き〟の役目をする浮袋が備えてあるのみ。後述するF4Fが、自動的に放出できる救命ゴム・ボートを内蔵していたのと比べると、パイロット生存率という面で貧弱な装備と言える。

Ｆ４Ｆの胴体

Ｆ４Ｆの胴体も、一般的な全金属製半張殻式構造だが、零戦とは対照的な、Ｆ３Ｆ複葉艦戦までの〝ズングリムックリ〟形状をそのまま踏襲した基本形態である。

防火壁から尾端までの胴体構造材は、長さ５・９９５ｍ、操縦室キャノピー天井までの高さは２・０６４ｍで、零戦の６・２２０ｍ、１・６２０ｍに比較すると、そのズングリ度が際立つ。胴体が太いのは、主車輪をＦ３Ｆまでのそれに倣って、防火壁前方の左右に収納する方法を採ったためで、その深さを利用し、燃料タンクは操縦室下方の胴体内に主、副２個を収めている。

零戦が、操縦室を覆う風防を３６０度全周視界が可能な水滴状としたのに対し、Ｆ４Ｆはキャノピー（風防）天井がそのまま胴体上部ラインとつながる、いわゆるファストバック形態にしたため、後方視野に死角があった。

F4F－3胴体内部構造配置図（寸法単位：in.）

❶カーチス・エレクトリックC5315定速３翅プロペラ
❷P&W R−1830−76空冷星型複列14気筒エンジン（1,200hp）
——ただし、図はR−1820で作図——
❸気化器空気取入筒
❹エンジン・バッフルリング
❺エンジン取付架
❻水噴射装置用水タンク
❼潤滑油タンク
❽防火壁
❾主計器板
❿操縦桿
⓫防弾ガラス
⓬光像式射撃照準器
⓭可動キャノピー
⓮座席
⓯ヘッドレスト
⓰フラップ作動用バキューム・タンク
⓱バッテリー
⓲アンテナ空中線引込線
⓳アンテナ空中線
⓴上部強化縦通材
㉑方向舵操作索
㉒昇降舵操作索
㉓排気管
㉔主車輪収納位置
㉕主燃料タンク
㉖下方視認窓
㉗下部強化縦通材
㉘酸素ボンベ
㉙発電機
㉚無線機セット
㉛コンパス
㉜尾輪ロック索
㉝着艦フック操作索
㉞ホールドバック取付架
㉟着艦フック

↑F4F−4の救命ボート放出状態を示した、グラマン社の公式写真。フライト・マニュアルなどにも、その放出手順の記述がないので不確かだが、おそらく操縦室内のレバー操作により、圧搾空気で膨らませたのち、扉が開いて放出するようなメカニズムなのだろう。

下写真を見てわかるように、第7番フレーム以降の胴体構造そのものの断面はほぼ真円であり、キャノピー後方の胴体上部はファストバックをフォローするための単なる整形覆にすぎない。この整形覆の内部空白を利用して、救命ボートの収納部に充当しているのは、それなりの工夫だろう。

零戦二一型の後部胴体内部には、浮袋以外にほとんど装備品はなかったが、Ｆ４Ｆではフラップ作動用の真空タンク、蓄電池（バッテリー）、発電機、無線機セット、コンパスなどの各機器が配置されている。このあたりは設計思想の違いと言うべきだろう。

Ｆ４Ｆの胴体外鈑の分割は独特で、フレームに沿った縦割りにしており、零戦の縦通材に沿った〝横割り〟と対照的である。この外鈑を骨組みに止める鋲は、零戦のような平頭鋲ではなく、極く普通の〝凸リベット〟で、表面に丸い頭が突出した。

凸リベットがどれほどの空気抵抗増となり、速度性能上のロスがいかほどなのか？明確な比較データがないので何とも言えぬが、おそらくあっても2～3km／hの差であろう。平頭鋲は凸リベットに比べて鋲打ちが面倒で、生産性は凸リベットより低い。どちらを優先するかは、これも設計陣の判断だった。

操縦室下方の胴体左右に、下方視認用のガラス窓を設けていたのも、零戦にはないＦ４Ｆの外観上の特徴。

↑F4Fの胴体左側下部にある、下方視認窓のクローズ・アップ。周囲の外鈑を止める丸頭リベットがよくわかる。

↑第⑦フレーム付近から胴体内部を後方に向けて見る。この付近の断面は完全な真円である。フレーム、縦通材ともに意外なほど細く華奢だ。

↑第⑨フレーム付近から胴体内部を前方に向けて見る。上方の円筒状パーツは真空タンク、その下方は副燃料タンク、左手前は無線機セット。

零戦の主翼

零戦が、欧米の常識的感覚では図り知れぬ程の大航続力、軽快な運動性能、そして安定した操縦性を発揮するのに貢献したのが、アスペクト比、面積、厚みをやや大きくした直線テーパー（先細）形の主翼。

一般的な構造だと重量増大を招きそうだが、幸運にも原型機の試作着手と前後し、ジュラルミン製造メーカーの大手「住友金属工業」が、世界に先駆けて「超々ジュラルミン」の開発に成功。最も重量のかさむ主桁の材料にこれを使えたことで、それを抑えられた。「ESD」の記号を付与された同材は、従来までの「超ジュラルミン」に比べて強度が高く、それでいて同じ主桁材にして用いたと仮定すると、30kgの重量軽減が図れることがわかり、押し出し型材にして使うことにした。

やや厚めの主翼断面は、引込式主脚の収納、燃料タンク容量の確保、二十粍機銃の装備スペースの必要に迫られて採った措置だが、「三菱一一八番型」と称する断面形にして、空気抵抗を抑制し、良好な空力特性を維持できるようにした（P．58下図参照）。

すでに九六式艦戦で導入済みの、主翼前縁の「捩り下げ」措置もむろん踏襲し、テーパー形主翼の弱点でもある、旋回したときの大迎え角姿勢飛行での翼端失速を防ぎ、

主翼桁断面（前桁を示す）（寸法単位：mm）

小骨⑳～㉑間　小骨㉕～㉖間

A6M2主翼骨組図（左主翼）（寸法単位：mm）

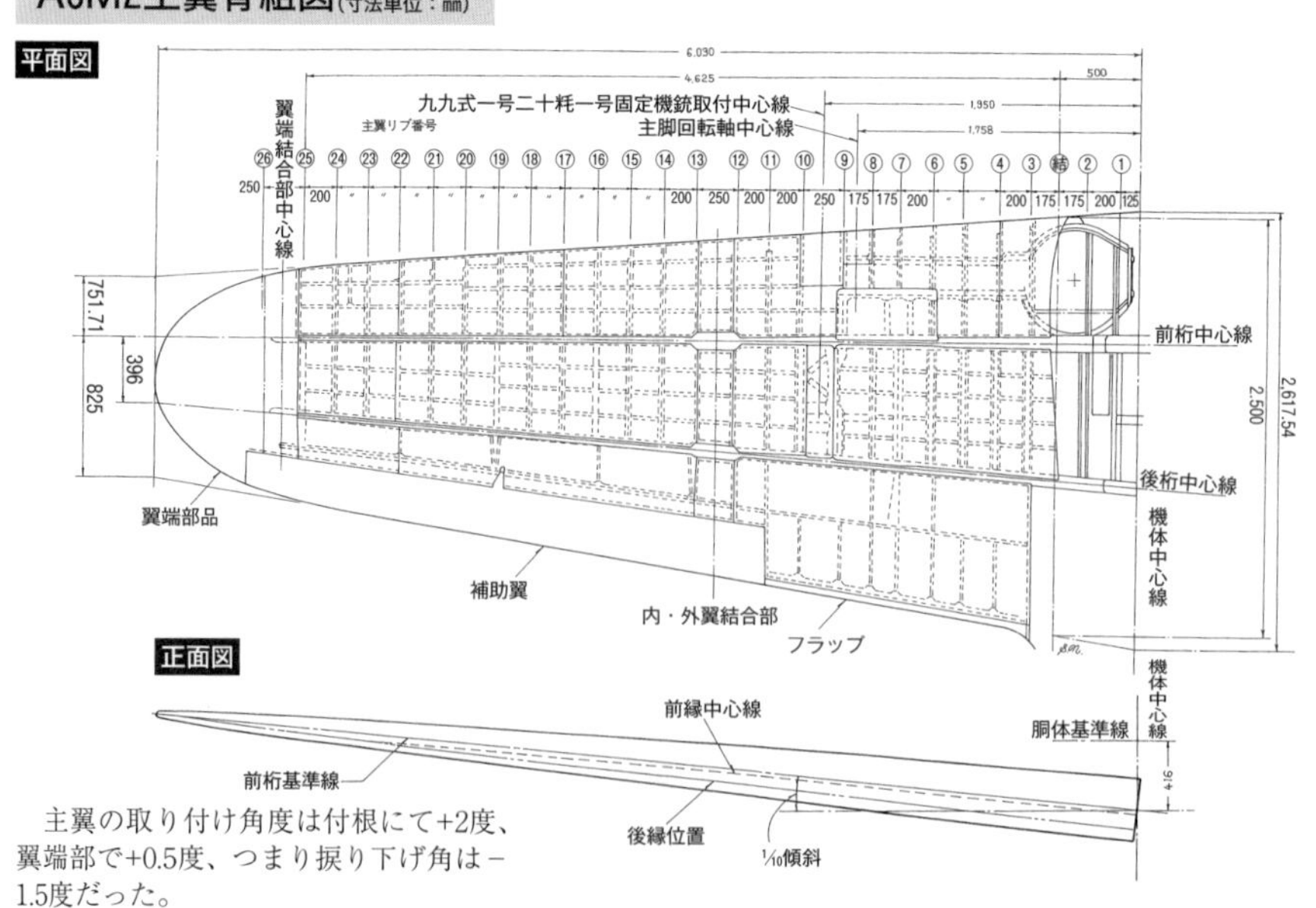

主翼の取り付け角度は付根にて+2度、翼端部で+0.5度、つまり捩り下げ角は−1.5度だった。

空戦性能向上に貢献した。

フラップはシンプルなスプリット(開き下げ)式で、最大下げ角は60度。三二型以降は小骨(リブ)1区画分面積を増した。

補助翼は一般的なフリーズ式だが、一式陸攻など他の三菱製機と同じく、幅が大きく弦長(前後幅)が小さな、細長い形状としたのが特徴。構造はジュラルミン骨組みに羽布張り外皮。

この補助翼は、370km/hまでの速度域では非常によく効いたが、それ以上の高速域では急に重くなり、効きが悪くなるのが弱点だった。鹵獲した機体をテストしてこれに気付いたアメリカ軍は、早急に対策を練り、急降下で振り切る空戦術を徹底して効果をあげた。

二一、二二型が備えた主翼端折りたたみ機構(手動)は、その範囲の狭さ(幅50cm)からして、Ｆ４Ｆのような空母搭載機数の増加に寄与する程の効果はなかった。

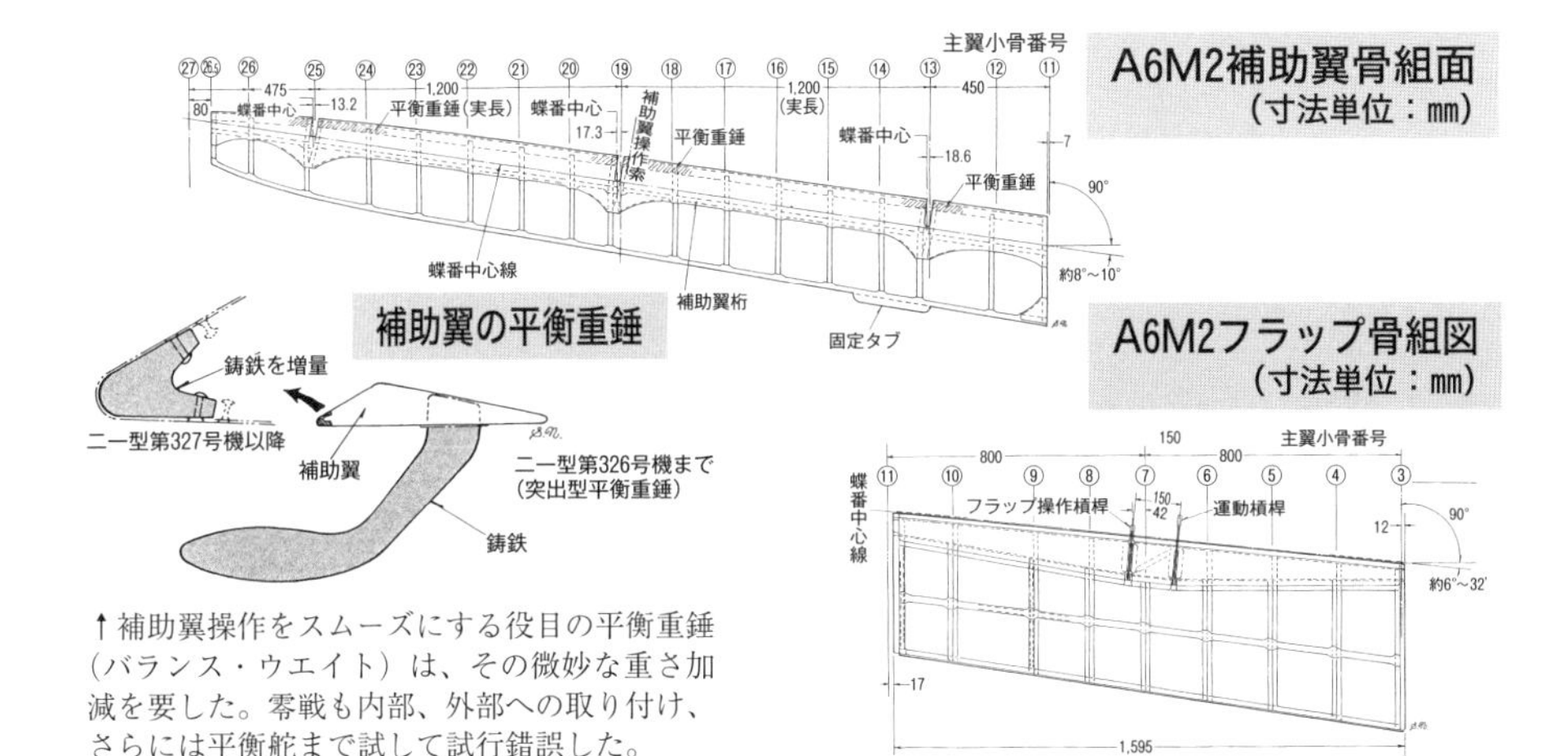

↑補助翼操作をスムーズにする役目の平衡重錘(バランス・ウエイト)は、その微妙な重さ加減を要した。零戦も内部、外部への取り付け、さらには平衡舵まで試して試行錯誤した。

A6M2b主翼折りたたみ要領

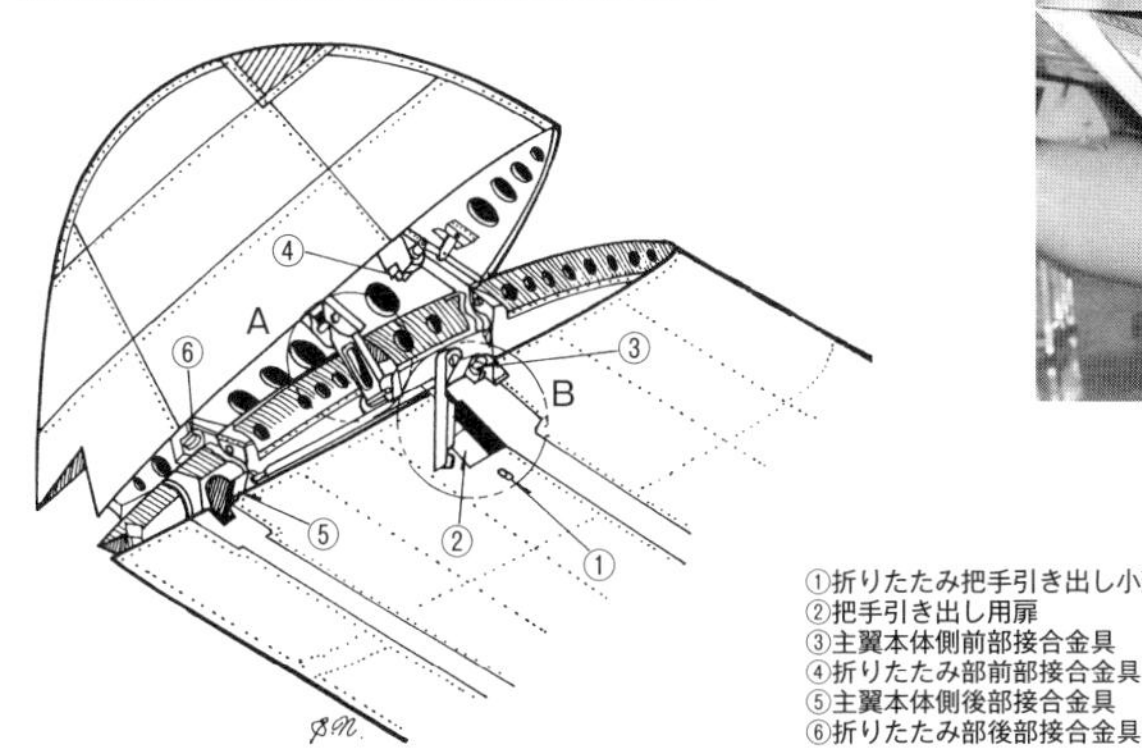

↑五二型のフラップ(左翼)下げ状態を横から見る。内側の骨組みがよくわかる。外皮も含めてジュラルミン製。

Ｆ４Ｆの主翼

　Ｆ４Ｆの主翼は、全幅11・５８２ｍで零戦二一型の12・０ｍに比べて約42㎝小さいが、面積は零戦の22・４㎡に対して24・15㎡と大きい。つまり、平面形で見ると弦長が大きく、テーパー比、アスペクト比ともに零戦より小さい、矩形翼のように感じる。

　構造もシンプルで、１本主桁に小骨と縦通材を配した骨組み。むろん、零戦のごとき徹底した軽量化への配慮はなされておらず、デリケートな捩り下げ措置も講じられてはいない。

　前作Ｆ３Ｆ複葉艦戦までの主脚引込機構を踏襲したせいもあって、主翼の取り付け位置は中翼となり、その恩恵で付根のフィレットが小さくて済むというメリットはあったものの、操縦室へのパイロットの乗降も楽ではない。

　Ｆ４Ｆの主翼を特徴づけるのは、なんと言ってもその独特の折りたたみ法であろう。付根から１ｍ余の部分に分割ラインがあって、それより外側を主桁のヒンジを基点に下側に回転しつつ捩りながら胴体に沿って後方に折りたたむという、グラマン社独創の方式だった。この方式は、同社のＴＢＦ、Ｆ６Ｆにも踏襲されている。

　この折りたたみ法に関し、当初は油圧を利用して行なうことにしたが、生産工程、整備の簡素化という見地から手動式に改められた。

　固定部分と折りたたみ部分の上面の分割ラインが、単純な直線ではなく「Ｓ」字状の複雑なラインになっているのも、この独特の折りたたみ法のためである。これに関連し、主桁は一般的な垂直ではなくうしろに傾いた状態になっている。下面の分割ラインは直線であり、位置もやや内側なので、正面から見た前縁部分の分割ラインは斜めになる。

　当然ながら、主翼後縁にあるフラップ（スプリット式）にも分割ラインはかかるので、内側のそれにも間隔を狭くして２個のヒンジが配置されている。

F4F−4の主翼骨組図
（左主翼を示す）

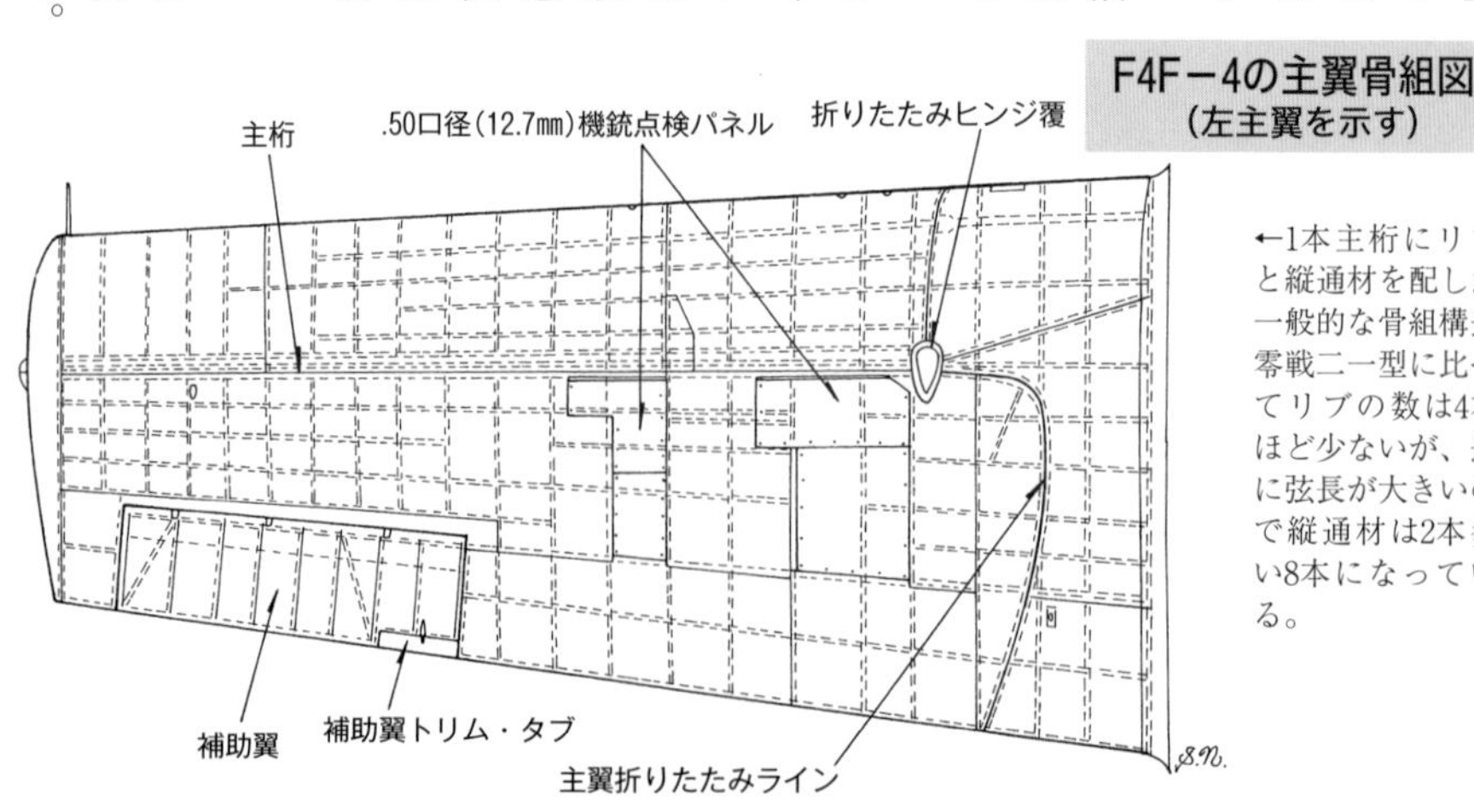

←1本主桁にリブと縦通材を配した一般的な骨組構造。零戦二一型に比べてリブの数は4本ほど少ないが、逆に弦長が大きいので縦通材は2本多い8本になっている。

機体重量が零戦二一型に比較して約1トンも重いＦ４Ｆだけに、着艦アプローチ時の低速度における揚力を稼ぐ必要もあって、フラップ面積は零戦二一型の約1・5㎡に対し、2・76㎡とかなり大きい。最大下げ角は43度である。因みに、このフラップの下げ上げエネルギーに、一般的な油圧ではなく、真空の吸引力を利用する「バキューム式」とした点が独特。

フラップと対照的に、面積を1・23㎡という小さな値にしたのが補助翼。零戦二一型の1・72㎡に比べてもかなり小さい。そのせいで運動性が鈍ったとの指摘もあるが、格闘戦を重視する戦術は採らなかったので、実戦でのマイナス面は小さかったと思われる。

補助翼はフリーズ式で、金属骨組みに羽布張り外皮構造。作動角は上方に19度、下方に15度で、右翼側には固定タブ、左翼側にはトリム・タブが付く。

→主翼を折りたたんだ状態のF4F－4を正面より見る。折りたたみ部分の翼断面形がよくわかる。この状態での全幅はわずか4.37mと、展張時の約38%にすぎず、空母搭載機数の増加に大きく貢献した。折りたたんだ主翼が強風などでバタついて破損せぬよう、下図のごとく翼端と水平安定板前縁の間を横桿で連結して、固定するようになっていた。

主翼折りたたみ時の翼端固定要領

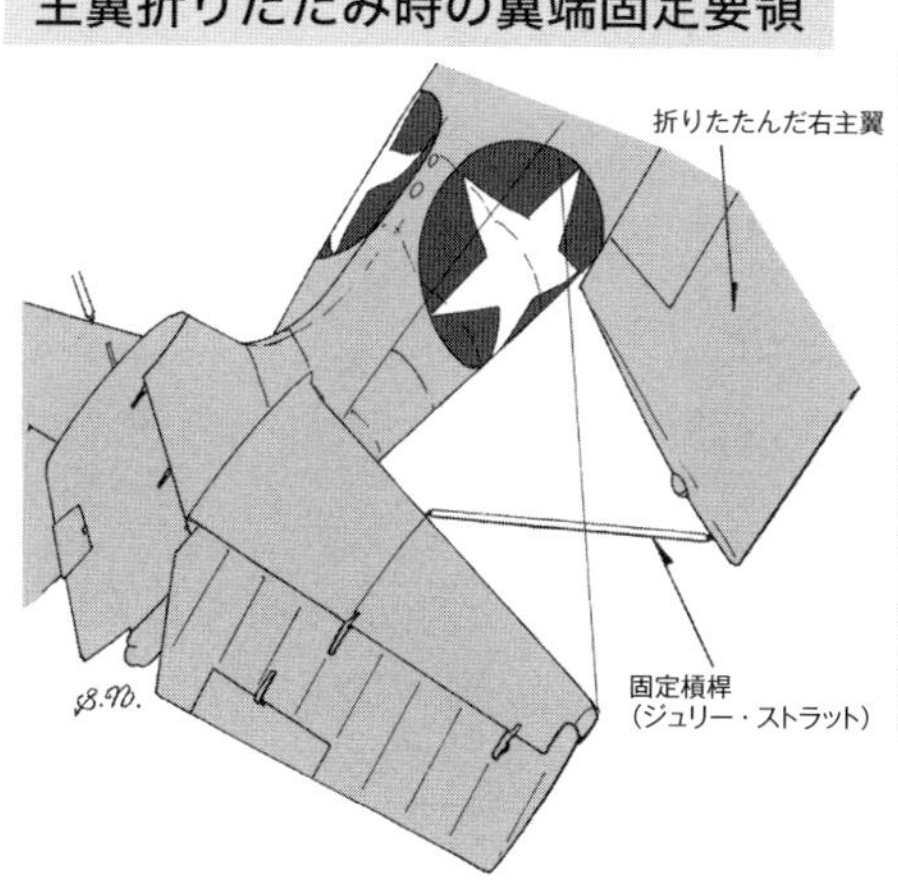

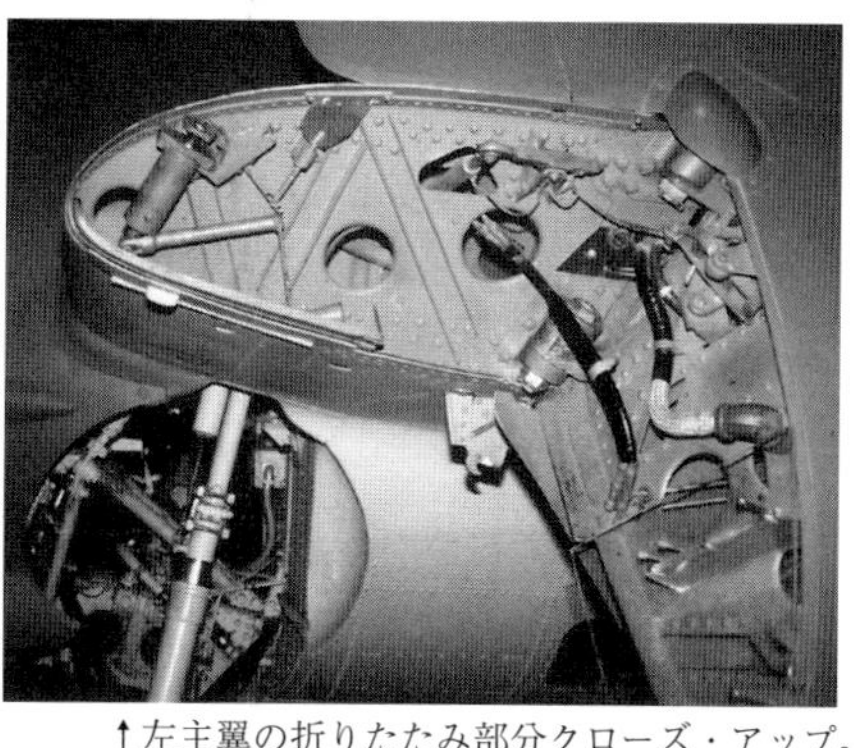

↑左主翼の折りたたみ部分クローズ・アップ。左方が前縁で、後倒した主桁に設けた折りたたみヒンジに注目。

零戦の尾翼

尾翼の設計に際し、堀越技師が基本としたのは、操縦、安定性の良さを重んじ、多少の空気抵抗、重量増加のリスクは承知で、やや大き目に設定したこと。とくに垂直尾翼は、主翼内装備の二十粍機銃発射時の反動による、機首の左右揺れを抑える意図も含めて、面積1・619㎡と十分な値とした。

水平尾翼と同様、その形状はテーパー比が強い直線の前、後縁ラインに、上端を円弧状にして、主翼の形状とよく調和がとれるよう配慮した。

胴体前部と主翼を一体造りにして、結合金具の重量を省いたのと同様、垂直安定板は後部胴体と一体造りにした。依って、下には方向舵骨組図のみを掲載したので、垂直安定板のそれはP.58の胴体骨組図を参照していただきたい。

水平安定板は、2本の桁に8本の小骨（リブ）と2本の補強材を配した骨

A6M2～A6M5水平尾翼骨組図（寸法単位：mm）

300
1,000
1,050
昇降舵蝶番中心線
胴体結合金具
昇降舵操作索胴体結合金具
機体中心線
平衡重錘
90
前桁
補強材
後桁
槓桿
330
水平安定板および昇降舵小骨番号
⑧ ⑦ ⑥ ⑤ ④ ③ ② ① 1.5
昇降舵修正舵

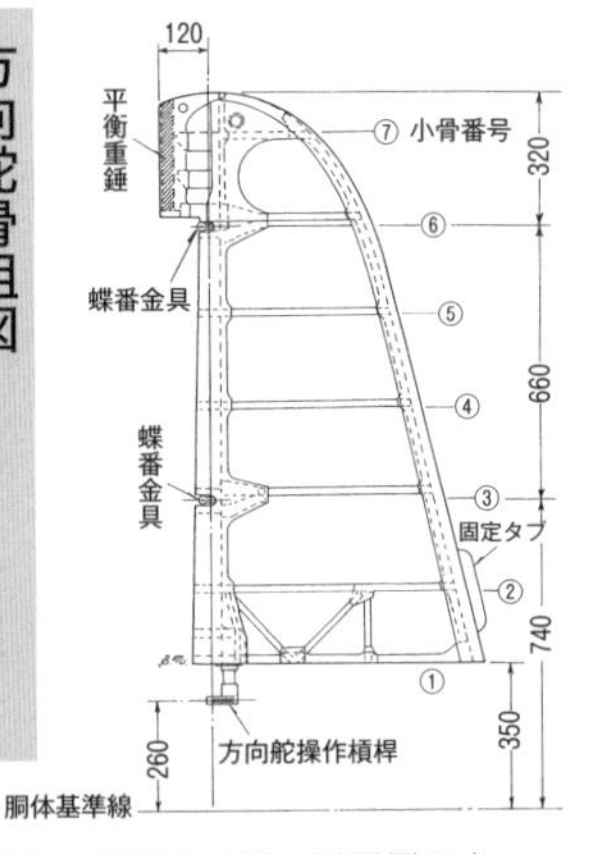

方向舵骨組図 A6M2～A6M3（寸法単位：mm）

←飛行中の零戦三二型の尾翼周辺を右上方より見る。優美なラインでまとめられた垂直、水平尾翼が印象的である。太陽光の当たり具合がよく、垂直安定板前縁部分の串蝶番ラインが、少し浮き上がって写っていてよくわかる。方向舵後縁下部に付けられた、地上でのみ調整可能（ペンチなどで微妙な角度をつける）な固定タブは、次の二二型以降では操縦室から操作できる、修正舵（バランス・タブ）に変更された。

組みで、左右別々に組み立て、2箇所の金具で胴体に結合した。取付角は－1・0度で、前桁から前方の部分は串蝶番にて取り付けられ、損傷した場合の交換を容易にしていた。これは垂直安定板の前縁部分も同様である。

昇降舵は、方向舵と同様ジュラルミ材の骨組みに羽布張り外皮という構造。内側後縁部分に修正舵を有する。左右別々に組み立てたのち、胴体内部を通る横桿軸で連結された。この横桿軸に平衡重錘（マス・バランス）が取り付けられる。

零戦の昇降舵に関し、必ず触れられるのが、堀越技師独創の「鋼性低下方式」である。従来までの固定概念に基づき、必要以上に強度が高かった操縦系統（横桿、索）を少し細くして鋼性を弱め、操作時の応答性を改善した。

これにより、高速、低速いずれの速度域でも、操縦桿の操作範囲は一定に保たれ、零戦の敏捷な運動性能実現に寄与した。

↑五二型の尾翼まわり。原型機の十二試艦戦はともかく、最初の生産型一一型から最後の五四型に至るまで、尾翼の基本設計はまったく変わらず、方向修正舵、垂直安定板上部のパネル分割、水平安定板の桁厚、取付金具が変化した程度である。

↑真うしろに近い位置から見た五二型の尾翼付根。垂直、水平尾翼ともに付根には少し大きめのフィレットを被せ、胴体とよく馴染むよう腐心した、堀越技師の繊細な気配りが感じられる。

←五二型の左水平尾翼を真上に近い位置より見る。点検のため付根のフィレットは取り外している。水平安定板は前ページ図に示したように、前、補助、後の３本桁に８本の小骨を配した骨組み。前縁部は串蝶番で前桁に取り付けられた。

F4Fの尾翼

FF－1に始まる一連の複葉艦戦からF4Fの原型機に至るまで、グラマン社技術陣は、尾翼の設計に関し最適な形状、面積を見いだすのに苦労した。個性とはいえ、胴体尾部にかけての極端な絞り込みと、垂直尾翼形状のまずさ、面積不足からくる安定感のなさ、錐揉みに陥り易い欠点を引きずっていた。

XF4F－2は、ペーパープランのみで消えた複葉形態のXF4F－1の尾翼をそのまま踏襲した、後縁を曲線ラインにした小ぶりなもので、下右写真に見られるごとく、垂直安定板は方向舵面積よりも小さく、いかにも安定感に欠けそう。

XF4F－3では、上端が角張ったいくらか背の高いものに改めたが、やはり垂直安定板面積が小さ過ぎて安定感を欠き、前縁部を増積したもののそれでも不十分で、最終的には形状を改

↑XF4F－2の垂直尾翼。何の変哲もないアウトラインで、むしろ前作の複葉艦戦F3F－3のほうが洗練された形状だった感もある。方向舵外皮は羽布張りで、前縁ラインは前傾しており、面積を稼ぐ意図が汲み取れる。

↖XF4F－3の垂直尾翼。XF4F－2に比べて少し背が高く、上端を角張らせて全体の面積を稼いではいるが、方向舵に対しての安定板面積がいかにも小さく不足している。このあと複数回の改修を繰り返して、最終的に生産型に近い形状になった。安定板に記入されたBu.No.0383が、XF4F－2とまったく同じであることに注目。

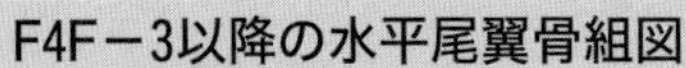

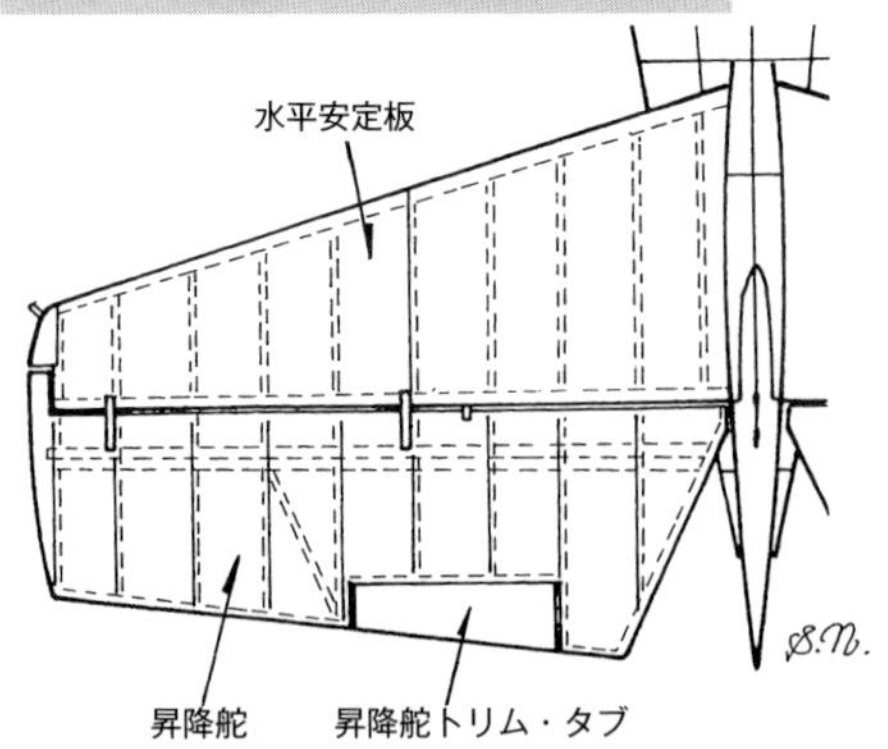

めてさらに増積したうえ、安定板下部前縁から胴体背部につながるフィンを追加するという措置により、ようやく納得できる安定感をもたせた。

Ｆ４Ｆ－３の生産型からＦ４Ｆ－４の派生型、輸出仕様のマートレットⅣまでがこの垂直尾翼で通した。面積は方向舵を含めて２・10㎡、零戦の１・６１９㎡に比べても少し大きい。

なお、ＸＦ４Ｆ－３では水平尾翼も前ページ図に示したごとき、翼端が角張った形状の、いかにもグラマン社製機らしい外観となった。

エンジン出力が、１５０hpほどアップしたＦＭ－２は、それにともなうプロペラ回転トルクの増大による方向安定性の低下を補うため、垂直安定板、方向舵を上方に増積して対処した。

因みに、零戦最後の開発型となった五四型は、発動機を「金星」六二型に換装し、出力が一気に３７０hpもアップ（１，１３０→１，５００hp）したにもかかわらず、そうした措置は採られなかった。

→生産型F4F－3以降の尾翼まわりを左横より見る。垂直安定板下部から胴体背部へと伸びるフィレットがいかにも大きく、前ページに掲載した原型機XF4F－3の写真と比較すれば、その変化がよくわかり、安定性不足の解消にいかに苦労したかが窺える。

←垂直尾翼を上方に増積して、エンジンのパワー向上に伴なう、プロペラ回転トルク増大による安定性低下を補ったFM－2。上写真と比較すれば、その違いが明瞭にわかる。

零戦の操縦室

格闘戦（ドッグファイト）での優越性が何よりも重要と考えていた日本海軍戦闘機隊だけに、搭乗員たちは操縦室からの視野が制限されるのを極端に嫌った。前作九六式艦戦が、途中から導入したファストバック式の密閉風防が、折りからの日中戦争で大陸に展開していた実施部隊搭乗員に敬遠され、元の開放式に戻されてしまった経緯は、それを象徴していた。

しかし、最大速度500km／h以上を要求された零戦では、さすがに開放式という訳にもいかず、堀越技師らが苦心の末にまとめたのが、胴体上面に突出した形の水滴状風防であった。当時の日本工業技術では一体成形の窓ガラスは造れず、細目の窓枠で何枚もの安全、およびプレキシガラスを止めて形を整えた。これによってほぼ360度全周視界を得、開放式に馴れた搭乗員たちにも受け入れられた。

可動風防開閉レバー、ロック・ピン

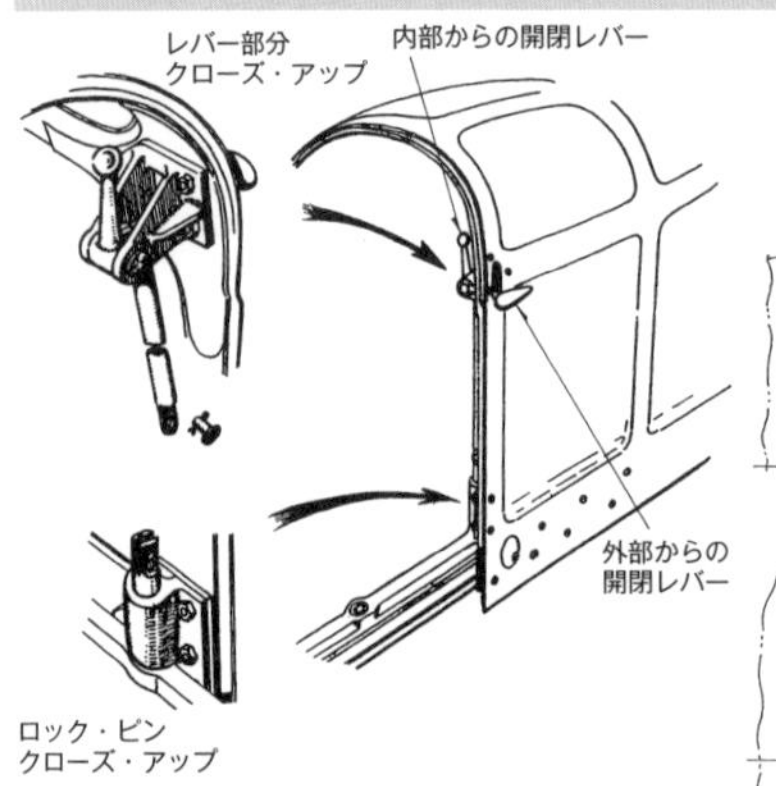

↑中央可動風防は、前方右縦枠内側の取手を掴み手動で前後に開閉する。前方左縦枠の内側にロック・バーが備えてあり、外部のレバーでもロック、解除できた。

A6M2風防構成図（寸法単位：㎜）

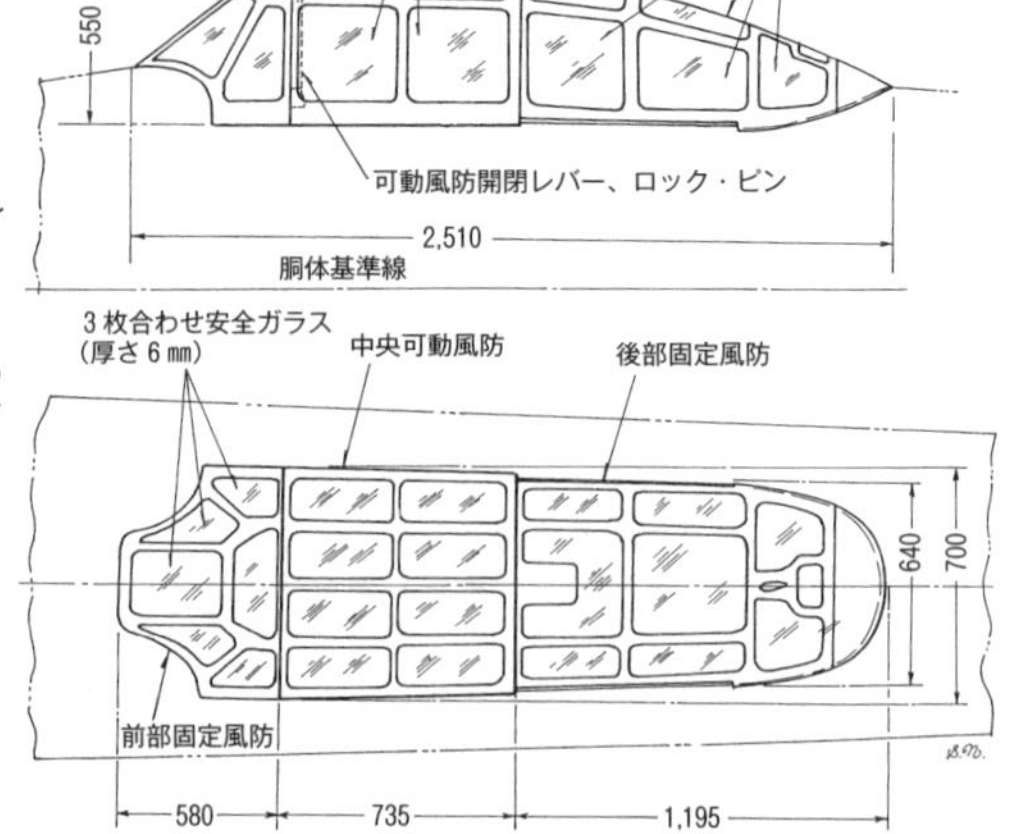

←搭乗員が座席を〝高〟の位置にして、可動風防を開いた状態の三二型。風防自体の設計は、一一型～六二型を通して細部を除き基本的には同じだった。写真は練習航空隊所属機のため、前部固定風防内の射撃照準器を取り外している。

操舵室内配置（三二型を示す）

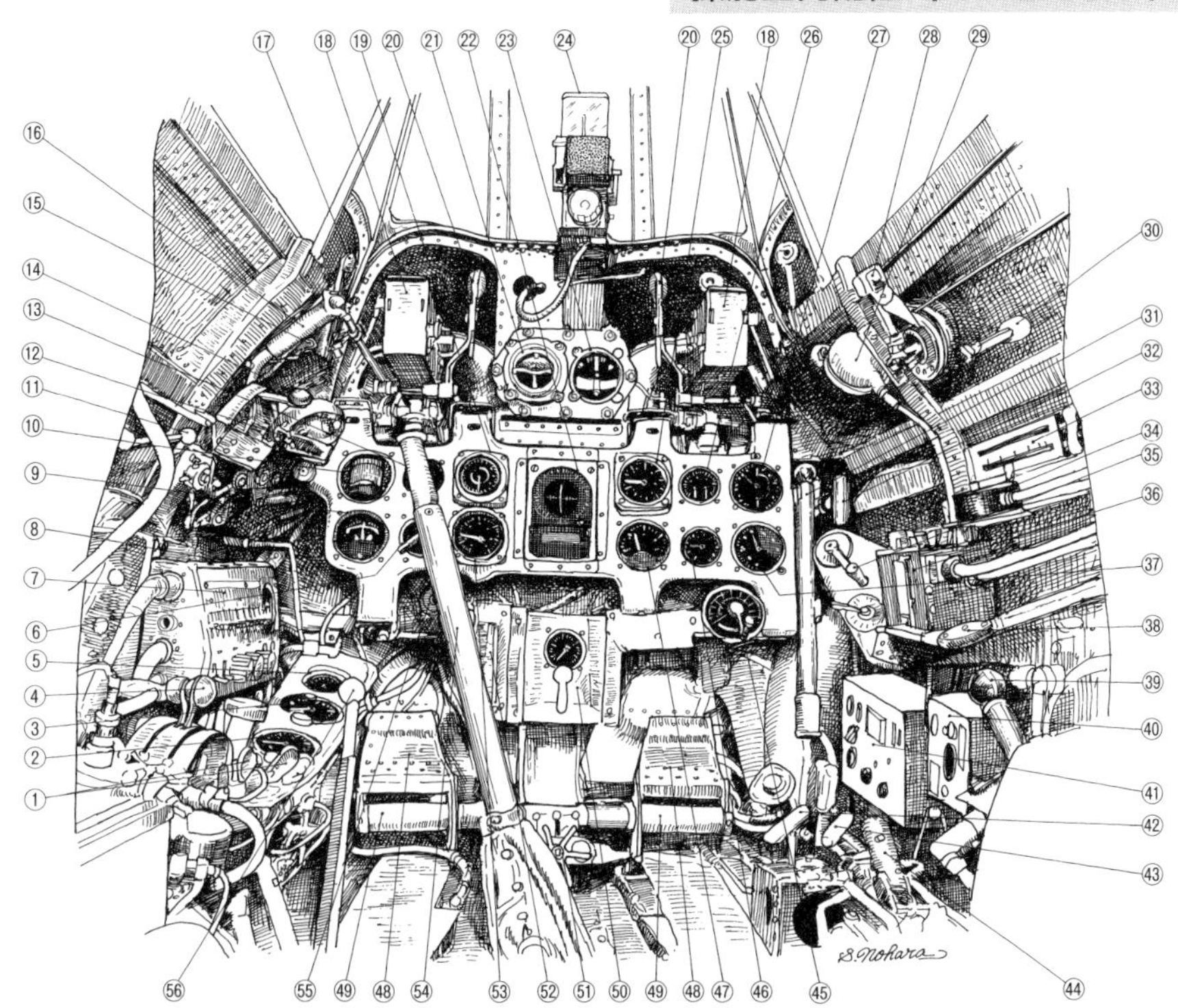

①燃料タンク切替コック、②主翼内タンク燃料計、③胴体内タンク燃料計、④爆弾投下レバー、⑤吸気温度計、⑥発動機主スイッチ、⑦配電盤、⑧降着装置作動表示灯、⑨無線帰投方位測定器航路計、⑩排気温度計、⑪機銃安全装置レバー、⑫プロペラ・ピッチ操作レバー、⑬航空時計、⑭手動混合比調節装置操作レバー、⑮機銃発射レバー、⑯スロットル・レバー、⑰自動混合比調節装置操作レバー、⑱九七式七粍七機銃、⑲速度計、⑳機銃装填レバー、㉑人工水平儀、㉒羅針盤、㉓旋回計、㉔九八式射爆照準器、㉕油圧計、㉖燃料圧力計、㉗発動機回転計、㉘着艦フック巻上げ装置、㉙紫外線灯、㉚着艦フック垂下レバー、㉛手動油圧ポンプ・レバー格納位置、㉜気化器吸入空気温度調節レバー、㉝着艦フック、フラップ上げ下げ位置表示器、㉞無線帰投方位測定器枠型空中線回転器、㉟カウルフラップ開閉ハンドル、㊱無線帰投方位測定器管制装置、㊲吸入圧力計(ブースト計)、㊳着艦フック垂下時固定爪解除レバー、㊴降着装置引き上げ油圧切替弁操作レバー、㊵九六式空一号無線機送信機、㊶九六式空一号無線機受信機、㊷左主車輪ロック解除レバー、㊸右主車輪ロック解除レバー、㊹手動油圧ポンプ・レバー装着部、㊺潤滑油冷却器通気扉操作ハンドル、㊻燃料圧力計、㊼シリンダー温度計、㊽ブレーキ・ペダル、㊾方向舵踏棒(フット・バー)、㊿酸素吸入装置、51方向舵踏棒調整ハンドル、52前後傾斜計、53高度計、54操縦桿、55燃料注射ポンプ、56手動燃料ポンプ操作レバー

←左側

→右側（座席、無線機は欠落）

操縦室内のアレンジは、ほぼ九六式艦戦のそれを踏襲した形で、当時としては極く一般的なものだった。諸計器は正面計器板に横長に配置され、その中央上部に飛行計器の要である水平儀と旋回計を、少し突出した形で配置した。この2つの計器の左、右に機首上部内装備の九七式七粍七（7・7㎜）機銃の銃尾が、手前に突き出した。

座席の左側にはスロットルレバー、燃料計、配電盤、爆弾投下レバーなど、同右側には無線機（送受話機）、着艦フック操作器、手動油圧ポンプなどが配置されている。

戦争後期に、防弾装備を欠いた零戦の脆弱性が看過できなくなった結果、五二乙型以降は風防正面ガラス窓の内側に、45㎜厚の防弾ガラス、五二丙型以降ではそれに加えて転覆保護支柱（ロールバー）の直前に55㎜厚の防弾ガラス、座席の背後に8㎜厚の装甲板を追加した。しかし、その分の重量増加も甚だしく、飛行性能の大幅低下を招いた。

五二型の正面計器盤

→一一型から二二型まで、正面計器板の配置に変化はなかったが、五二型になると下段右端に気筒温度計、同3番目に吸入圧力計という配列となり、二二型までは上段左端に混合比計が配置されていたのが、排気温度計に変わるなど多少の違いが生じている。

→〔右2枚とも〕現在、航空自衛隊・浜松基地内の広報館「エア・パーク」に保存、展示されている五二甲型の、操縦室内前部を、後上方よりアングルを変えて撮ったショット。復元時の考証の甘さでオリジナルどおりではないが、計器類、七粍七機銃、射撃照準器は、保管されていた現物を取り付けている。

五二丙、六二型の防弾装備

55㎜厚防弾ガラス取付位置

45㎜厚防弾ガラス
（Ａ６Ｍ５ｂより導入）

九八式射爆照準器

防弾ガラス取付架

防弾鋼板取付位置

操縦室後方防弾ガラス

（寸法単位：㎜）

↑防弾装備を強化した五二丙型以降ではあったが、実施部隊では搭乗員たちから重量増加に伴なう飛行性能低下を疎まれ、多くの機体が室内後方の装甲版、防弾ガラスを取り外して使用した。

操縦室後方防弾鋼板（寸法単位：㎜）

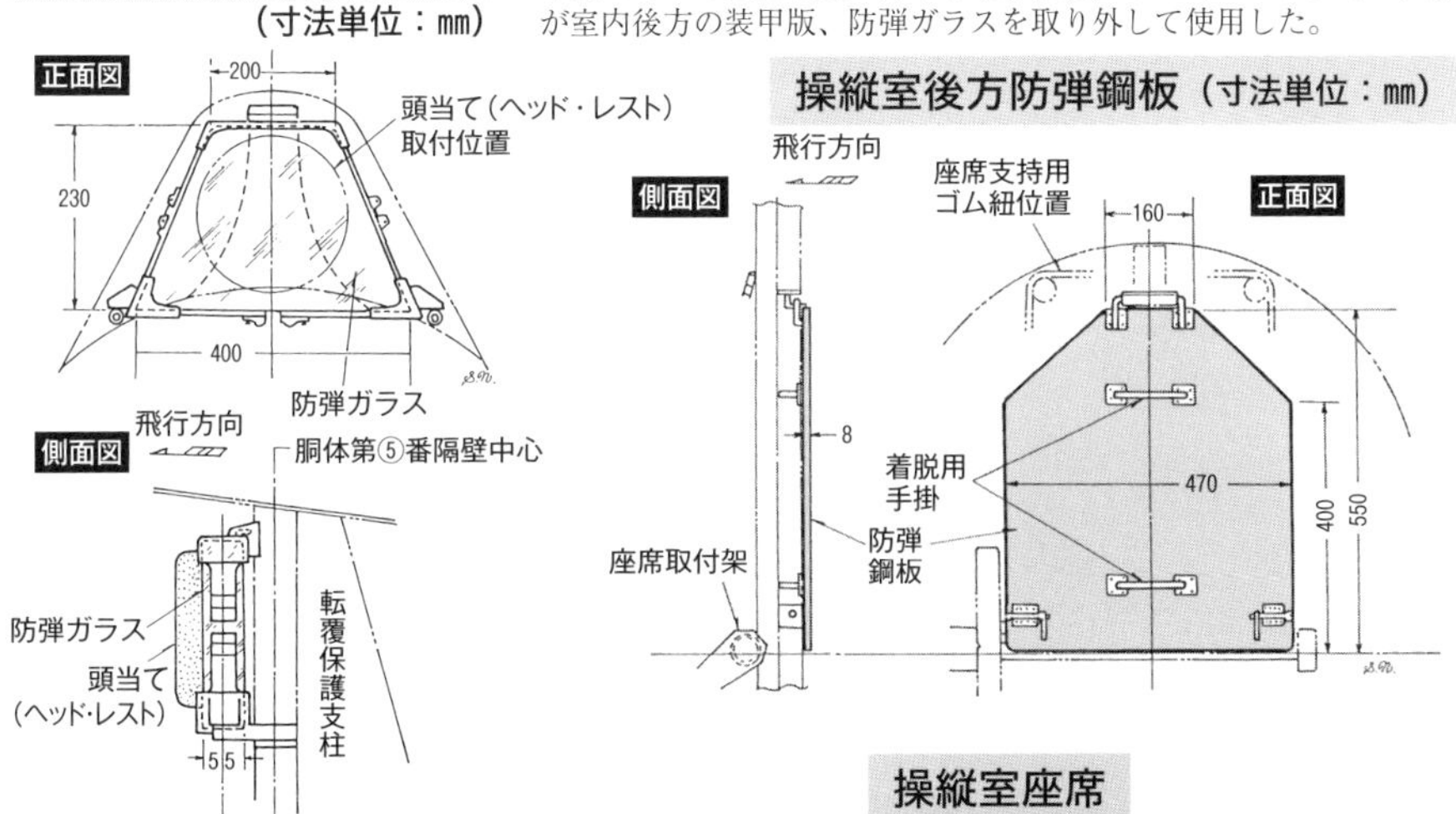

操縦室座席

戦争末期に使用された、背負式落下傘対応の座席

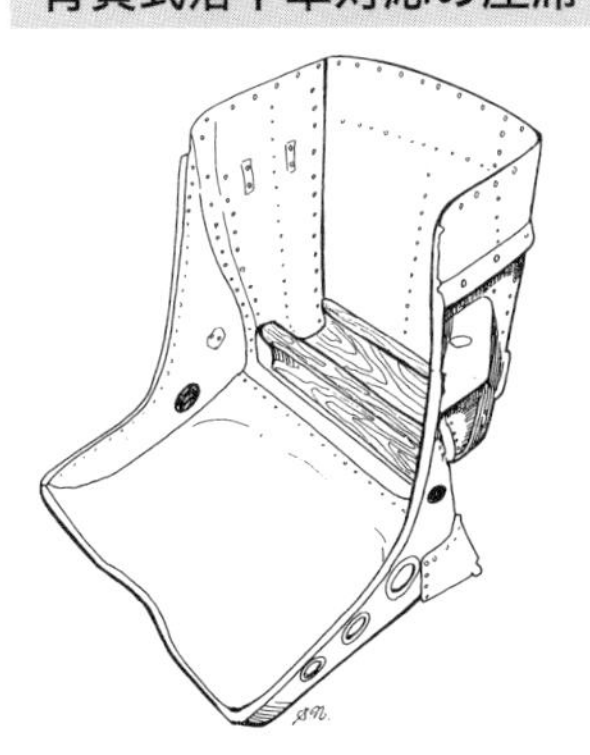

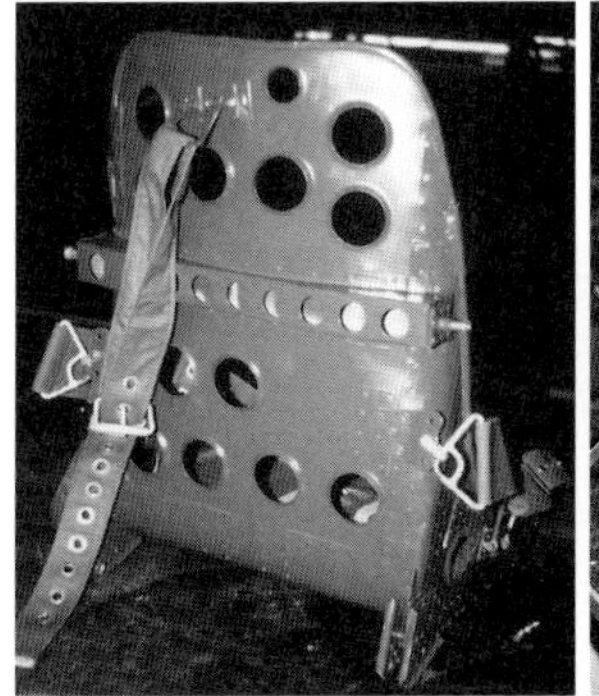

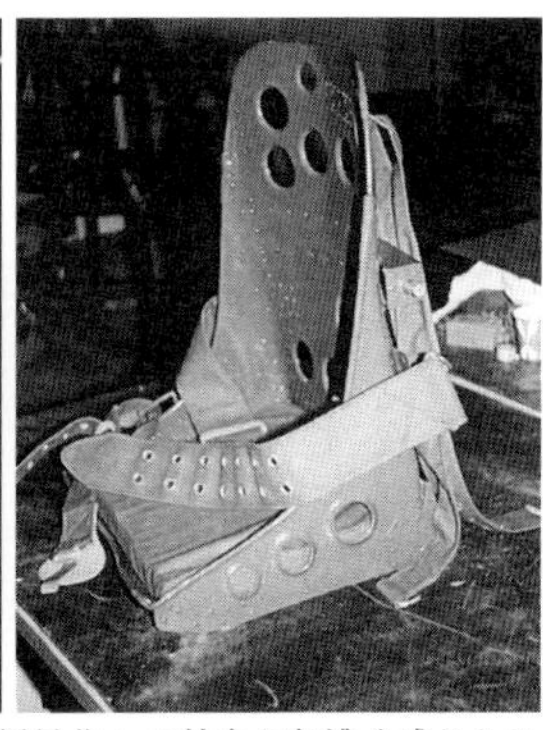

↑零戦の操縦座席も、堀越技師の軽量化への執念が色濃く感じられる部品で、背当て、側壁に大、小の〝軽め穴〟が開けられている。写真右は左側、同左は右後方より撮影したカット。

Ｆ４Ｆの操縦室

Ｆ４Ｆの操縦室は、前作Ｆ３Ｆ複葉艦戦までの密閉式ファストバック型を踏襲したスタイルで、空中戦において敵機に追尾されても真うしろは見えず、死角を生じた。

キャノピーは前方固定部、可動部から成り、後者は左右下枠に沿った軌條を前後に摺動して開閉した。開閉操作は、パイロットが右前方の軌條下に設置された「Ｔ」字形のハンドルを握って行なう。

軌條に沿って4箇所のラッチ（掛け金）が設けてあり、全閉、約3cm、同13cm開、全開の各位置で固定できた。

零戦にはない仕掛けだが、Ｆ４Ｆの可動キャノピーは非常時には投棄できるようになっており、空中戦での被弾などで墜落の事態に陥ったとき、パイロットが迅速に機外に脱出し、パラシュート降下するのを容易にした。

操作は、可動キャノピーの左右前端

↑XF4F－2の操縦室付近胴体を右横から見る。望遠鏡式射撃照準器と主翼付根下方の2つの下方視認窓に注目。

↑XF4F－2の操縦室を真上より見る。手前が座席で、その前方に操縦桿、左右の縦長床板の先に方向舵/ブレーキ・ペダルがある。零戦のあぶみ式に比べ、回転式故に操作性は良好だった。

←XF4F－2の正面計器板。生産型F4F－3と比べ、計器板自体の形状が少し異なり、諸計器の配列も違っている。板面に被せるリフレクター・パネルは、F3FからF8Fまでのグラマン艦戦を通した特徴。

下部にある、赤く塗られたリングを引っ張ることにより、固定ピンが外れ、風圧を受けたキャノピーが自然に吹き飛ぶ仕組み。

パイロットの防弾措置は、すでにＦ４Ｆ－３の初期生産機から講じられており、キャノピー正面の窓は防弾ガラス、座席後方と頭当て部分には装甲板が設置されていた。防弾装備を欠く零戦が、ガダルカナル島攻防戦を境に、対Ｆ４Ｆ戦果／損失比率を急速に悪化させた主要因のひとつがこれだった。

操縦室内のアレンジは、零戦に比べて人間工学的にはやや勝っていた感がある。正面計器板の諸計器は板面と面一ではなく、板面の上にリフレクター・パネルを被せてあり、計器は窪んだ状態で太陽光の反射により見づらくなるのを防ぐ工夫が凝らしてある。

左、右コンソールの配置も整然としており、左側のスロットルレバーや各種操作レバー、右側の電気関係スイッチ類をまとめた操作ボックスなどに、設計陣の配慮が感じられる。

→可動キャノピーを全開にした状態の、F4F－4の操縦室を右上方より見る。XF4F－3までは配慮されなかった、正面の防弾ガラスがよくわかる。座席上方の円形ヘッドレストを付けた板が防弾装甲板。.50口径（12.7㎜）機銃弾までの被弾に耐えられた。

←上写真のF4F－4を真うしろ上方より見る。円形断面の太い胴体に比べ、幅の狭い操縦室が実感としてわかる。零戦は原則的に操縦室への出入りは左側からのみ行なったが、F4Fは左、右主翼付根上面に見える滑り止めからもわかるように、左右どちら側からでも可だった。当然、乗降用手掛、足掛も両側にあった。

F4F－4の操縦室

正面計器板

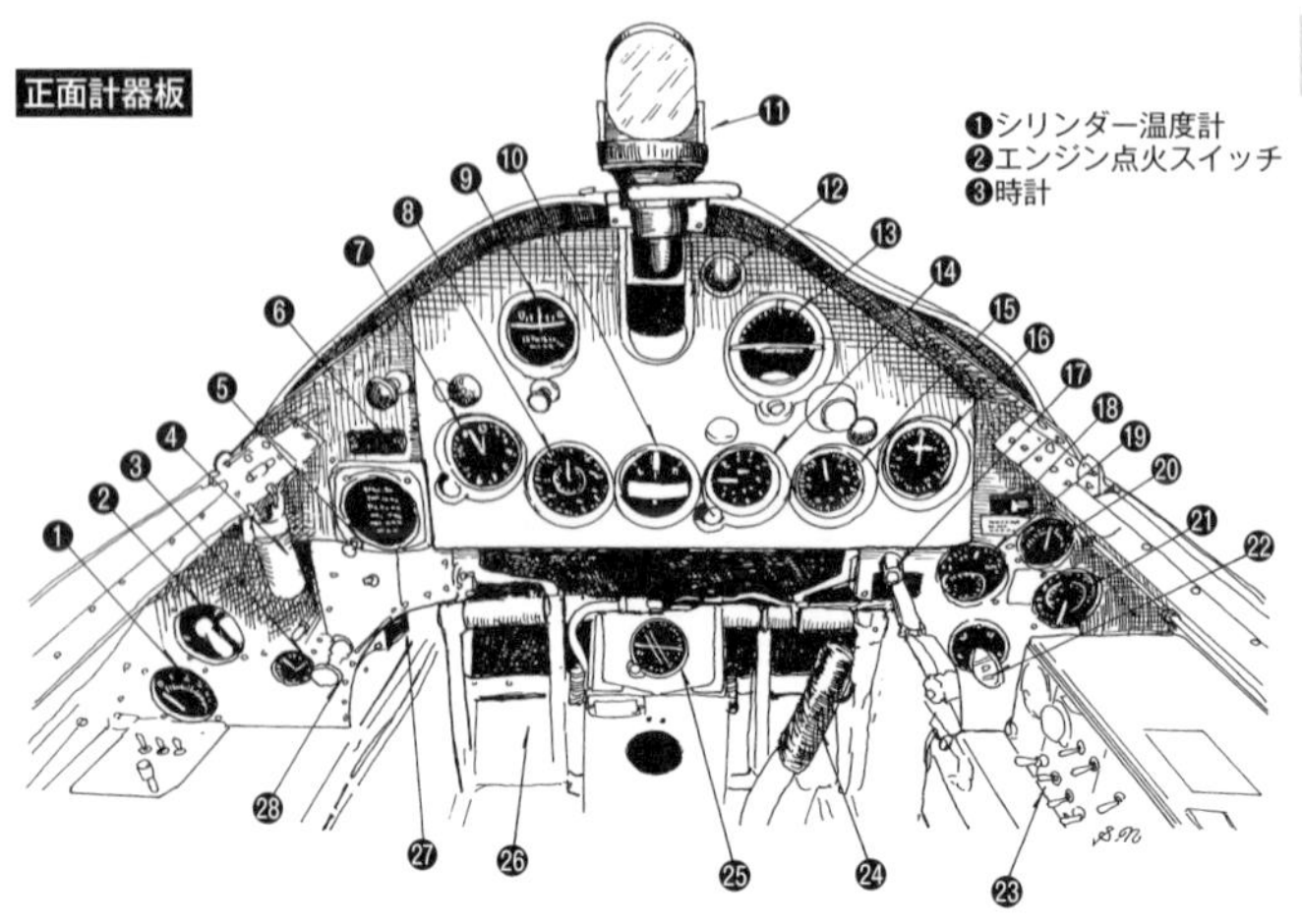

❶シリンダー温度計
❷エンジン点火スイッチ
❸時計
❹着艦フック操作レバー
❺チェック・オフ・スイッチ
❻照準器ライト・スイッチ
❼高度計
❽速度計
❾方向探知ジャイロ
❿旋回計
⓫Mk.Ⅷ光像式射撃照準器
⓬無線機信号ライト
⓭人工水平儀
⓮昇降度計
⓯吸入圧力計
⓰エンジン回転計
⓱カウルフラップ操作レバー
⓲潤滑油濃度調整スイッチ
⓳エンジン関係計器ユニット
⓴外気温度計
㉑燃料計
㉒エンジン始動ポンプ
㉓電気系統スイッチ・ボックス
㉔操縦桿
㉕コンパス
㉖方向舵/ブレーキ・ペダル
㉗窓ガラス曇り止めスイッチ
㉘プロペラ・ピッチ操作レバー

左側

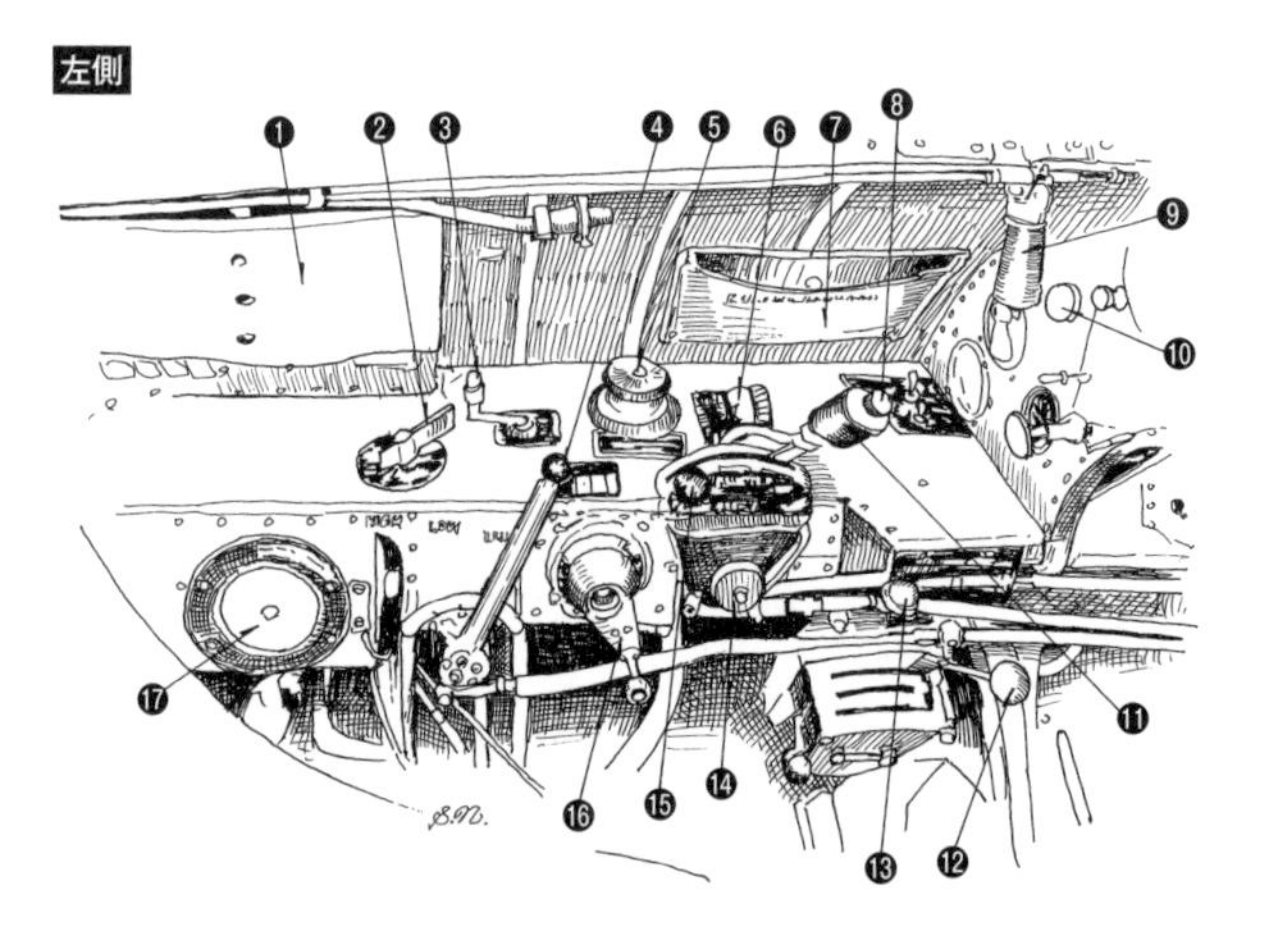

❶航空地図、鉛筆入れ
❷燃料タンク選択バルブ
❸フラップ操作レバー
❹過給器操作レバー
❺方向舵トリム・タブ操作ノブ
❻補助翼トリム・タブ操作ハンドル
❼電気系統配線表
❽マイクロホン・スイッチ・ボタン
❾着艦フック操作レバー
❿射撃照準器ライト調整ノブ
⓫スロットル・レバー
⓬爆弾投下レバー
⓭尾輪キャスター・ロック・レバー
⓮フリクション調整ノブ
⓯ミクスチュア操作レバー
⓰昇降舵トリム・タブ操作レバー
⓱降着装置警報ブザー

右側

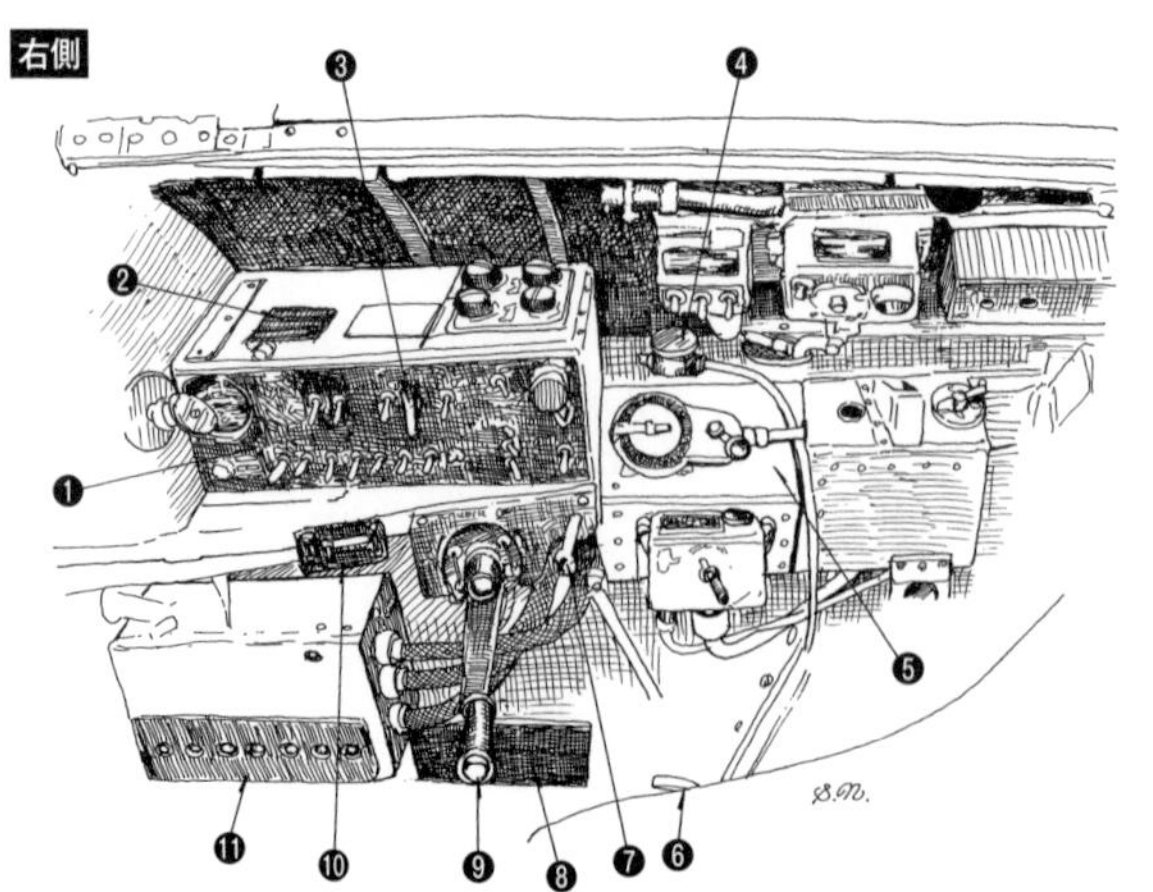

❶電気系統スイッチ・ボックス
❷ヒューズ・パネル/スペア・ヒューズ/バルブ
❸エンジン始動スイッチ
❹マイクロホン
❺無線機操作ボックス
❻機銃装填レバー
❼ハンドクランク爪リリース
❽機銃リレー／発電機カット・アウト
❾主脚出し入れハンドル
❿主脚位置表示計
⓫サーキット・ブレーカー・リセット・ボタン

FM－2の操縦室

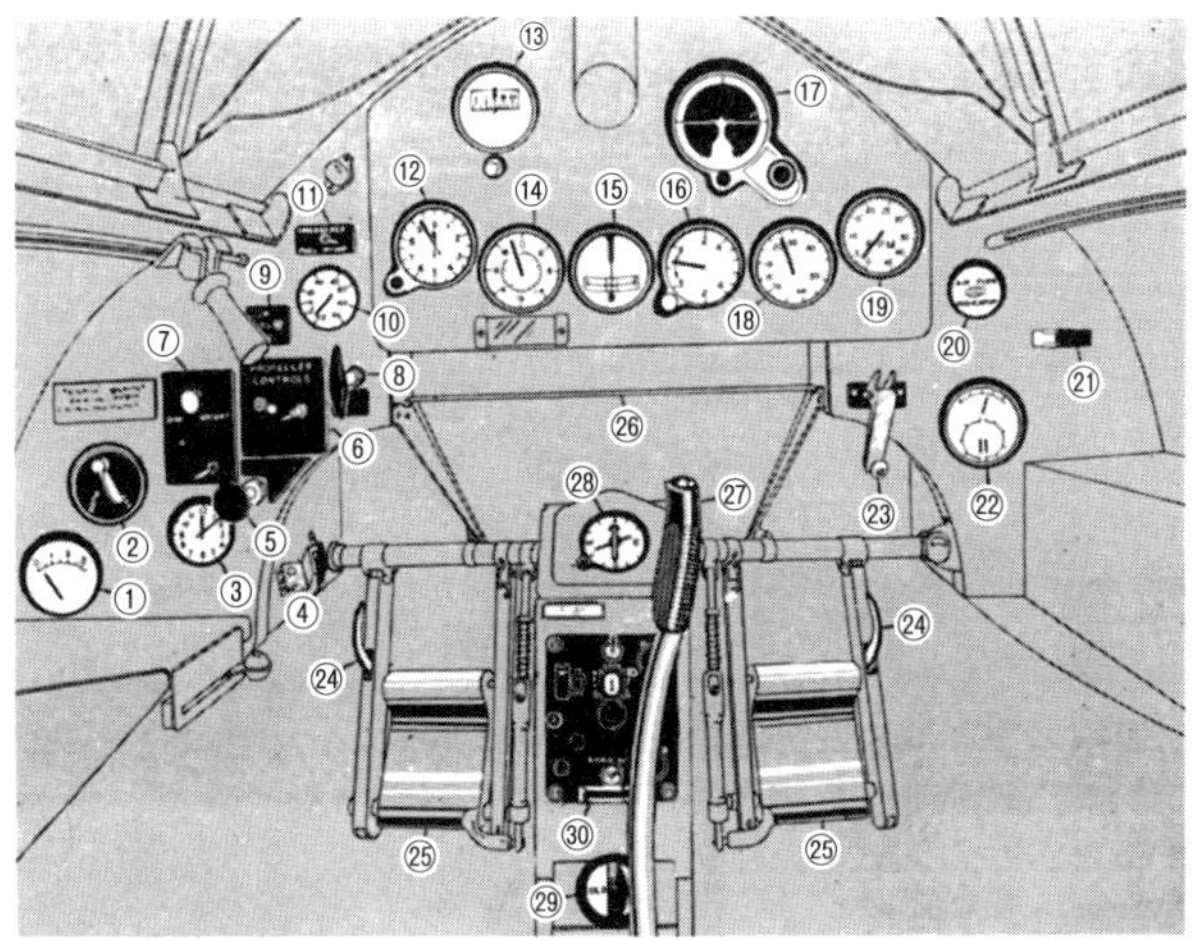

正面計器板

①シリンダー温度計
②エンジン点火スイッチ
③時計
④キャノピー曇り止めスイッチ
⑤プロペラ・ガバナー操作レバー
⑥プロペラ調節、および安全スイッチ
⑦照準器スイッチおよび調節ダイヤル
⑧キャブレター空気調節レバー
⑨残燃料警報灯
⑩燃料計
⑪非常燃料ポンプスイッチ
⑫高度計
⑬ジャイロ方向指示器
⑭速度計
⑮旋回傾斜計
⑯昇降計
⑰人工水平儀
⑱エンジン吸気計
⑲エンジン回転計
⑳酸素流量計
㉑潤滑油希釈スイッチ
㉒エンジン複合計器
㉓カウルフラップ操作ハンドル
㉔方向舵ペダル調節ハンドル
㉕方向舵ペダル

㉖引き出し式航法板　㉗操縦桿　㉘羅針儀　㉙操縦室内空気調節レバー　㉚武装制御盤

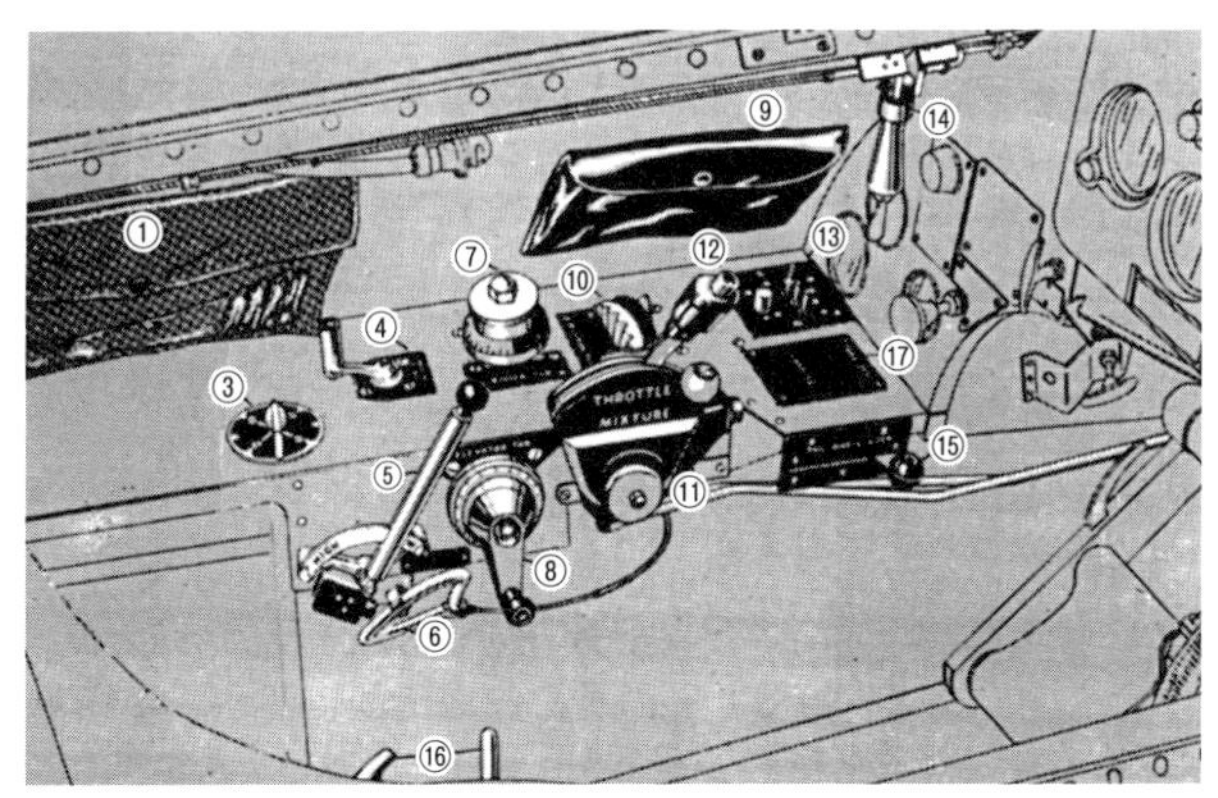

左側

①航空地図ケース
②欠番
③燃料タンク切替レバー
④フラップ操作レバー
⑤過給器操作レバー
⑥落下タンク投機レバー
⑦方向舵トリム・タブ操作ハンドル
⑧昇降舵トリム・タブ操作ハンドル
⑨電気系統図収納ポケット
⑩補助翼トリム・タブ操作ハンドル
⑪スロットル/ミクスチャー・レバー
⑫マイクロフォン・スイッチ
⑬識別灯スイッチ
⑭着艦フック操作ハンドル
⑮尾輪ロック・レバー
⑯左舷機銃装填ハンドル
⑰チェック・リスト

右側

①配電盤
②電熱服電源供給口
③無線機操作ユニット
④敵味方識別装置
⑤航法装置操作ユニット
⑥無線測距器
⑦電流電圧計または電圧計
⑧脚位置指示器
⑨落下タンク投棄レバー
⑩主脚揚降ハンドル
⑪中継箱
⑫操縦室内換気ダクト
⑬配電盤およびサーキット・ブレーカー
⑭ジェネレーター断続器
⑮座席調節ハンドル
⑯右舷機銃装填ハンドル
⑰酸素ボトル遮断バルブ
⑱ロケット弾用サーキット・ブレーカー

零戦の降着装置

零戦は、引込式主脚を採用した海軍最初の艦戦である。すでに三菱では双発の九六式陸攻が引込式としていたが、その出し入れ操作は後述するF４Fのそれと同様、乗員のハンドル回しによる手動という原始的なものだった。

十二試艦戦の試作着手当時、三菱も含めた国内の主要メーカーは、まだ近代的な油圧をエネルギーにする引込式主脚の独自設計ノウハウを持っていなかった。

堀越設計班も油圧引込式主脚をどうまとめるか悩んだが、幸い少し前に陸海軍が技術資料用にと、アメリカのヴォート社からＶ－１４３と称する試作戦闘機を購入しており、同機の油圧引込機構を大いに参考として、コンパクトにまとめることが出来た。

主脚柱は、下部に空気／油式の緩衝機構（オレオ）を組み込んだシンプルな1本脚柱で、主翼内の取付基部に出

←二一型の右主脚を前上方より見る。二一型~五四型を通し、主脚はまったく変化ない。

主脚の引込作動要領（左脚を示す）

油圧起動器
脚回転軸
出し入れ機構移動順序
横桿は脚柱と一体
脚が左右にガタを生じたときは引込機構の連結ボルトをさらに締めること
脚引込角度83°
脚引込方向
車輪格納開閉覆
左右対称
脚出
機体中心線
収納状態
入脚

←同じ二一型の右主脚下部を内側より見る。タイヤは複数の下請け会社製品。

引込状態の零戦の主脚は、上図に見られるごとく主翼下面と面一になり、空気抵抗をまったく生じさせない。車輪が胴体側面から少しハミ出し、カバーもなく剥出しのままのF4Fと比較し、設計年度が少し新しい零戦に一日の長があった。

し入れ用の油圧作動筒などを配置し、内側に引き上げて収納した。主車輪は６００×１７５㎜サイズでタイヤの空気圧は４、ホイール内にドラム式ブレーキが組み込んであった。轍間距離（左右車輪間隔）は３・５ｍと十分な広さを持ち、離着艦時の安定を図った。

尾脚も主脚と連動し、油圧により出し入れする引込式。架構と称した軽合金製鋳物にフォークを介して、１５０×75㎜サイズのソリッドゴム製尾輪を取り付けた。尾輪にはゴム紐を利用した回転（縦軸まわりの）制限装置が付いており、左右各30度までの範囲内でセンターリングを保ち、それ以上になると３６０度自由回転した。

艦上機にとってもう一種の降着装置と言えるのが着艦フック。日本海軍では着艦拘捉鉤と称した。零戦は尾脚前方の胴体下面に設置し、操縦室右側のレバーとハンドル操作で垂下、引き上げを行なう。もっとも、陸上基地部隊配備機は撤去、又は未装備とし取付部を整形覆でカバーした。

尾輪回転制限装置

＊上面より見る（寸法単位㎜）

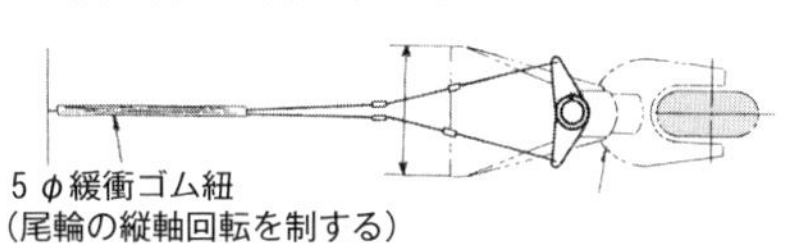

零戦に限らず、空母艦上機は落下するように着艦するため、尾輪は空気タイヤではなく、ソリッドゴム製にしてパンクを防いだ。

尾脚構造図

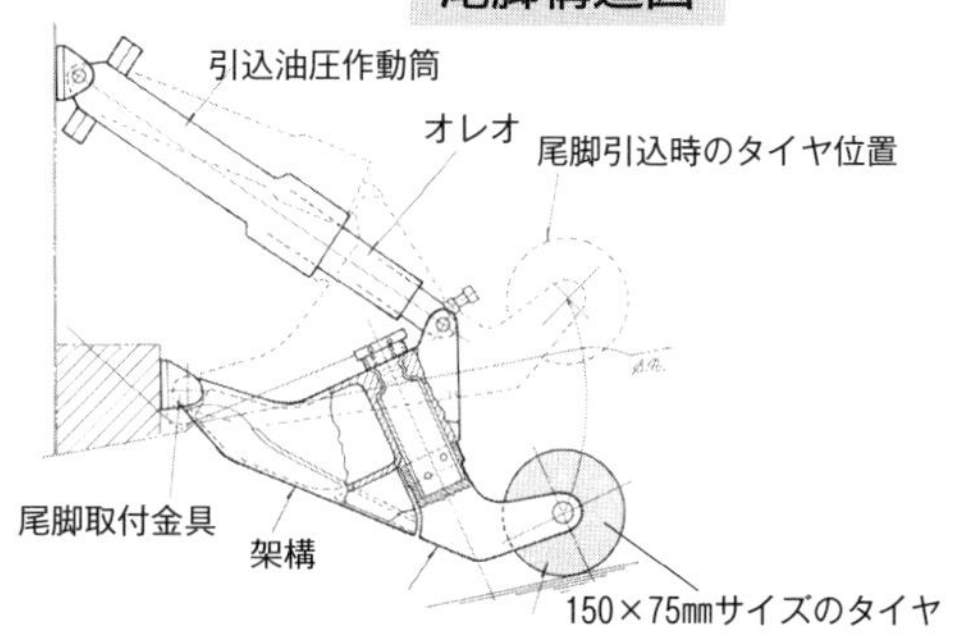

着艦拘捉鉤操作系統

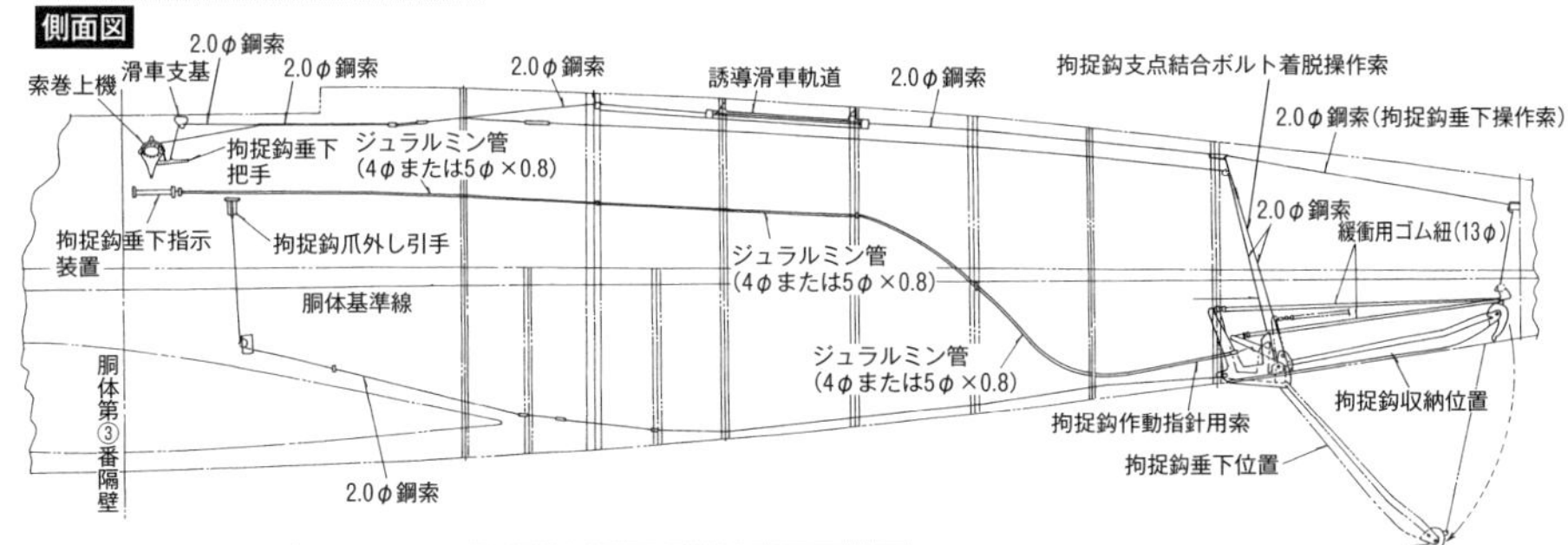

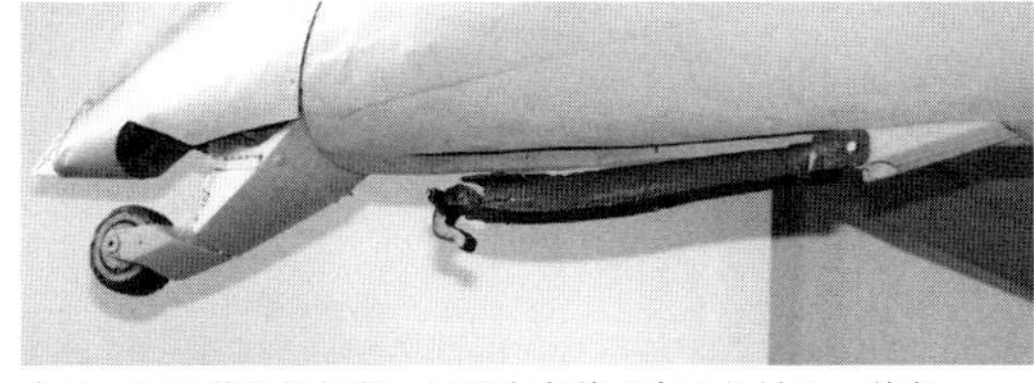

↑二一型の着艦拘捉鉤、尾脚を右前下方より見る。前者は正常な収納位置ではなく少し下がった状態。

拘捉鉤の形状

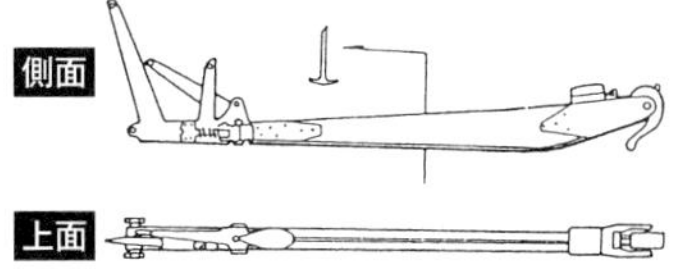

Ｆ４Ｆの降着装置

Ｆ４Ｆの降着装置は、最初の〝作品〟ＦＦ－１複葉艦戦以来、Ｆ２Ｆ、Ｆ３Ｆと代々踏襲してきた胴体内への上下方向出し入れ法という、グラマン社独創の引込式主脚である。しかし、主翼内への収納が難しかった複葉形態機ならともかく、全金属製単葉形態機にはややミスマッチな方式だった。

胴体内への収納となれば、必然的に輪間距離（左右主輪間隔）は小さくなり、艦上機にとって重要な、空母上での離着艦時の安定性低下は免れない。さらに、下図に示すように上下方向に出し入れするため、構造は複雑化して重量が嵩み、生産性も低い。

実際、輪間距離がわずか１・９５６ｍしかない（零戦は３・５ｍ）Ｆ４Ｆは、とくに着艦時の事故を多発して問題視された。しかし、別設計の機体にでもしない限り根本的な解決法はなく、戦時下ということもあって、最後の生

主脚構造図

主脚収納状態
（正面から見る）

↑F4F-4のGM社製ライセンス生産型FM-1の主脚を右側より見る。脚組みは典型的なトラス構成で、収納部孔を縦に通る白っぽい支柱が、オレオ緩衝機構と伸縮リンク。その上部に出し入れ操作チェーンが接続している。

❶胴体防火壁
❷脚出し入れ操作チェーン
❸スプロケット駆動ギア・ハウジング
❹伸縮リンク
❺バルクヘッド
❻上部サポート支柱
❼オレオ緩衝支柱
❽上部ドラッグ・リンク
❾下部ドラッグ・リンク
❿フォーク
⓫車輪
⓬フェアリング
⓭中央部ビーム
⓮伸縮リンク・ビーム
⓯カウンター・バランス
⓰カタパルト・フック

産型ＦＭ－２までそのままとされた。

この主脚の出し入れ操作は、パイロットが操縦室内右側に備え付けてあるハンドルを、前、後方向いずれかにそれぞれ28回もグルグル廻して行なう人力式で、この面でもパイロットに余計な負荷を強いた。

車輪にカバーはなく、収納時も剥出しのままで、下段図に示したごとく、胴体側面から少しハミ出ており、空気抵抗源となった。車輪サイズは直径が零戦より少し大きい６６０㎜だが、幅は逆に23㎜小さい１５２㎜で、ハミ出し幅縮少の意図が窺える。

尾脚は固定式で、２６７×１１２㎜サイズのソリッドゴム製車輪を付けている。この尾輪は零戦には付いていないロック機構を有する。

着艦フックは胴体尾部内に収納してあり、操縦室内左側前方にあるレバーを手前に引き、下げることで、胴体尾端から後方に１ｍ余突き出したのち、60度まで下がるようになっていた。

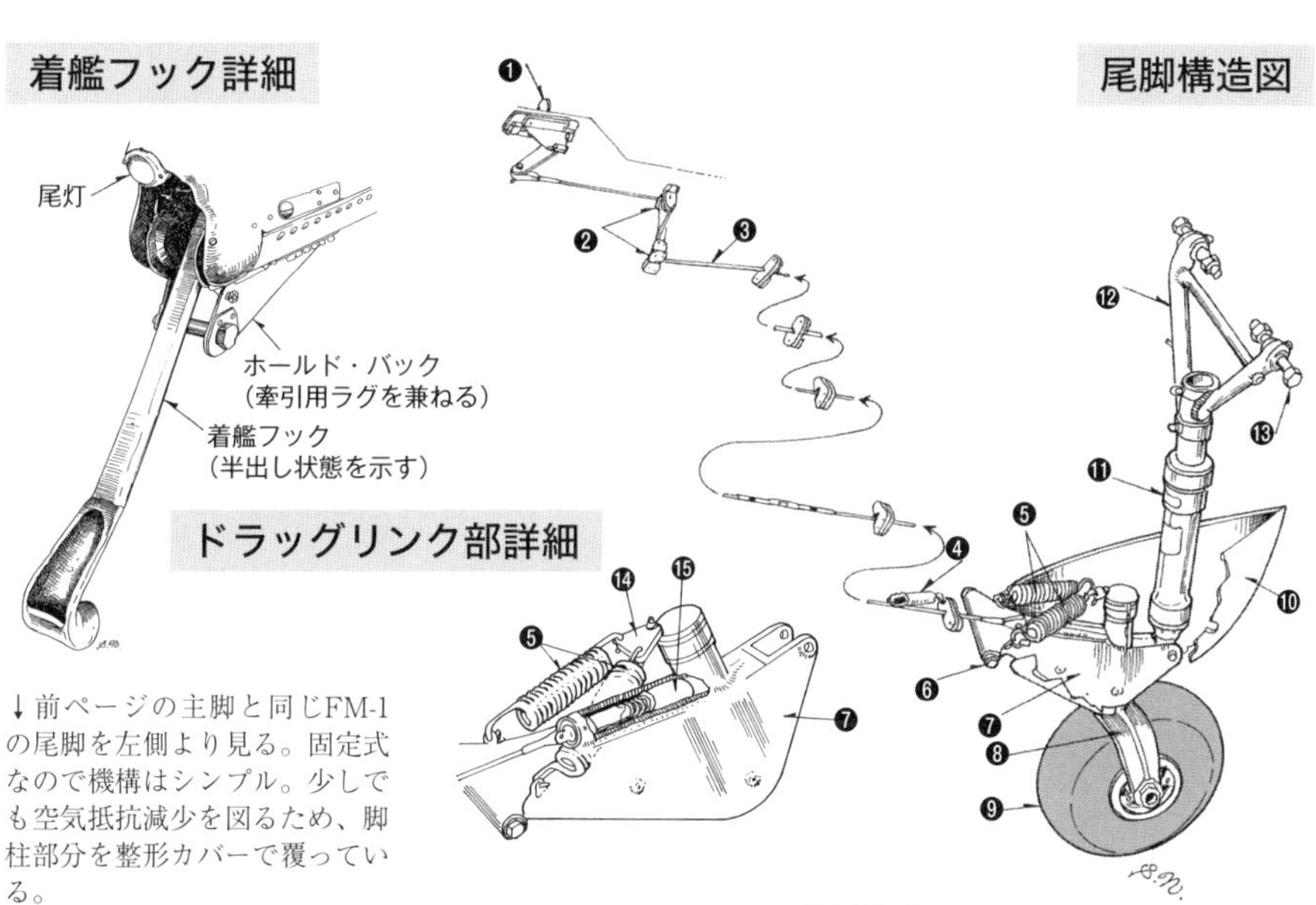

↓前ページの主脚と同じFM-1の尾脚を左側より見る。固定式なので機構はシンプル。少しでも空気抵抗減少を図るため、脚柱部分を整形カバーで覆っている。

❶尾輪操作ハンドル（操縦室内）
❷プーリー
❸索
❹スプリング
❺スプリング
❻ドラッグリンク取付ボルト
❼ドラッグリンク
❽キャスター
❾車輪
❿フェアリング
⓫オレオ緩衝支柱
⓬上部支柱
⓭上部支柱取付ボルト
⓮キャスター連結/およびスプリング止め金具
⓯プランジャー（内芯）

零戦の燃料システム

巡航速度にて6時間以上という、欧米諸国の常識では計り知れぬ、単発戦闘機として空前の大航続力を求められた零戦だけに、その燃料搭載量も800ℓ以上を必要とした。

とはいっても、機体内部に設置するタンクは、運動性能、操縦安定性などに悪影響が出ぬよう、機体重心点近くの胴体前部に1個（容量138ℓ）、左右主翼付根に各1個（各容量190ℓ）とされた。しかし、これだけでは合計518ℓにしかならないので、不足分を補う手段として利用したのが、すでに前作九六式艦戦で世界に先駆けて導入していた、落下式の増設タンクである。容量は320ℓもあり、これで合計838ℓとなり十分な量を確保できた。

三二型以降、既存タンク容量の増減や新設タンクの追加などが繰り返され、最終量産型の六二型では、下図に示す

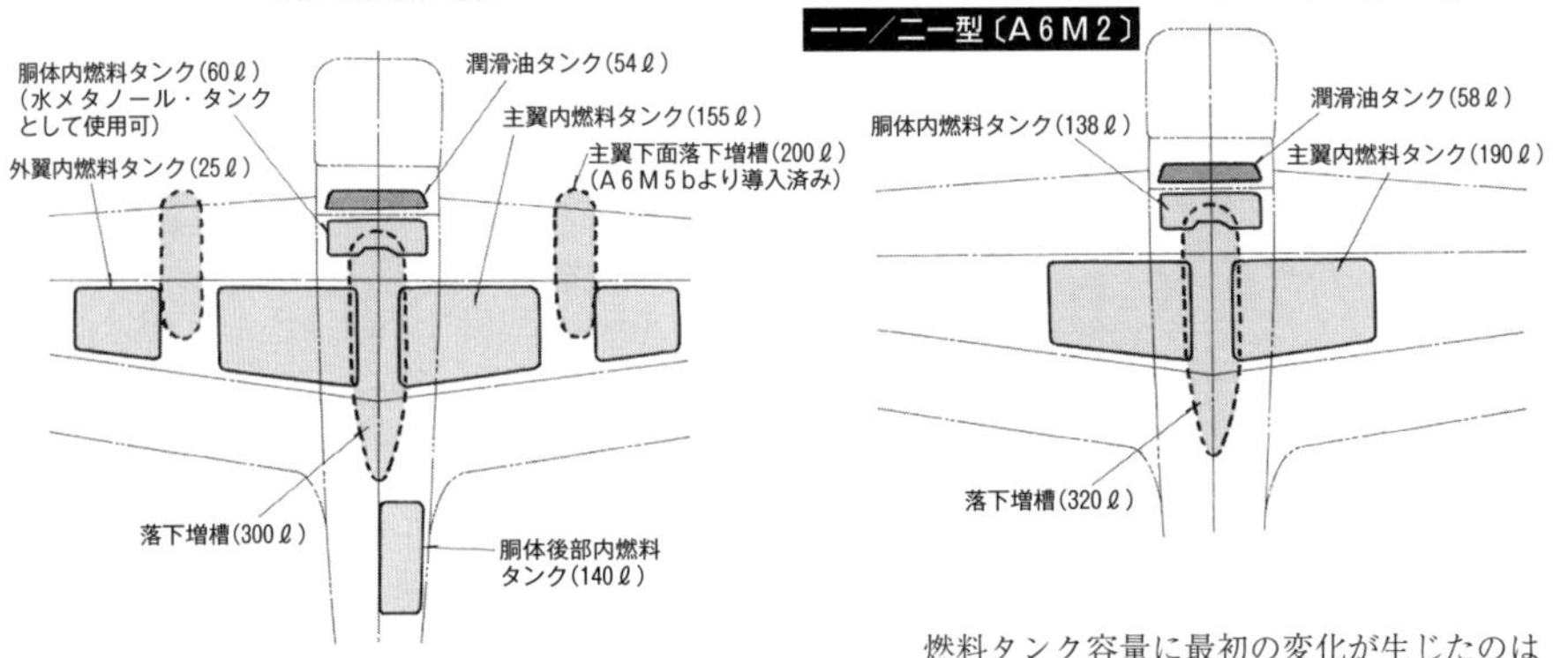

落下式増槽構造図

燃料タンク容量に最初の変化が生じたのは三二型で、発動機換装にともなうスペース減少で、胴体タンクが138ℓから60ℓに半減、逆に主翼内タンクを各20ℓ増量して210ℓとした。次の二二型は、左右外翼内に容量40ℓのタンク各1個を増設して、合計880ℓとなって二一型を凌いだが、航続力は約2,300kmにとどまった。次の五二型も同じ容量だったが、航続力はさらに低下して1,920kmとなっている。

ように主翼中央下面に爆弾ではなく、容量300ℓの統一型三型木製落下増槽を懸吊した状態では、合計1，260ℓにも達した。しかし、実際には胴体後部内の新設タンクは取り付けられず、胴体（主翼中央）下面には爆弾だけの懸吊を前提にしたので、合計820ℓにとどまり、当初とほぼ同じ容量だった。逆に機体重量、燃費の増加により航続力は2，000km、時間にして4時間程度に低下した。

機体内部設置の各タンクには、五二型までは防漏／防火対策はまったく施されておらず、被弾時の脆弱性は言わずもがなである。戦争末期にゴムと樹脂被膜による内袋式防弾タンクの導入も検討されたが実現せず、最後までほとんど〝無防備〟のままだった。

なお、零戦が使用した燃料は戦争初期を除き、「航空九一揮発油」と称した、オクタン価91の戦時規格ガソリンで、末期には原油不足により、アルコールを混入した低オクタンの代用燃料なども使われた。

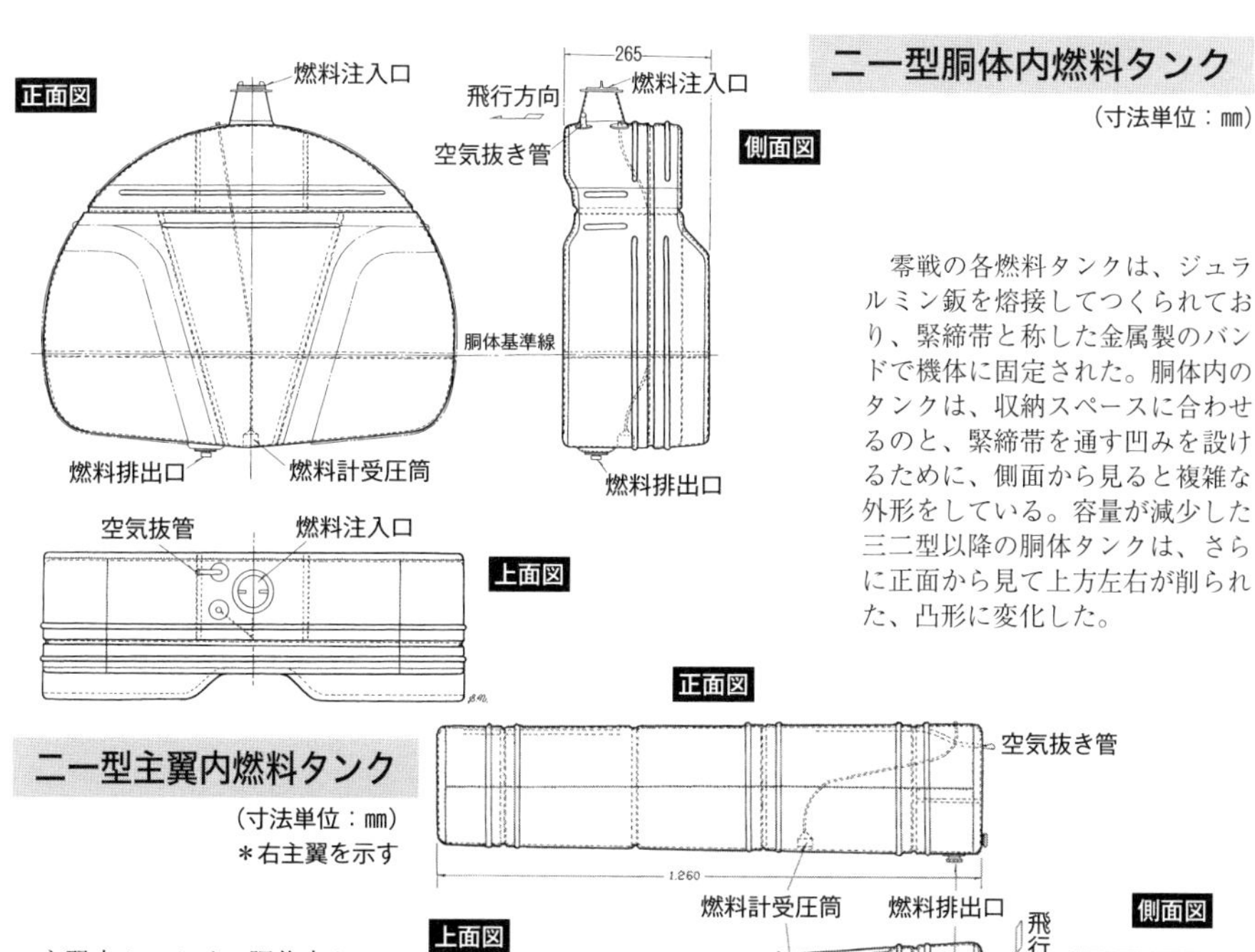

零戦の各燃料タンクは、ジュラルミン鈑を熔接してつくられており、緊締帯と称した金属製のバンドで機体に固定された。胴体内のタンクは、収納スペースに合わせるのと、緊締帯を通す凹みを設けるために、側面から見ると複雑な外形をしている。容量が減少した三二型以降の胴体タンクは、さらに正面から見て上方左右が削られた、凸形に変化した。

主翼内タンクは、胴体内タンクに比べると形状はシンプルな箱型である。なお、各タンクの燃料はいったん胴体内の管制器に集められ、そこから喞筒を経て気化器に送られた。各タンクの燃料は切換コックにより、落下増槽、主翼内タンク、胴体内タンクの順序で消費した。

※五二型以降、翼内タンクにのみ炭酸ガス利用の自動消火装置を設置した。

F4Fの燃料システム

零戦のような大航続力を求められたF4Fではなかったが、搭載したP&WR－1830エンジンは、出力が1,200hpもあったので当然、燃費は零戦の「栄」一二型（940hp）に比べて高く、艦戦ということもあって相応の燃料容量を必要とした。

生産型F4F－3以降は、太い胴体断面容積を利用した操縦室床下に、容量117U.S.ガロン（442・8ℓ）の大きな主タンクと、同27U.S.ガロン（102・1ℓ）の補助タンクを備えた。これにオプション装備として容量58U.S.ガロン（219・5ℓ）の落下タンクが2個懸吊可能だったので、総容量は260U.S.ガロン（984ℓ）となり、零戦二一型の838ℓを凌いだ。

ただ、この燃料で得られた航続力は、最大でもF4F－3で2,720km、F4F－4では2,050kmにとどま

F4F－4の燃料タンク、防弾装備

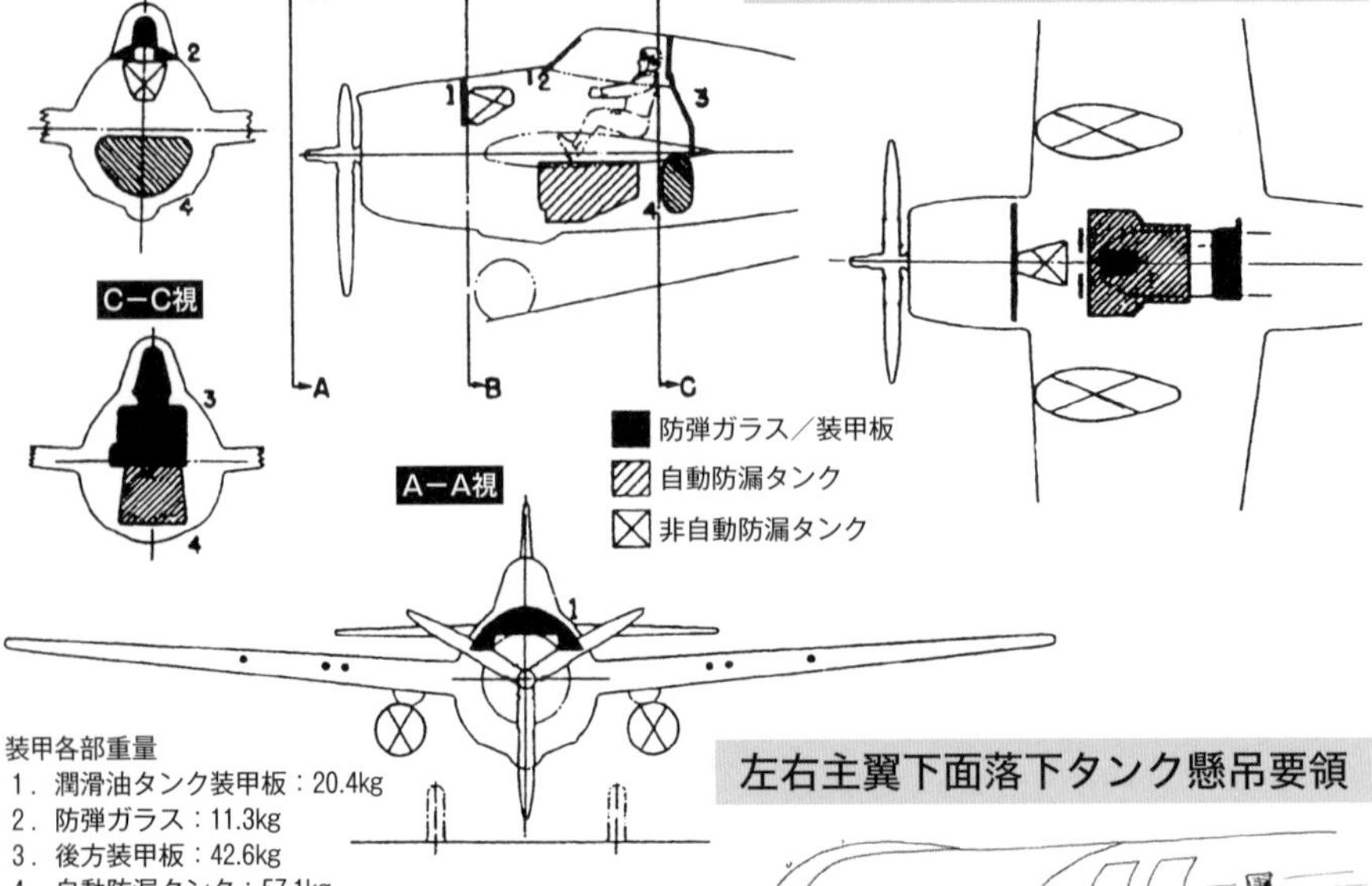

B－B視

C－C視

A－A視

防弾ガラス／装甲板

自動防漏タンク

非自動防漏タンク

装甲各部重量
1. 潤滑油タンク装甲板：20.4kg
2. 防弾ガラス：11.3kg
3. 後方装甲板：42.6kg
4. 自動防漏タンク：57.1kg

F4Fの機体重量が零戦二一型に比べて約1トンも重くなったのは、構造材の強固さなどに加え、燃料タンクを自動防漏式とし、潤滑油タンク前面、パイロット席の前、後方に装甲板、防弾ガラスなど、零戦には無い装備を施したからでもある。これらの措置を合わせた重量は131.4kgにもなる。単に飛行性能の優劣だけではなく、軍用機としての総合価値という観点から見れば、F4Fは決して凡庸な機体ではない。

左右主翼下面落下タンク懸吊要領

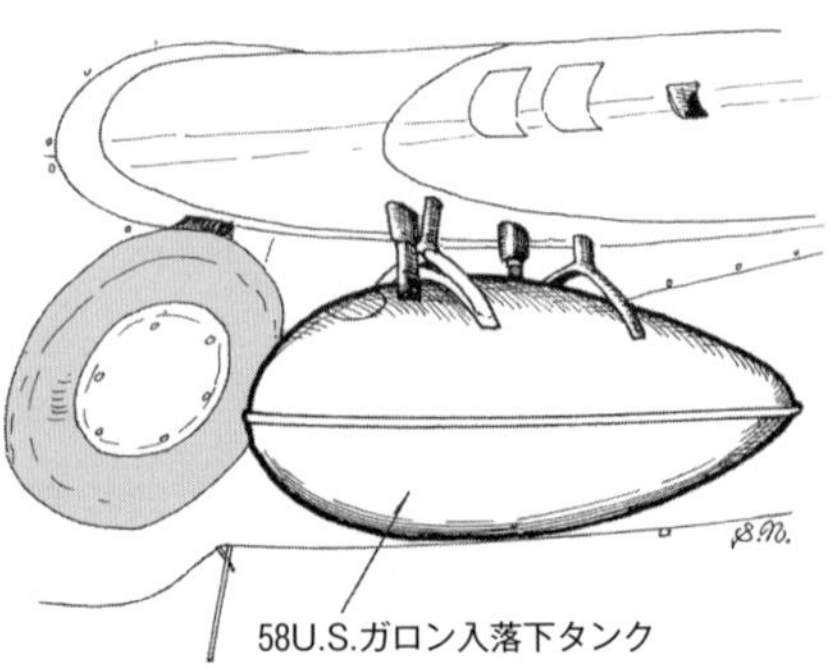

58U.S.ガロン入落下タンク

り、零戦二一型の約3，300kmには遠く及ばなかった。

もっとも、ガダルカナル島攻防戦までのＦ４Ｆは、ほとんどが迎撃戦闘に終始したため、落下タンクを懸吊しない状態での正規航続力1，300km程度でも支障はなかった。

当然のことだが、Ｆ４Ｆの胴体タンクは特殊ゴムを内袋式に貼った、いわゆるセルフ・シーリング（自動防漏）式の防弾タンクとなっており、零戦二一型のごとき無防備故の脆弱性はなく、被弾に強かった。

エンジンをライトＲ－１８２０（１，３５０hp）に換装した、最後の量産型ＦＭ－２の後期生産機では、水噴射装置の併用にともない、潤滑油タンクの下方に水タンクを増設した。

また、胴体内の主燃料タンク容量が若干増加して１２６Ｕ.Ｓ.ガロン（４７６・９ℓ）になったが、補助タンクが廃止されたため、落下タンクを含めた総容量は２４２Ｕ.Ｓ.ガロン（９１５・９ℓ）に減少した。

FM－2の燃料系統図

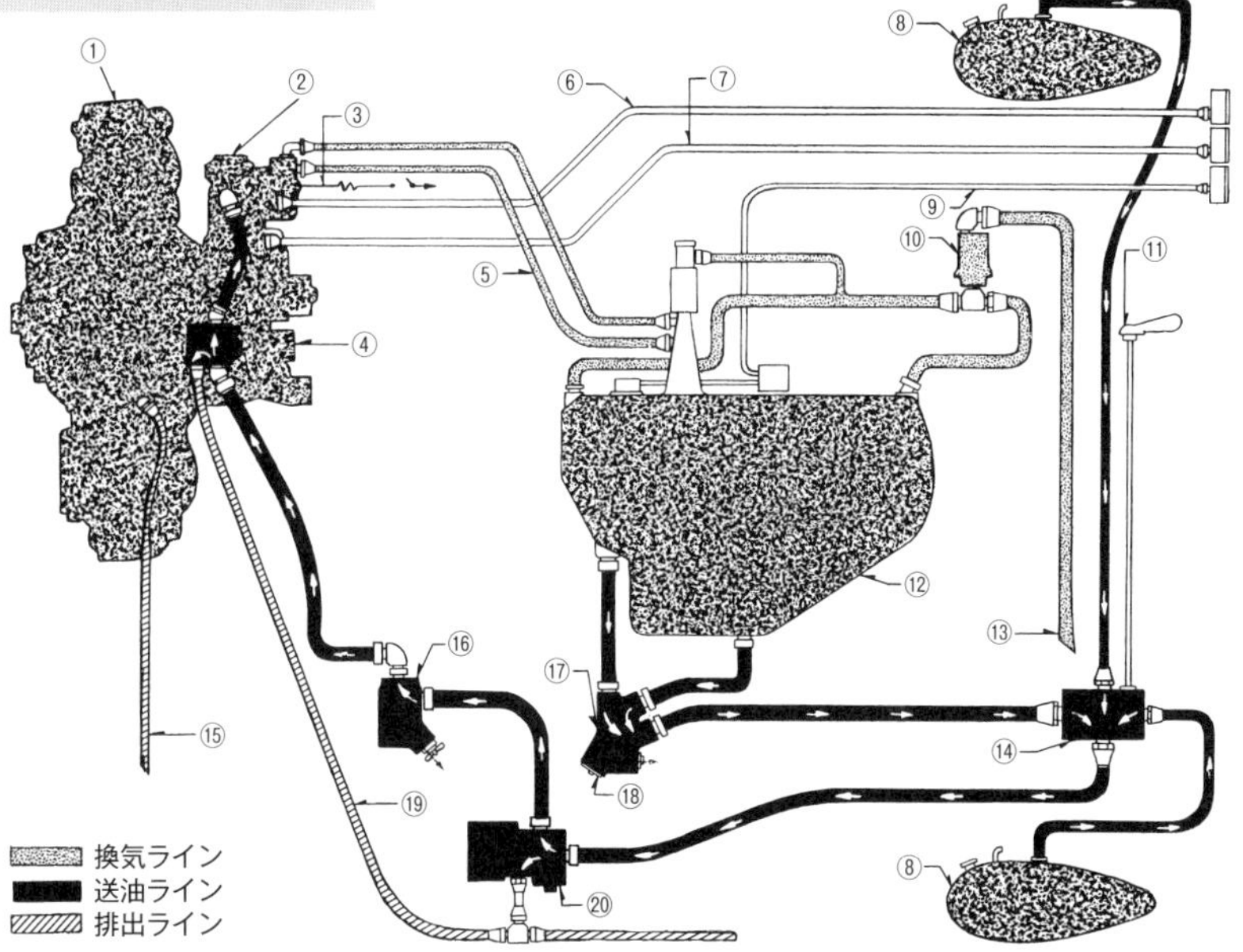

換気ライン
送油ライン
排出ライン

R－1820エンジンに換装したFM－2の後期生産機は、水噴射装置併用のR－1820－56W、または－56WA（ともに1,350hp）を搭載し、緊急時の出力を高めていた。水タンクは、潤滑油タンクの下方に設置された。

①R－1820エンジン②気化器③電気導線④エンジン駆動燃料ポンプ⑤蒸気排出管⑥燃料圧力管⑦吸気圧力管⑧落下タンク（容量58U.S.ガロン—219.5ℓ）⑨燃料残量計測ライン⑩チェック・バルブ⑪選択バルブ・ハンドル⑫主燃料タンク（容量126U.S.ガロン—476.9ℓ）⑬タンク内換気ライン⑭四方選択バルブ⑮過給器排油ライン⑯濾過器⑰燃料出口ユニット⑱濾過器⑲燃料ポンプ排出ライン⑳電動燃料ポンプ（非常用）

零戦の無線機器

零戦が二二型までの生産機に搭載した無線機は、日本海軍にとって最初の単発小型機用でもあった九六式空一号無線電話機で、前作九六式艦戦と同じく昭和11（1936）年に制式兵器採用されたものだった。

もっとも、小型・軽量化が求められる単発小型機用無線機は、大型機用のそれに比べると良好な感度、有効距離などを実現するのが難しく、電子機器開発面において欧米諸国の後塵を拝していた日本では、それが顕著に表われた。

実際、九六式空一号の電話機能は少し距離が離れると、ガーガーという雑音ばかりがひどくて用をなさず、ソロモン諸島方面に展開した陸上基地部隊所属機の多くが、重量ばかり嵩んで〝役立たず〟の無線機を撤去していた。

同方面において昭和17（1942）年夏以降、零戦が当初の優勢を急速に

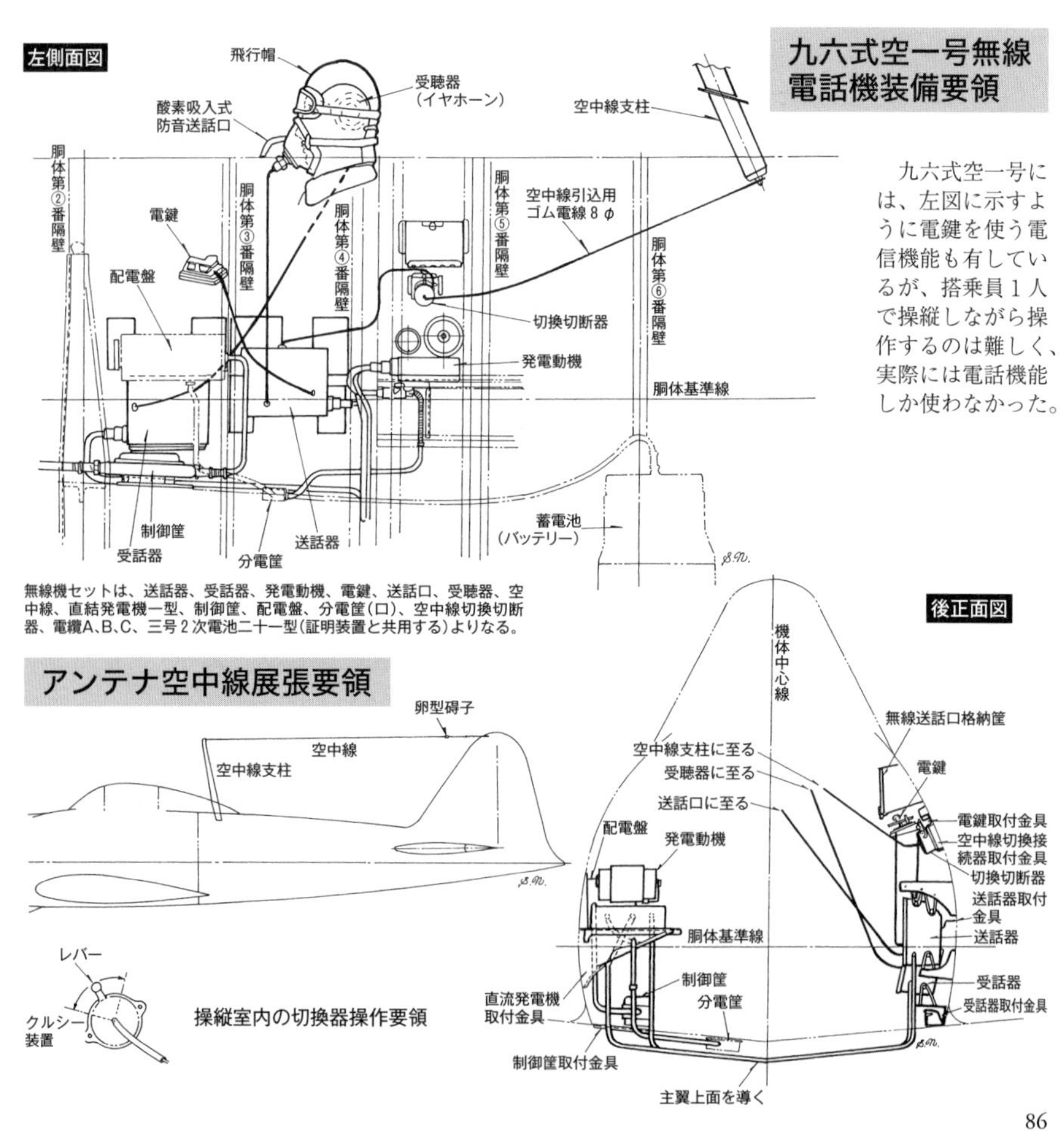

九六式空一号には、左図に示すように電鍵を使う電信機能も有しているが、搭乗員１人で操縦しながら操作するのは難しく、実際には電話機能しか使わなかった。

失い、苦闘を強いられる要因のひとつになったのが、この九六式空一号の欠陥により、効果的な編隊空戦法を採れなかったこと。

因みに、九六式空一号無線電話機の主要目は、送信機入力15Ｗ（ワット）、水晶片制御式で使用周波数範囲は４，２００～５，５００kc（キロサイクル）、有効距離は対地上で50浬（92・６km）、重量は18kg。

五二型以降が搭載した三式空一号無線電話機は、送受信機を一体化するなどした改良型で、有効距離が対地上３００浬（５５５・６km）に向上するなどしていたが、やはり雑音が多い欠点は直っていなかった。

空母搭載機を対象にして装備した無線帰投方位測定器は、独自開発品が造れず、戦前に輸入したアメリカのクルシー社製品を無断でコピー生産して賄った。昭和16（１９４１）年に、一式空三号無線帰投方位測定器の名称で制式兵器採用されている。

←零戦五二型以降、局戦「雷電」「紫電」なども搭載した三式空一号無線電話機のユニット。左は発電動機、中央の箱が送受話機、右は操作箱、右手前の黒い円盤状のものが受聴器（イヤホーン）。

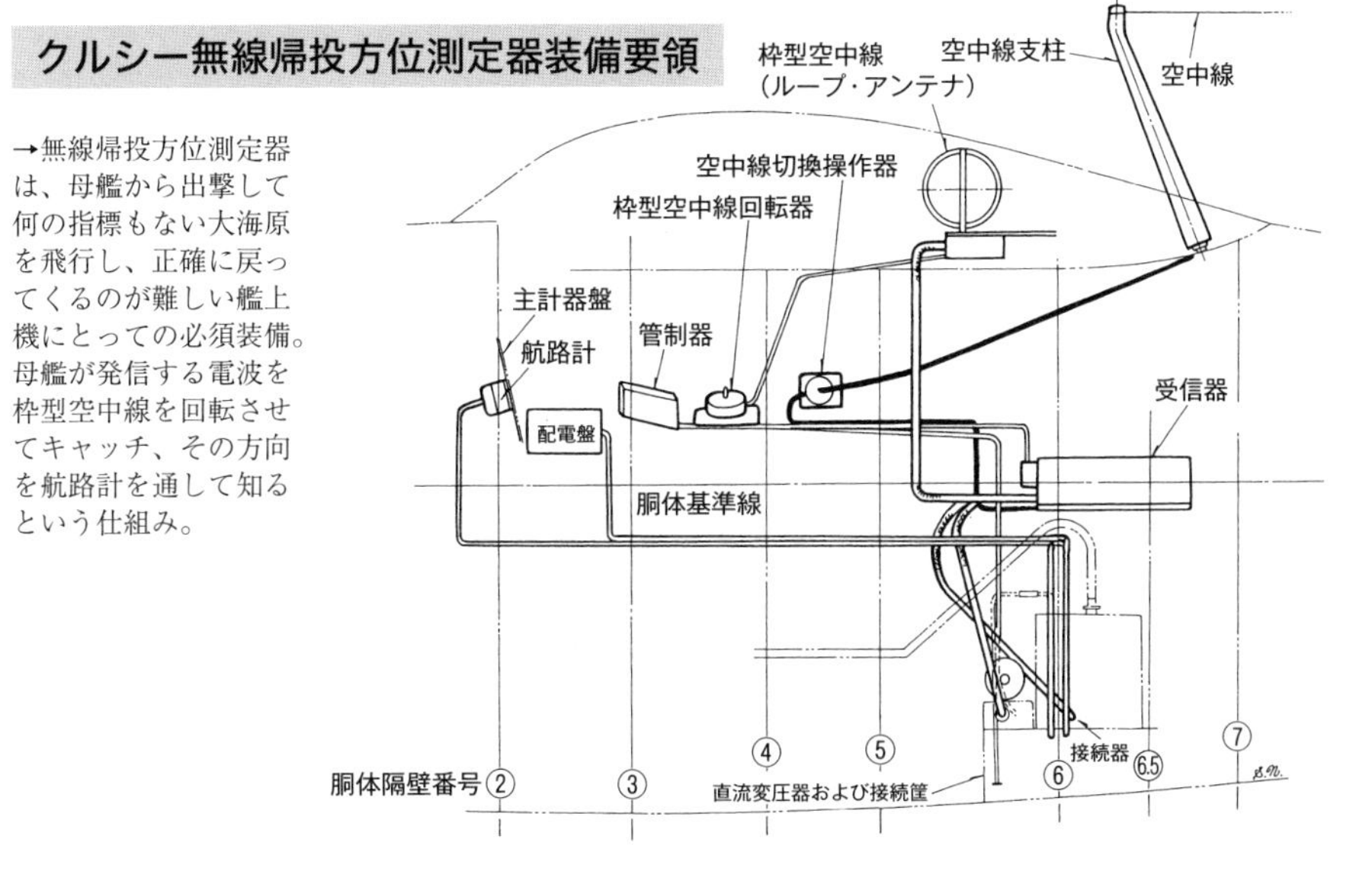

→無線帰投方位測定器は、母艦から出撃して何の指標もない大海原を飛行し、正確に戻ってくるのが難しい艦上機にとっての必須装備。母艦が発信する電波を枠型空中線を回転させてキャッチ、その方向を航路計を通して知るという仕組み。

F4Fの無線機器

電子機器類の開発力が日本に比べて格段に勝っていたアメリカだけに、航空機用無線機器の〝品揃え〟は豊富、且つ優秀だった。

F4Fが搭載した無線機器もその例に漏れず、僚機、あるいは母艦との通話連絡用VHF（超短波）、MF（中波）送受信機の他、航法用の無線測距受信機、さらにはIFF（敵味方識別）装置まで完備していた。

VHFの感度、有効距離は申し分なく、零戦の九六式空一号のように雑音に悩まされることなどなく、母艦から遠く離れていても明瞭な通話が可能だった。

ガダルカナル島に展開した海兵隊のF4F－4は、基地の早期警戒レーダーによって日本海軍機の来襲を察知して迎撃発進、無線によって指示された空域に十分な高度を確保して待機。有利な態勢から一撃離脱降下によって襲

GF－12／RU－17およびZB－3各操作部

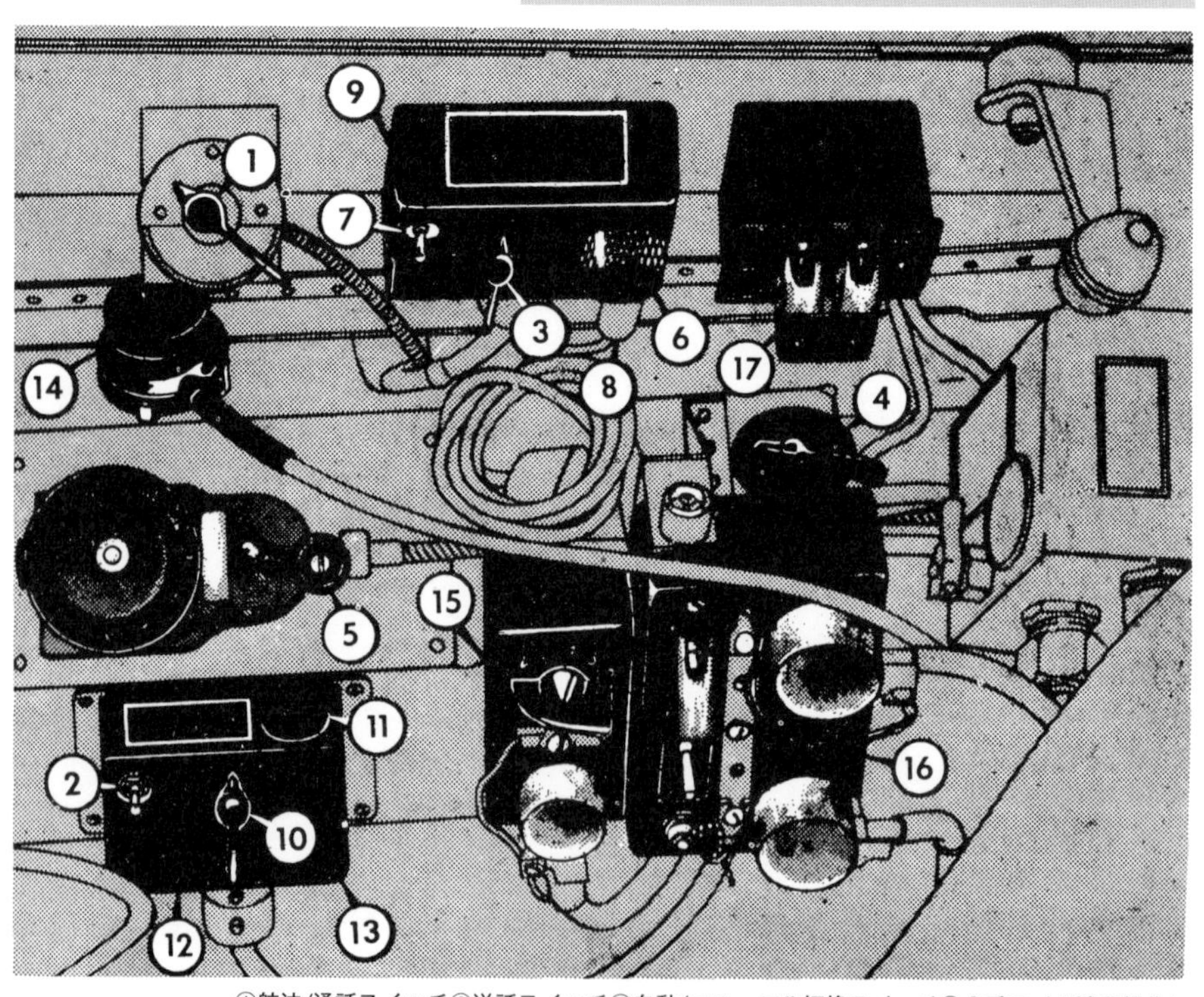

①航法/通話スイッチ②送話スイッチ③自動/マニュアル切換スイッチ④２重コイル遠隔操作レバー⑤波長整調器操作器⑥音量増大ノブ⑦CW－MCWスイッチ⑧ヘッドホン差し込み部⑨受信機操作ボックス⑩音声CW－MCWスイッチ⑪コード・キー⑫マイクロホン差し込み部⑬送信機操作ボックス⑭マイクロホン⑮IFF装置選択スイッチ⑯IFF操作部⑰IFF破壊スイッチ（非常時用）

いかかり、零戦、一式陸攻などに対しての優勢な空中戦を実践し得たのも、優れた電子機器があったればこそである。

これと対照的に、無線機の欠陥で僚機間の意志疎通もままならず、効果的な編隊空戦が出来ず苦闘を強いられたのが零戦隊だった。無線機の優劣が、空中戦の勝敗にいかに大きく影響するかの好例である。

Ｆ４Ｆ－４までが搭載した各無線機器の型式名は、資料不足もあって判然としないが、ＦＭ－２では、ＶＨＦがＧＦ－12／ＲＵ－17、航法用がＺＢ－３、ＢＣ－１２０６、敵味方識別装置がＡＢＡ－１であることがわかる。後期生産機は、ＶＨＦがＡＮ／ＡＲＣ－１、航法用がＡＮ－ＡＲＲ－２、敵味方識別装置がＡＮ／ＡＰＸ－１にそれぞれ更新されている。

これら各機器の、操縦室右側に設置された操作器を示したのが、前、および本ページの図。その充実ぶりが実感できる。

AN／ARC－1およびARR－2a各操作部

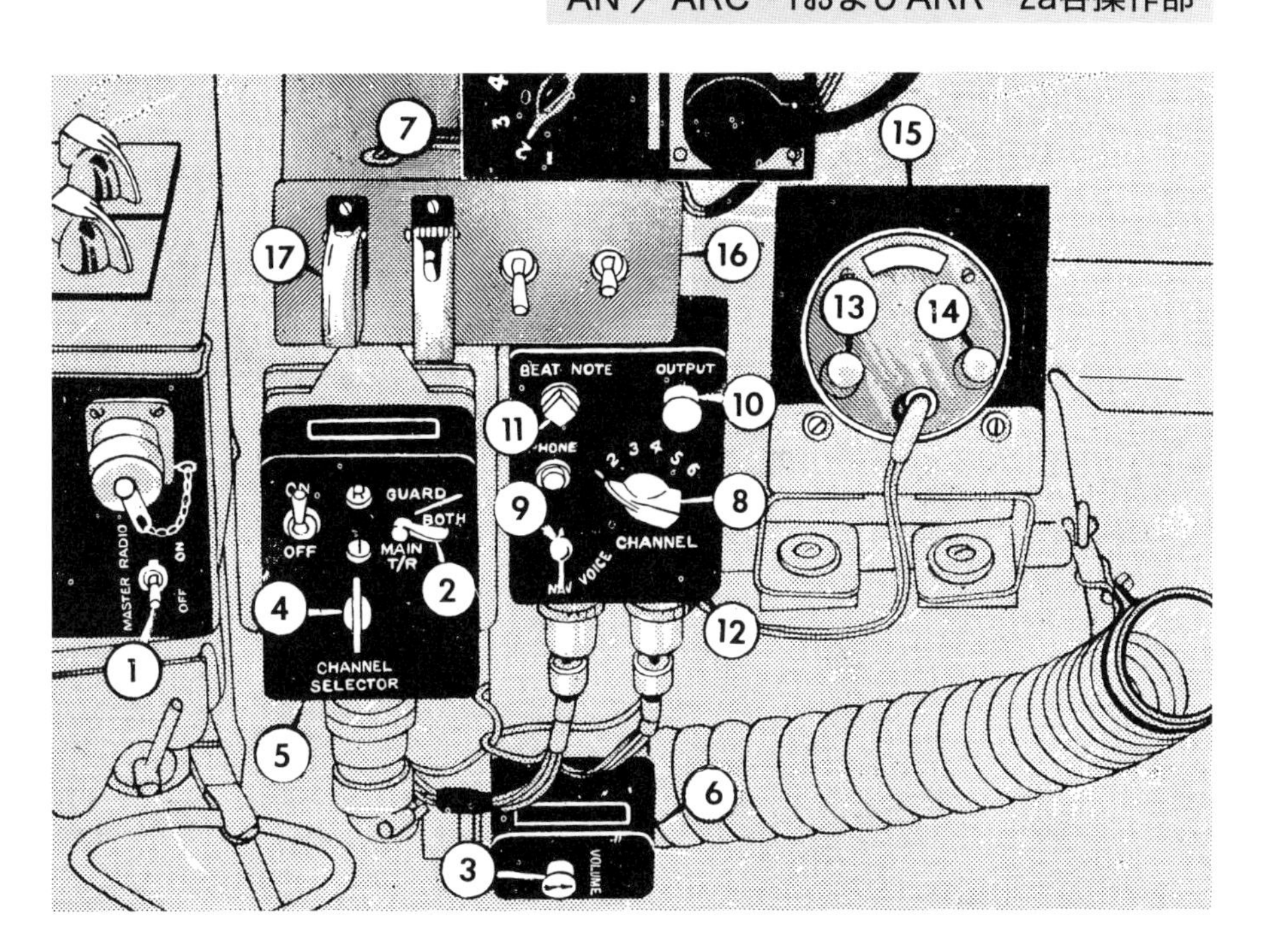

①主無線機スイッチ②保護主スイッチ③音量調整ノブ④チャンネル選択スイッチ⑤通話調整装置⑥差し込み箱⑦ＩＦＦチャンネル選択スイッチ⑧チャンネル選択スイッチ⑨航法用音声スイッチ⑩音量増大ノブ⑪ビート・ノート・ノブ⑫航法用操作器⑬音量入・切ノブ⑭波長整調ノブ⑮ＢＣ1206測距受信機⑯ＩＦＦ操作ボックス⑰ＩＦＦ破壊スイッチ（非常時用）

㊟各無線機ユニットの装備位置は胴体後部内である（P.53の図を参照）。

零戦の射撃兵装

零戦は、艦上戦闘機として世界で最も早く20㎜機銃を装備した機体であるが、これは日本海軍が当初の構想にしていた、味方艦隊の防空任務に主眼を置いたためで、来襲する敵の攻撃機の撃墜に効果があると判断したからに他ならない。

もっとも、機首に装備した7・7㎜機銃もそうだったが、日本は銃火器の独自開発力が育たず、九七式七粍七固定機銃の制式名称を付与された同銃は、イギリスのヴィッカースE型7・7㎜機銃のライセンス生産品だった。

20㎜機銃も、スイスのエリコン社製FF型をライセンス生産して間に合わせたもので、昭和14（1939）年に九九式二十粍一号固定機銃一型の名称にて制式兵器採用されたものである。

破壊力という面では申し分なかったのだが、最初の一号型は銃身が短く、初速も遅かったので弾道（直進）性が

九七式七粍七固定機銃一型装備図

側面図 九七式七粍七機銃 プロペラ／機銃同調装置 九八式射爆照準器 機銃発射レバー（操縦室左側） 2φ安全索（ボーデン索） 発動機後部 胴体基準線 1.5φ発射索（ボーデン索） 防火壁 胴体第①番隔壁 打殻放出筒 胴体第②番隔壁 胴体第③番隔壁 プロペラ／機銃同調装置接続部

↑九七式七粍七固定機銃を前方より見る。携行弾数は各700発。

正面図 機体中心線 弾倉（右） 弾倉（左） 打殻放出筒

九八式射爆照準器構造図

❶予備照門 ❷フィルター ❸反射ガラス ❹予備照星 ❺フィルター操作把柄 ❻顔面保護ハッド ❼抵抗器(光量調節ダイヤル) ❽目盛盤 ❾集光フィルター ❿電球(40W) ⓫電球掛ナット手掛 ⓬電球差し込み取付手掛 ⓭架台(電球筐) ⓮目盛回転/側方調整ネジ ⓯機体への取付金具 ⓰横方向取付調整ナット ⓱上下方向取付調整ネジ

反射ガラスへの投影目盛

単発機の射距離約100mにおける大きさの目安

悪く、かなり接近して射撃しないと命中率が低いうえ、ドラム式弾倉故に携行弾数がわずか60発（1銃につき）という少なさであることが、搭乗員に不満を募らせた。

そのため、銃身を長くし、ドラム弾倉をベルト給弾式（携行弾数各125発）にするなど、独自の改良を加えた九九式二十粍二号固定機銃四型を開発し、零戦は五二型の途中から装備、ようやく欧米の同級20㎜機銃に比較し遜色のない性能になった。

銃火器の性能もさることながら、戦闘機にとって射撃照準器の良し悪しも、その存在価値を左右するほどの重要パーツである。しかし、残念ながら日本は照準器の独自開発力も育たず、零戦を含めた海軍戦闘機は、ドイツから戦前に輸入したＲｅｖｉ３Ｃという、やや旧式な光像式射撃照準器を無断コピーして国産化。九八式射爆照準器の名称で、ほぼ太平洋戦争の全期間を通して使用し続けた。

九九式二十粍一号固定機銃一型改一装備図

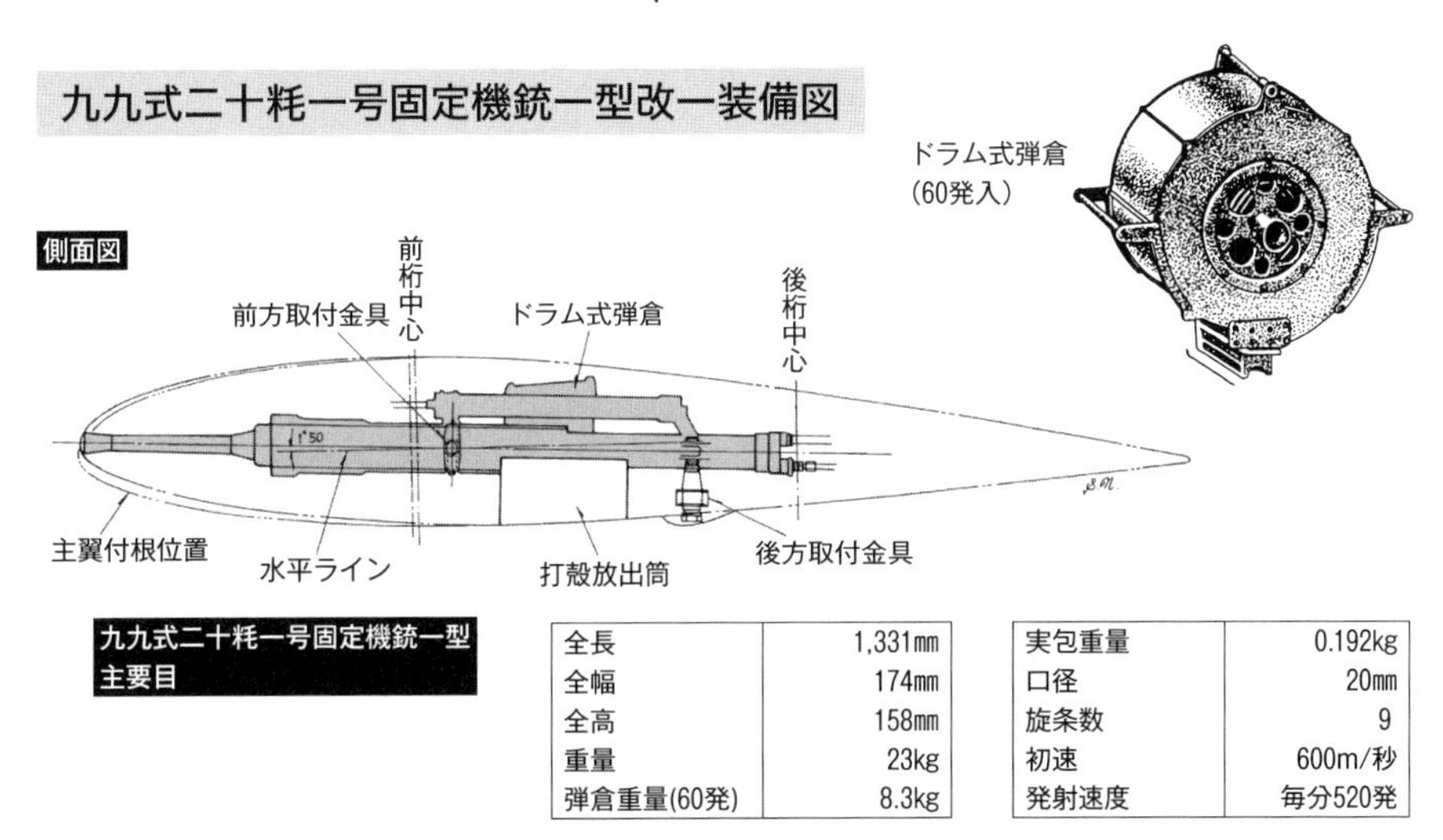

九九式二十粍一号固定機銃一型主要目

全長	1,331㎜
全幅	174㎜
全高	158㎜
重量	23kg
弾倉重量(60発)	8.3kg

実包重量	0.192kg
口径	20㎜
旋条数	9
初速	600m/秒
発射速度	毎分520発

←九九式二十粍一号固定機銃一型改一を左後方より見る。零戦三二／二二型は、ドラム弾倉を大型化して携行弾数を100発に増加した、二型改一を装備した。

九九式二十粍二号固定機銃四型

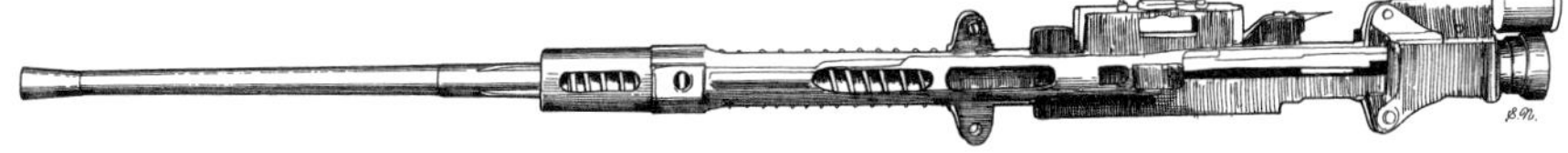

F4Fの射撃兵装

原型機XF4F－3、および生産型F4F－3の最初の2機までは、機首上部内に・303口径（7・62㎜）機銃2挺、左右主翼内に・50口径（12・7㎜）機銃各1挺という射撃兵装だったが、それ以降のF4F－3は、機首上部内の・303口径機銃は廃止し、左右主翼内に・50口径機銃各2挺とされた。

しかし、ヨーロッパ大戦の戦訓もあって火力不足が懸念されたことから、次の生産型F4F－4では左右主翼内にもう1挺ずつ・50口径機銃を追加して合計6挺とした。そしてこれが、後継機F6Fも含めF4U、さらには陸軍のP－40、P－51など大戦中のアメリカ陸海軍単発戦闘機の標準的射撃兵装仕様となる。

この・50口径機銃は、アメリカ銃器メーカーの老舗、コルト・ブローニング社の「M2」と称した傑作品で、初

コルト・ブローニング.303口径（7.62㎜）機銃

↑結果的にF4Fの標準射撃兵装にはならなかったが、F3Fまでの主力火器だった。

初速810m/秒、発射速度毎分1,150発、後座装填方式、本体重量10kg、全長1,120㎜。

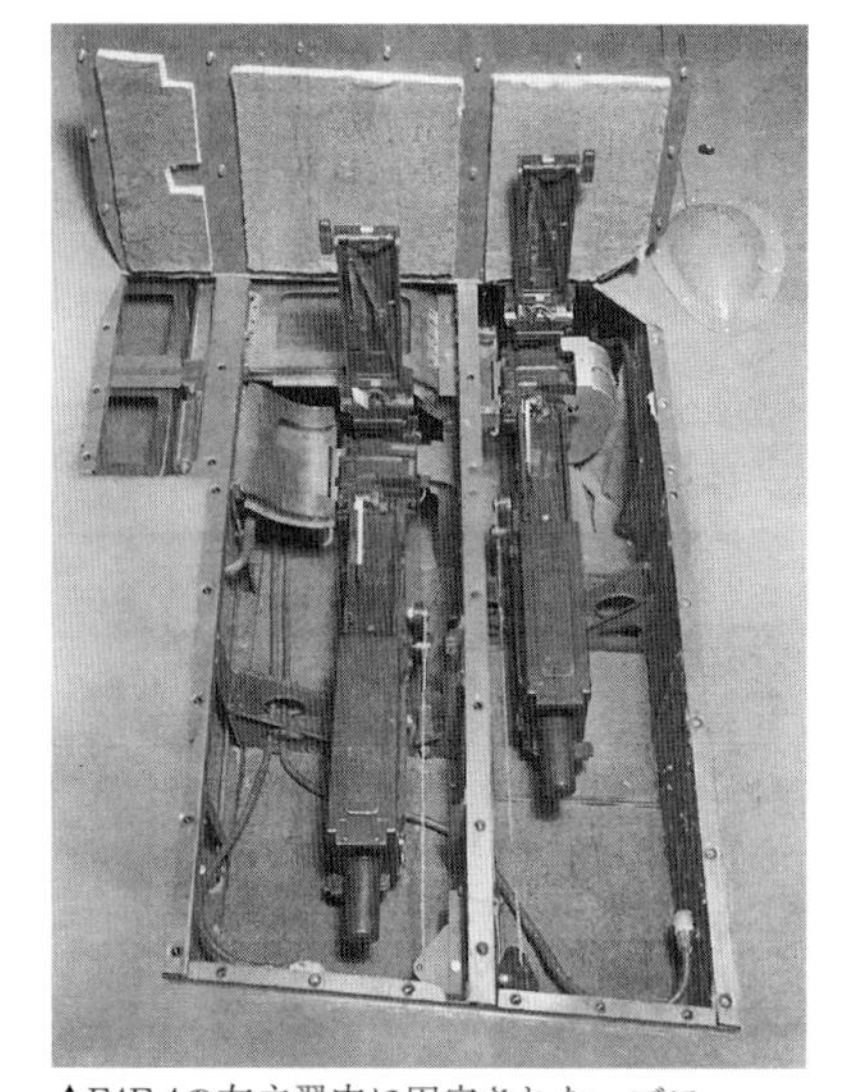

↑F4F-4の左主翼内に固定された、ブローニングM2 .50口径機銃の内側、中央銃を、点検パネルを外して後方から見たショット。画面左方向外の弾倉から給弾するため、そのシュートを通す必要上、互いの銃は前後にズラして固定されている。

右主翼内射撃兵装装備図

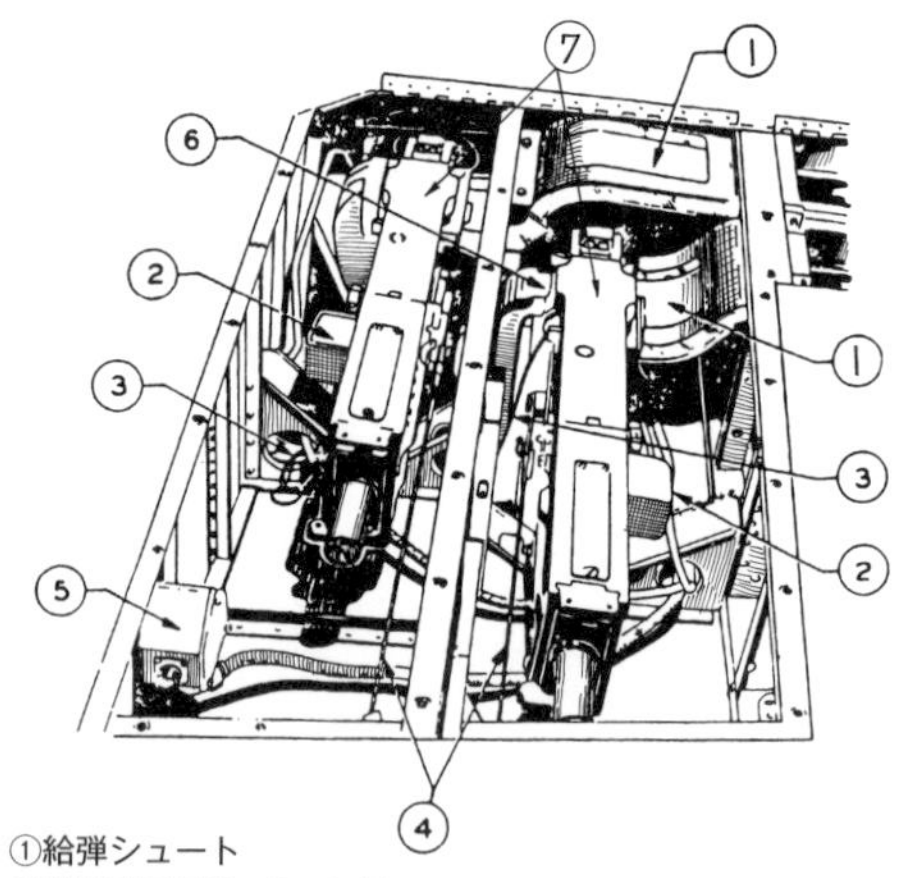

①給弾シュート
②機銃発射回路ソレノイド
③トラニオン解放索
④機銃装填索
⑤機銃加熱器配電盤
⑥リンク排出シュート
⑦コルト・ブローニングM２ .50口径（12.7㎜）機銃

初速883.9m/秒、発射速度毎分750～850発、後座装填方式、本体重量29kg、全長1,450㎜。

速、発射速度、弾道（直進）性に優れ、弾丸１発の破壊力という点では20㎜口径に劣るものの、携行弾数の多さと６挺の斉射による弾幕の広さなど、総合威力では決して負けてはいない。とりわけ、総じて防弾装備が弱い日本陸海軍機を相手にした空戦では、十分な威力を発揮した。

各銃は、一定距離で適度な弾幕を形成するよう角度をつけて固定されており、縦方向は内側、中央銃が０度30分下向き、外側銃は同１度７分下向き、横方向は内側銃０度30分、中央銃０度33分、外側銃０度47分のそれぞれ内向き角であった。

因みに、Ｆ４Ｆ－４の携行弾数は各銃２４０発、合計1，４４０発にも達し、零戦を相手にした空中戦でも、遠距離からシャワーのような斉射を浴びせ、大いなる脅威を与えた。

射撃照準器は、Ｆ４Ｆ－３初期までは旧式な望遠鏡式だったが、それ以降は零戦の九八式よりも機能的に優れた光像式の、Ｍｋ．Ⅷ型に更新された。

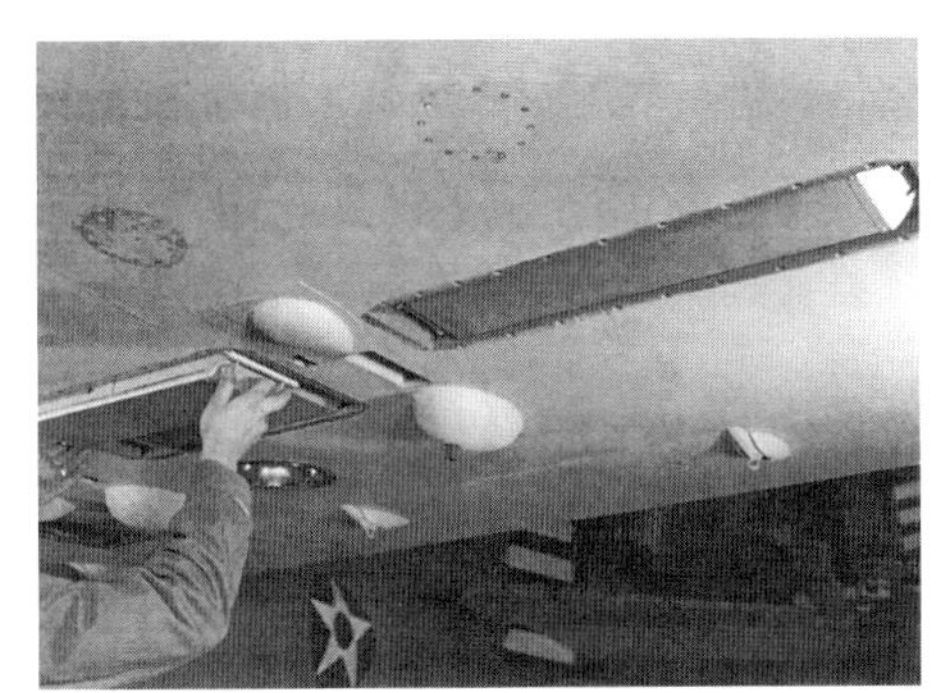

↑F4F－4の左主翼内に設けた、M2機銃の弾倉部分の下面。着脱パネルを外した状態で、右が外側銃用、メカニックが手にしているのが中央銃の弾倉。

↑F4F－4の左主翼内に固定された外側のM2機銃を取り外し、右側の主翼上面に置いたショット。各銃の装填は、操縦室床のハンドルを引いて行なう手動式である。

←F4F－3の初期を除き、各型が装備したMk.Ⅷ光像式射撃照準器。図はF6F－3の装備状態を示すが、F4Fも基本的には同じ。図はレチクルを投影する反射ガラスと遮光フィルターを付けているが、F4Uなどは前面の防弾ガラスに投影する方式としたため、反射ガラス、フィルターを省略したタイプを用いた。

零戦の爆撃兵装

零戦は試作当初から、前作九六式艦戦に倣い左右主翼下面にオプション装備として、三番（30kg）、または六番（60kg）爆弾各1発を懸吊可能にしていた。しかし、これは対水上艦船、あるいは地上施設などを目標に爆撃するためのものではなく、主に空母搭載機による対潜水艦哨戒任務に用いるための装備だった。

ただ、太平洋戦争中期になると、最前線の陸上基地部隊所属機が、下図に示した三番三号と称する特殊空対空爆弾を用いて、来襲する敵大型爆撃機編隊に対しての攻撃を行なうようになった。

さらに、昭和19（1944）年に入ると、空母部隊の旧式化した九九式艦爆の〝代役〟として、胴体（主翼中央）下面の落下増槽懸吊部に、九七式中型爆弾懸吊鉤を介し、二五番（250kg）爆弾1発を懸吊可能とした、いわゆる「爆装戦闘機」、通称〝爆・戦〟が中古の二一型を改造して一定数つくられた。因みに、この爆戦は左右外翼下面に統一型二型と称した容量200ℓの落下増槽を各1個懸吊可能とし、航続力低下を補った。

比島攻防戦を契機に始まった体当り自爆攻撃、すなわち神風特別攻撃にはこの爆・戦が充当され、二一型だけではなく五二型も改造対象になった。翌昭和20（1945）年4月からの沖縄攻防戦では、五二型爆・戦に限り五〇番（500kg）爆弾1発が懸吊可能な改造を施した。

爆・戦による神風特別攻撃が恒常化した比島攻防戦の後半、もはや設計、性能上からも旧式化が明らかとなり、制空戦闘機としての存在感が薄れてきた零戦に対し、海軍航空本部は、爆弾懸吊具を機体に固定装備した専用型の開発を三菱に命じた。

これが、昭和20年2月から生産に入った六二型である。胴体下面に二五番爆弾1発、または落下増槽のいずれか

↑右上図に示した要領で、左主翼下面に三番通常爆弾を懸吊して出撃する二二甲型。昭和18（1943）年南方戦域での撮影。

左右主翼下面小型爆弾懸吊要領

九九式三番三号爆弾構造図

を懸吊できる「投下器」を埋め込み式に固定。その前後に懸吊時の振れ止め金具も併設した。さらに、左右外翼下面には三番、または六番爆弾各2発が懸吊可能な金具も備え、六二型は完全なる爆・戦に変貌したことになる。

　最後の開発型となった五四型も、発動機換装以外は基本的に六二型と同仕様と思われ、零戦の最終形態は爆・戦ということになる。

爆・戦の二五番爆弾懸吊要領

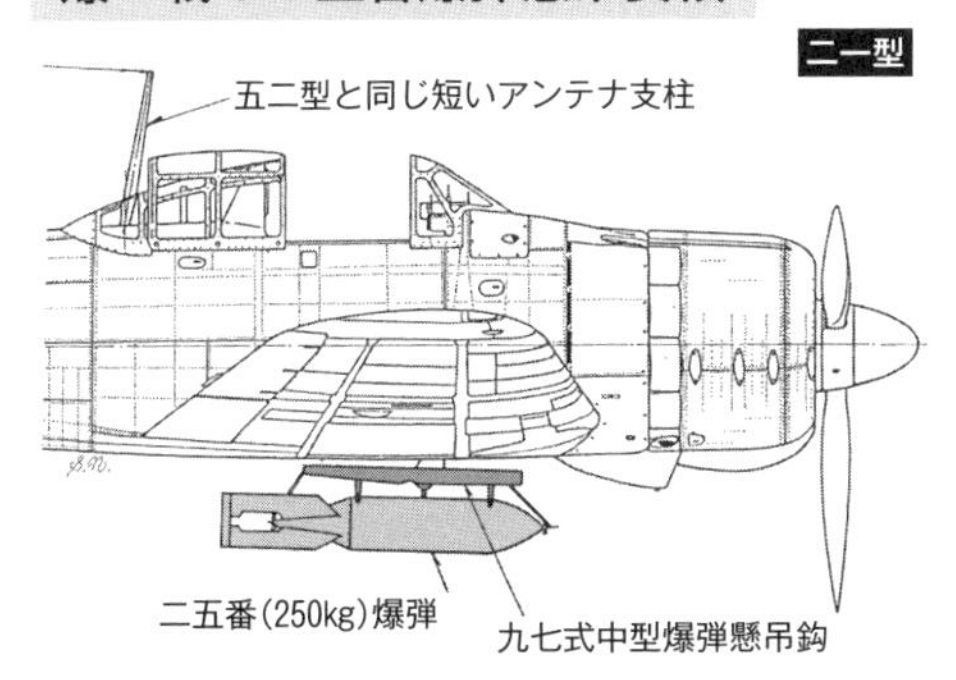

↑図には示していないが、爆・戦は左右外翼下面に統一型二型と称した、陸海軍共用の落下増槽（容量200ℓ）各1個を懸吊可能にしていた。

六二型の胴体(主翼中央)下面爆弾懸吊要領

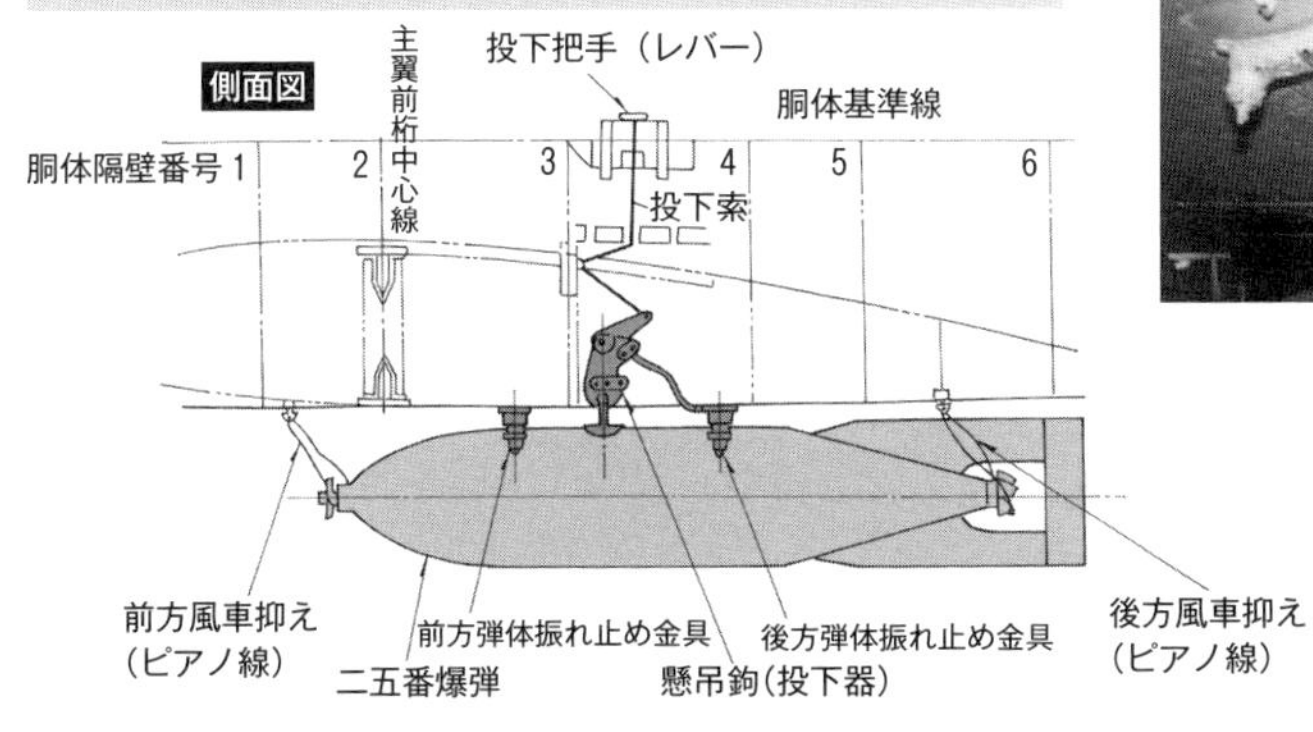

↑六二型の胴体（主翼中央）下面に常装備された爆弾懸吊金具（投下器）、および懸吊時の弾体振れ止め金具（前、後の〝回〟状突起）を、右前下方より見る。お椀型の2つの突起は、翼内燃料タンクの排出口覆。

六二型の左右主翼下面爆弾懸吊要領図

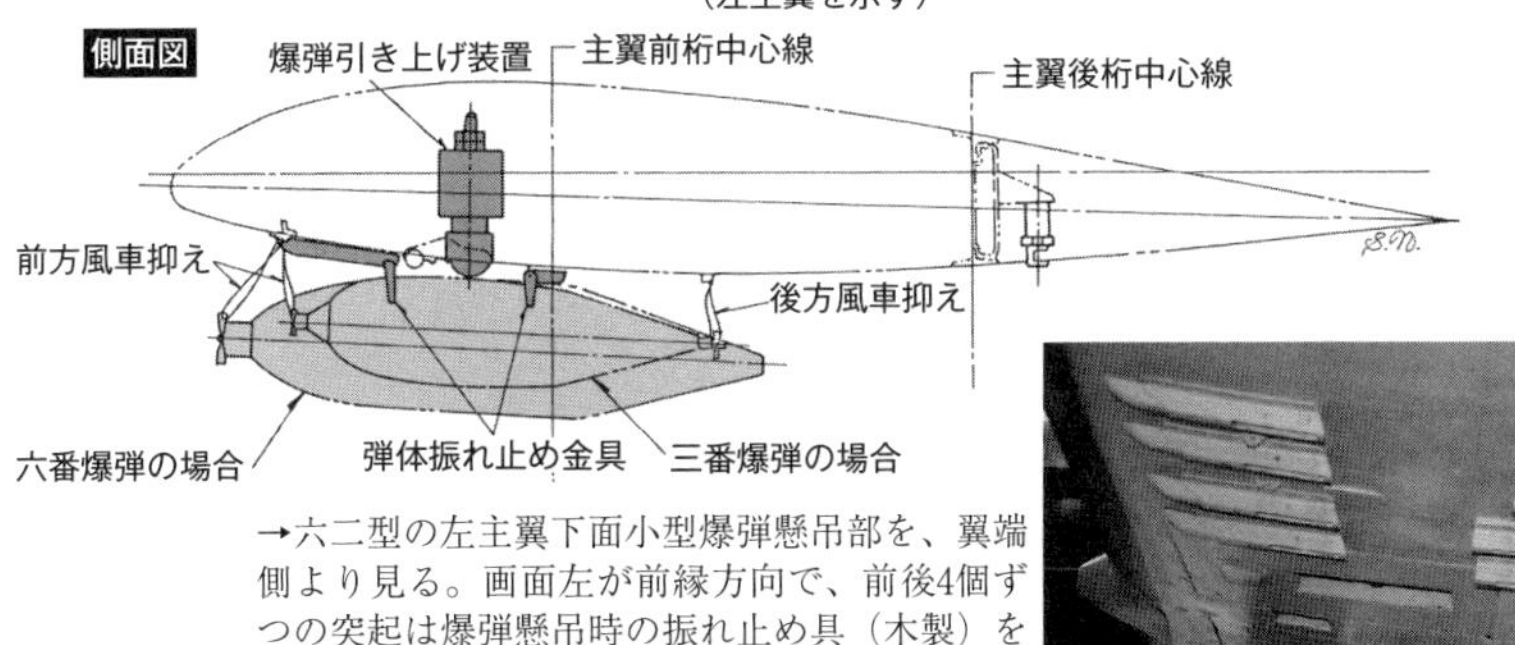

→六二型の左主翼下面小型爆弾懸吊部を、翼端側より見る。画面左が前縁方向で、前後4個ずつの突起は爆弾懸吊時の振れ止め具（木製）を収めた金具。使用時は下側に引き出す。懸吊金具自体は、この前後振れ止め具の間の翼内に埋め込まれてあり、覆を外して懸吊する。

F4Fの爆撃兵装

前作F3F－2複葉艦戦から、左右下翼下面に小型爆弾架各1個をオプション装備可能にしており、F4FもすでにXF4F－2の段階で、この懸吊架に110ポンド（49・89kg）爆弾各1発を懸吊した状態のグラマン社公式写真が残されている。

ただ、この爆弾懸吊能力は零戦のように、当初は対潜哨戒任務のために考慮された訳ではないようだ。戦前のアメリカ海軍戦闘機は、敵の大型機編隊に対し、その上空から2kg程度の小型爆弾をバラ撒くように投下し、これを撃退する戦術を想定しており、現にXF4U－1は左右外翼内に小型爆弾倉を備え、20発ずつ収容する能力を持っていた。

XF4F－2が主翼付根下方の胴体左右に、下方視認窓を各2個も設けていたのは、この戦術に対応するためだったと考えられ、F4F－3以降、そ

↑左右主翼下面に、小型爆弾架を介し110ポンド爆弾各1発を懸吊した状態のXF4F－2。グラマン社の公式写真で、その能力をデモンストレーションするために撮影したカット。主翼付根下方の2つの視認窓が、アメリカ海軍戦闘機に要求された当時の任務を表わしている。

←F4F－4の左主翼下面に備えられた小型爆弾懸吊架。

れが各1個に減じられても受け継がれたのはそのためであろう。

もっとも、この戦術は第二次世界大戦期には非現実的なものとなり、Ｆ４Ｕ－１生産型も外翼内小型爆弾倉は廃止した。Ｆ４Ｆ－３以降については、110ポンド爆弾各1発の懸吊能力はそのまま継承され、対艦船、地上目標攻撃の手段として残された。

後継機Ｆ６Ｆの登場により、小型護衛空母への搭載を前提に量産されたＦＭ－２は、零戦を含めた日本海軍機との空中戦機会はほとんどなく、もっぱら各島嶼への上陸作戦支援の一環としての対地攻撃が日常の任務となり、この爆撃能力への重要度が増した。

それをさらに向上させる目的で導入したのが、左右主翼下面に各3発装備可能とした、5インチ・ロケット弾（ＨＶＡＲ）である。太平洋戦争末期に日本々土空襲を日常的に行なった、Ｆ６Ｆ、Ｆ４Ｕの常套兵器ともなり、その威力は抜群だった。零戦には望めない兵装ではあった。

↑1945年3月29日、沖縄方面の対地攻撃任務に臨むため、護衛空母「マキン・アイランド」（CVE－93）から発艦した直後の、第8混成飛行隊（VC－8）所属のFM－2。右主翼下面の3発の5インチ・ロケット弾と、58ガロン入落下タンクが確認できる。

FM－2の5インチ・ロケット弾（HVAR）装備要領

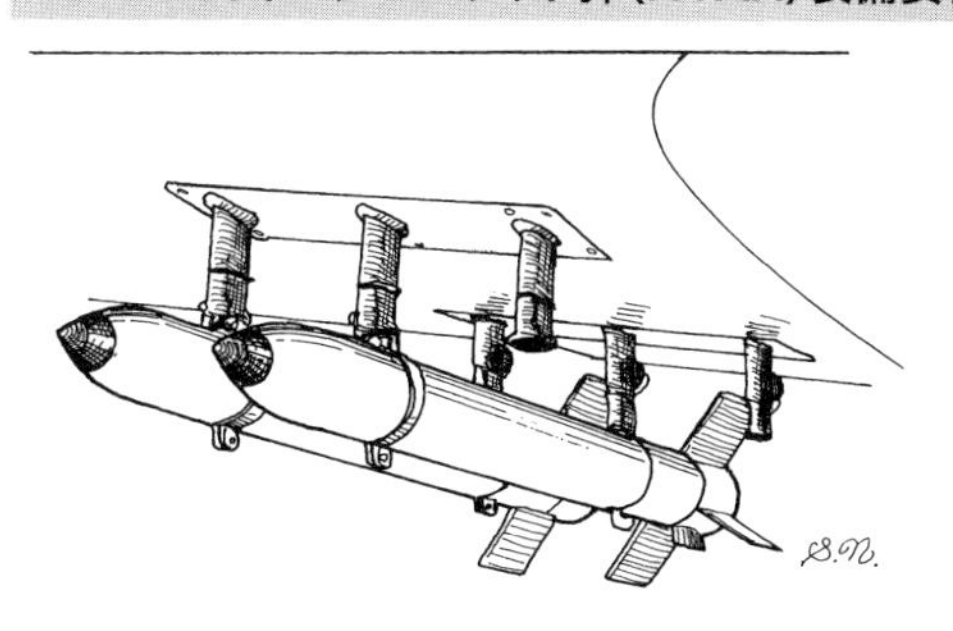

←発射軌條（レール）を用いず、前、後2ヵ所の懸吊架だけで事足りるこの5インチ・ロケット弾は、「ゼロ・レール」式ロケット弾とも呼ばれ、当時の日本では実現できなかった高性能の〝優れモノ〟だった。なお、左図は２発装備例を示す。

第三節　零戦とF4Fの空母上での運用

零戦の発艦は自力滑走

零戦に限らず、艦上機として開発された機体は、航空母艦での運用に適した設計がなされている。その最たる象徴メカが、限られた狭いスペースの格納庫内、および昇降機（エレベーター）上における収容機数の確保と、搬出入の便を図るための主翼折りたたみ機構の付帯だ。

陸上基地のようにエプロン上で自在に機体を移動させることは叶わないので、空母の格納庫への収容は、その発艦順序に従い、機種ごとに格納庫割り当てがなされていた。

すなわち、機体重量が最も大きく、飛行甲板での発艦滑走距離を長く必要とする艦攻が最後方、その次に重い艦爆が中央、そして最も軽量の艦戦（零戦）が前方の格納庫に収められる。その例として次頁に空母「飛龍」の状況を示す。スペース内を無駄なく活用するため、各機体は様々な方向を向いて固定された。

出撃が決まると、各機種ともに格納庫内で燃料、弾薬などの積み込みを済ませ、昇降機で飛行甲板に上げられ、前述したように甲板後端から艦攻、艦爆、艦戦の順に並べられる。むろん、陸上基地のように牽引車輌などは使えないので、移動は全て整備員たちの手押しで行なう。

飛行甲板上での並べ方は、大型、中型空母の場合横に3列だが、中型の飛龍クラスでは艦橋付近の甲板幅が狭いので、前列の零戦隊は2列になる。ただ、通常は作戦に際し空母1隻で臨むことはなく、複数が協同して実施するので、各空母ごとに参加機種を割り振り、1隻の空母が3機種すべてをいちどに発艦させる機会は少ない。

日本海軍の空母は射出機（カタパルト）を持たなかったので、零戦も含めた艦上機の発艦は全て自力滑走で行なわれた。その場合、最前列の零戦が発艦できる滑走距離を確保する必要があるので、甲板に並べられるのは1隻の搭載機数の半分弱、飛龍クラスだと27機程度が限界だった。

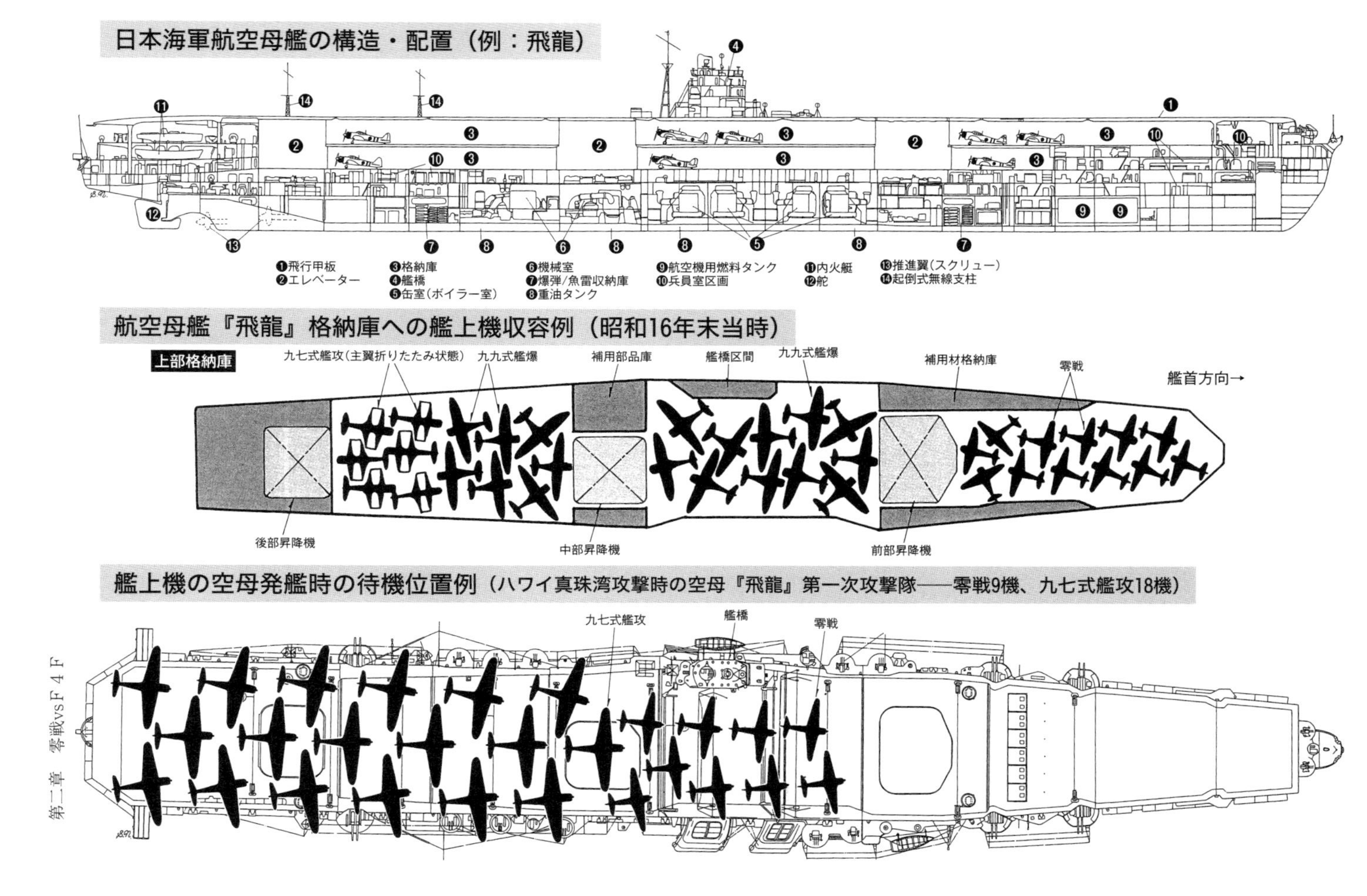
日本海軍航空母艦の構造・配置（例：飛龍）
❶飛行甲板
❷エレベーター
❸格納庫
❹艦橋
❺缶室（ボイラー室）
❻機械室
❼爆弾／魚雷収納庫
❽重油タンク
❾航空機用燃料タンク
❿兵員室区画
⓫内火艇
⓬舵
⓭推進翼（スクリュー）
⓮起倒式無線支柱
航空母艦『飛龍』格納庫への艦上機収容例（昭和16年末当時）
上部格納庫
九七式艦攻（主翼折りたたみ状態）
九九式艦爆
補用部品庫
艦橋区間
九九式艦爆
補用材格納庫
零戦
艦首方向→
後部昇降機
中部昇降機
前部昇降機
艦上機の空母発艦時の待機位置例（ハワイ真珠湾攻撃時の空母『飛龍』第一次攻撃隊――零戦9機、九七式艦攻18機）
九七式艦攻
艦橋
零戦

→3機種をいちどに発艦させた数少ない例のひとつ、昭和17(1942)年1月21日の「R」作戦支援時における、大型空母「瑞鶴」飛行甲板上の光景。先頭集団の3列9機が零戦、次の3列9機が九九式艦爆、最後方6列が九七式艦攻である。

→昭和16(1941)年12月8日未明（日本時間)、ハワイ作戦の第二次攻撃隊として、大型空母「赤城」の飛行甲板から先頭をきって発艦滑走を始めた零戦隊の指揮官機。十分な合成風速を得て、機体はスタート直後にもかかわらず、すでに水平姿勢になっている。

→上段写真に続くシーンを、艦橋と反対側の舷側ポケットから撮影したカット。艦橋（画面左外）の手前で、すでに滑走中の零戦は完全な水平姿勢となっており、間もなく浮揚する。セオリーどおりのフラップ10度下げが確認できる。

高度な技術を要する発艦

飛行甲板上に並べられた各機は、整備員によって一斉に発動機を始動、入念に暖機運転を行なう。この際、万が一にも発動機不調などを生じてはならない。もし、先頭、もしくは最後列以外の機体が不調をきたし、発艦不能となれば身動きがとれないので、後続機の発艦を妨げてしまうからである。

暖機運転が済み、搭乗員が乗り込むと発艦態勢が整い、艦橋上の発着艦係の合図が出れば、いつでも発艦できる。このとき、各機の発動機はフル回転し、操縦員はブレーキを踏んで機体を制止させている。

〝発艦よし〟の合図が出ると同時に、先頭列の零戦はブレーキを解除し滑走を始める。甲板先端までの距離は80～１００ｍしかなく、母艦は先頭列零戦が発艦可能な合成風速（18ｍ秒以上）を作るために、全速力で風上に向けて航走、零戦もフラップを10度下げにして揚力を稼ぐ。

滑走中も、左右に並んだ機はそれぞれ飛行甲板中心を示す白い帯に沿うよう、方向舵、補助翼を動かして〝当て舵〟し、機体を制御しなければならない。陸上基地とは違い、空母自体が波やうねりによって常にローリング（横揺れ）、ピッチング（縦揺れ）を繰り返しているので、搭乗員にはそれにも対応できる高い操縦技術が求められた。空母搭乗員が海軍航空隊のエリートと目されていたのも、そうした背景があったからだ。

速度が70kt（約１３０km／h）に達すると機体は浮揚するので、脚を収納し、そのまま上昇して発艦は終了する。この間わずか数秒足らずだ。

発艦よりも難しい着艦

任務を終えて味方艦隊の上空に帰還した艦上機は、それぞれの母艦を確認し着艦の準備に入る。まず、着艦拘捉鈎（フック）を下げ、母艦の進行方向

→撮影日時は異なるが、前頁中段写真と同じ空母「赤城」からの零戦発艦シーン。飛行甲板の前端より手前で機体は完全に浮揚しており、このあと脚を収納して上昇に移る。万一の事故に備え、発着艦時は可動風防を全開位置にしておく。

に機軸を合わせて、その右側上空を航過し、前方に出たところで左廻りに90度旋回（第一旋回）する。この時、速度は零戦の場合100～115kt（185～212km／h）を維持する。

そして、しばらくして同様に左廻り90度の第二旋回を行ない、高度約2,000m、速度は95kt（176km／h）に下げて、母艦と反航する形で後方にまわる。

ここで降着装置とフラップを下げ、絞弁（スロットル・レバー）をさらに絞って高度、速度を下げながら左廻り90度旋回（第三旋回）する。このとき、母艦の飛行甲板後方をしっかりと視野に捉える。

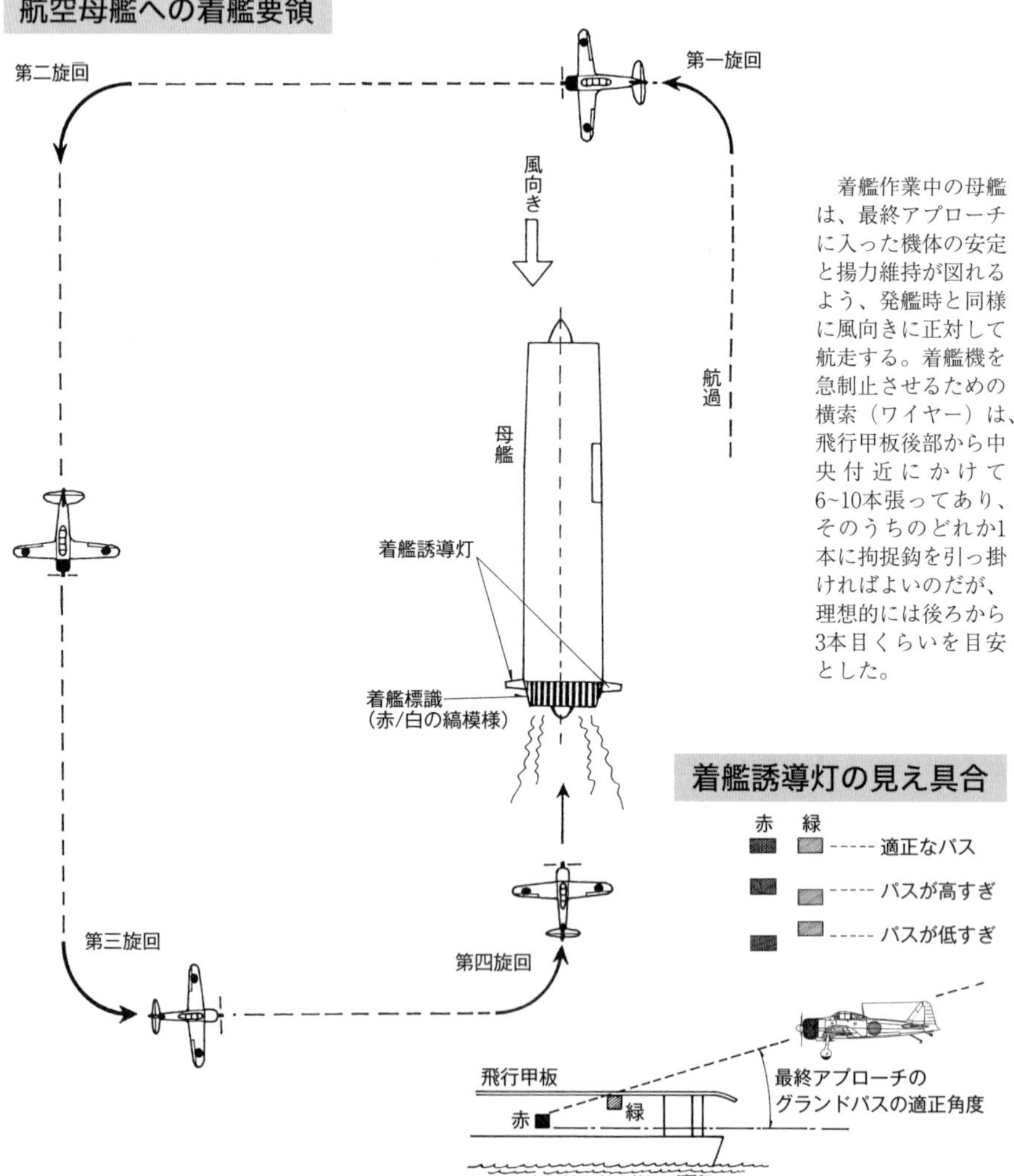

次に速度を75kt（１３９km／ｈ）に保ちつつ、慎重に左廻り90度の第四旋回を行ない、母艦の軸線に合わせる。この第四旋回は低速で行なうため失速の危険が高く、墜落事故を起こし易いので要注意だ。

最終アプローチに入り、飛行甲板後部に備えられた赤と緑の着艦誘導灯に、機体の進入角度が正しく合致しているかを確認し、速度70～72kt（１３０～１３３km／ｈ）で少し機首上げ姿勢にしつつ、約50ｍ手前で発動機を吹かし気味にて甲板後端を航過。絞弁を絞りながら落下するように着艦し、拘捉鈎が横索の１本を引っ掛けて機体は急停止する。

母艦の舷側ポケットに待機していた整備員が、急停止した機体に駆け寄って拘捉鈎に引っ掛かった横索を外すと、零戦は再び発動機を吹かし微速にて飛行甲板前部の駐機エリアに移動して停止。このあと、昇降機で格納庫に下ろされてその日の任務を終える。

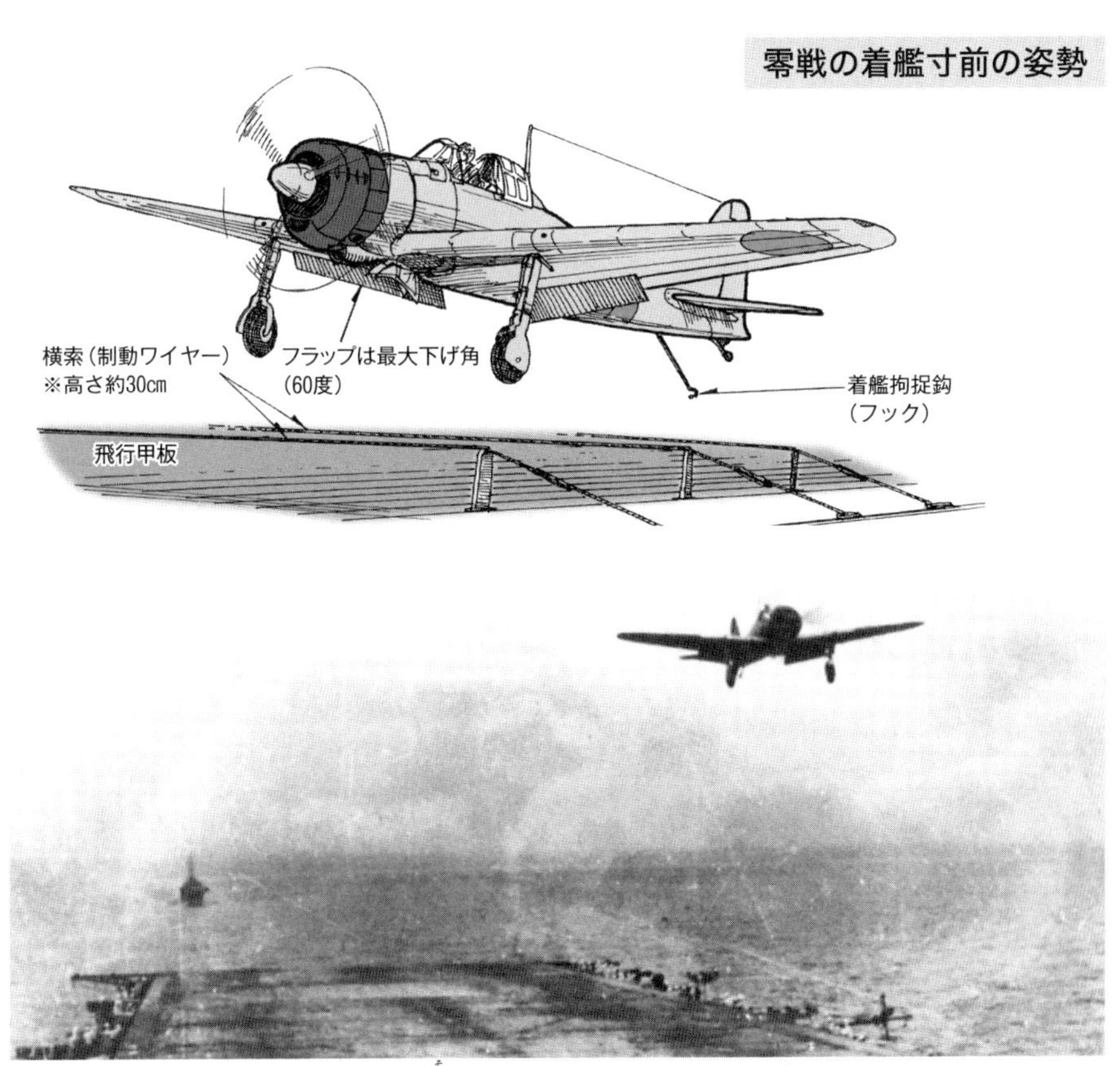

↑最終アプローチに入った後、コースが逸れたのか、あるいは進入角が不適だったのか、着艦誘導員にやり直しを指示（手旗信号で）され、空母「瑞鶴」の飛行甲板（画面左下方）上を航過してゆく零戦。フラップと拘捉鈎が下がっているのが確認できる。

Ｆ４Ｆの空母上での運用

Ｆ４Ｆ最初の生産型－３が就役開始した１９４０年末の時点で、アメリカ海軍には5隻の空母が在籍していたが、その中で最も新しく、且つ近代空母としての機能を備えていたのが、１９３７年から就役を始めた「ヨークタウン」級だった。

少し遅れて昭和14（１９３９）年に就役した日本海軍の中型空母「飛龍」に比べて排水量、艦体が少し大きく、搭載機数も同様に少し多い80～90機（通常最大）だった。

太平洋戦争勃発当時の、ヨークタウン級の搭載機内訳は、Ｆ４Ｆ　18機、ＳＢＤ艦爆　38機、ＴＢＤ艦攻　14～18機というのが基本だったが、緒戦期の戦訓により半年後のミッドウェー海戦時には、同型艦３隻ともＦ４Ｆの搭載機数が25～27機に、さらに１９４２年10月の南太平洋海戦時には、「エンタープライズ」が34機、「ホーネット」が36機にまで増加した。そのぶんＳＢＤ、ＴＢＦ艦攻の数が減じられている。

露天繋止とカタパルト発艦

アメリカ海軍空母における艦上機の離着艦要領は、基本的に日本海軍のそれと同じであり、Ｆ４Ｆの場合も着艦時の旋回、最終アプローチの際の高度、速度維持に多少の差はあるが、前述した零戦のそれとそう大きくは違わない。

ただ、アメリカ海軍空母の場合は、搭載機数の増加を図るため、作戦中以外の通常航行中も搭載機を飛行甲板に露天繋止するのを常としており、Ｆ４Ｆ／ＦＭ－２の例を示したのが次頁の写真。

また、太平洋戦争緒戦期までは、装置自体の能力不足もあって積極的な使用はなされなかったが、中期以降は能力向上され必須装備となった、カタパルトによる発艦が恒常化した点が、日本海軍空母にはなかった特徴。

ヨークタウン級では飛行甲板前部に

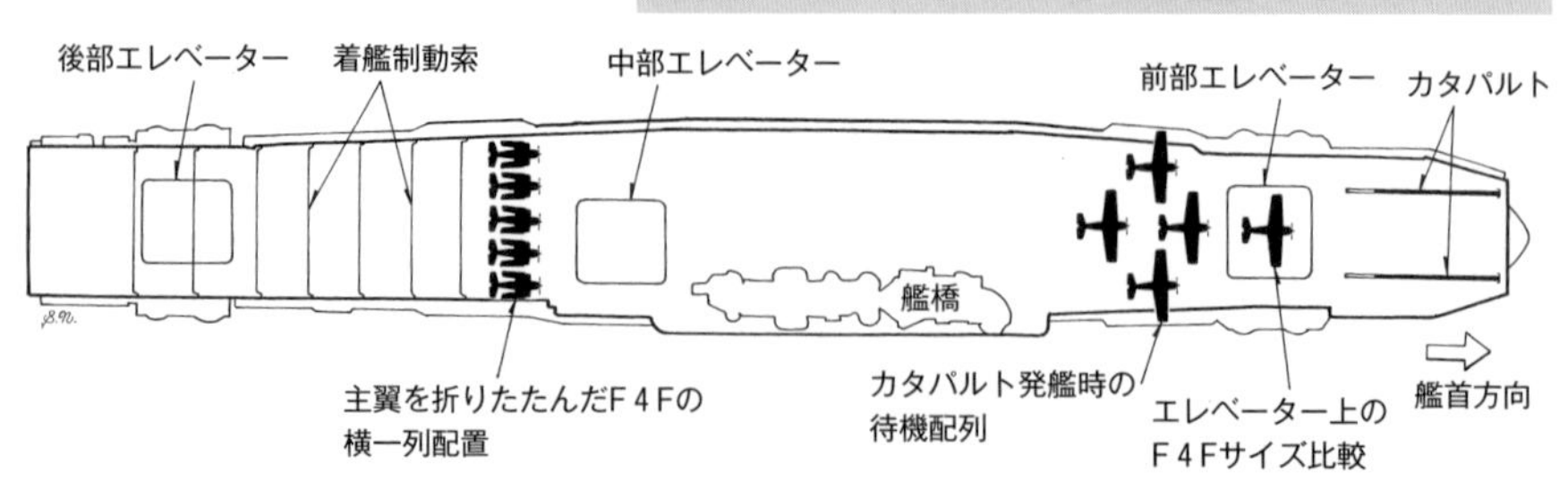

ヨークタウン級の飛行甲板は全長244.4m、最大幅26.2mで、日本海軍の中型空母「飛龍」の216.9m、26mより全長がかなり大きく、大型空母「翔鶴」級にほぼ匹敵する。格納庫は両側が開放式の一層のみだが、天井吊り、露天繋止も含めた搭載機の最大収容機数は、実に108機にも及んだ。

←ヨークタウン級の同型艦3隻中の2番艦として、1938年に就役した「エンタープライズ」（CV－6）の飛行甲板に並んだF4F－3群を、艦橋上より見たカット。太平洋戦争勃発から3ヵ月になろうとしていた1942年3月4日の撮影で、戦訓により味方機識別を徹底するため、国籍標識を特大サイズに描き直している。

↓カサブランカ級護衛空母の一艦として、1944年に就役した「ラドヤード・ベイ」（CVE－81）の、飛行甲板前部を埋め尽くして並ぶFM－2。沖縄攻防戦当時の撮影であれば、これらはVC－96の所属機で、当時、同飛行隊はFM－2　20機、TBM－1C 11機という構成だった。全長の割りに全幅が30mと大きいカサブランカ級の飛行甲板には、主翼を折りたたんだFM－2なら、横に5機を並べることが出来た。

2基、開放式の前部格納庫内に1基（横向き）の計3基を備えたが、後者は実用価値が低くほとんど使われなかった。

1942年内に「レキシントン」「ヨークタウン」「ホーネット」と、3隻の主力空母を戦闘で失い、一時は太平洋方面の実働主力空母は「エンタープライズ」「サラトガ」の2隻のみとなった。しかし、翌1943年に入ると最新鋭大型空母「エセックス」級が続々と竣工し、アメリカ海軍空母戦力は日本海軍を質、量両面で凌駕してゆく。

護衛空母での運用

エセックス級空母の就役と機を一にし、アメリカ海軍にはF4Fの後継機F6Fが充足したため、F4FのGM社製生産型FM－1／FM－2の主な配備先は、小型の護衛空母になった。

搭載機数が最大でも約30機に限られる護衛空母には、主力空母のような単

←史上初の空母同士による戦いとなった珊瑚海々戦から4日後の1942年5月12日、南太平洋上を航行する空母エンタープライズの飛行甲板後方より滑走発艦に臨む、第6戦闘飛行隊（VF－6）のF4F－3A。後方の一群は横3列に並んでいる。

←「サンガモン」級と思われる護衛空母から、滑走により発艦するF4F－4。飛行甲板の最後方に、主翼を折りたたんだ機が前後方向に3列ほど待機しているが、これくらいの少数ならば、護衛空母でも滑走発艦が可能な距離を確保できた。

一機種ごとの飛行隊（ＶＦ─戦闘飛行隊、ＶＢ─爆撃飛行隊、ＶＴ─雷撃飛行隊）は配備されず、艦戦と艦攻によるＶＣ─混成飛行隊が、１隻につき１個ずつ配備された。

機数の割り振りは各ＶＣごとに異なり一律ではないが、同型艦が50隻も建造された主力の「カサブランカ」級（搭載機数28機）では、ＦＭ－２を15〜20機、ＴＢＭ－１Ｃを10〜12機というのが通例だった。

飛行甲板の長さが１５０〜１６０ｍ程度しかない護衛空母では、一定数の搭載機をいちどに滑走発艦させるだけの距離がとれず、飛行甲板前部左側に備えたカタパルト（カサブランカ級）による発艦を基本とした。

このカタパルト発艦の、実戦での有用性を先に認識させたのが護衛空母で、エセックス級空母が、当初より高性能のＨⅣ型カタパルトの装備を予定する背景にもなった。

←カタパルト発艦直前の状態を示す好適な写真。パチンコのゴムに相当する「ブライドル」と称する牽引索が、カタパルトからF4F－4の胴体下面のフックにつながっている。エンジンはフル回転しており、機体が滑走してしまわぬよう、胴体尾端は固定されている。1943年11月、護衛空母「サンティー」（CVE－29）にて撮影。

←護衛空母「バーンズ」（CVE－20）の飛行甲板前部左側に設置されたカタパルトから、射出発艦した直後の第20戦闘飛行隊（VF－20）所属F4F－4。フラップは下げ状態で、画面左下の甲板上には機体から離れたブライドルが写っている。

→F4F－4の着艦シーン。空母「レンジャー」（CV－4）の飛行甲板後部に張られた、8本の制動索のうちの1本をフックが捉え、機体が急制止しようとしている。左に傾いており、右車輪が浮いていることに注目。

→F4Fにつきまとった、離着艦時の事故多発を象徴するシーンとしてよく知られた一葉。空母名は不詳だが、滑走発艦中にハンドリングを誤り、飛行甲板右舷側に飛び出し、海中に突入する直前のF4F－4。

→これも離着艦事故にまつわる連続写真の一葉で、着艦時に横風を受けたのか機体が右に大きく傾いたFM－2。トレッドの狭い本機は、この姿勢では事故は避けられず、甲板に右車輪が接触したと同時に、右主脚が折れて擱坐してしまった。

第三章　烈風とＦ６Ｆの比較

第一節　烈風とF6Fの開発

零戦の後継機開発の遅れ

海軍が期待した以上の高い総合性能を示し、艦上戦闘機という既成概念を覆すほどの成功を収めた零戦だったが、新型機の性能的優位が保てるのはせいぜい2~3年と言われていた当時、遠からず後発の敵新型機に凌駕されてしまう日が来る。

そのため、零戦が中国大陸にて実戦デビューしてから数ヵ月が経った昭和15(1940)年末、海軍航空本部は三菱に対し、「十六試艦上戦闘機」の名称で後継機の試作を内示した。

しかし、堀越技師以下の三菱技術陣は、当時零戦の改良型設計と量産、さらには「十四試局地戦闘機」(のちの「雷電」)の試作などの諸作業にも忙殺されていて、社内名称「M-50」と呼ばれた後継機の開発までは手が廻らないのが現状だった。

加えて、この時点ではM-50に適した1,500hp以上の適当な高出力発動機も存在せず、止むを得ず海軍側は試作計画の中止を決めた。

そして、ようやく試作発注が叶ったのは、すでに太平洋戦争も勃発して半年以上が過ぎた昭和17(1942)年7月6日だった。名称は「十七試艦上戦闘機」(A7M1)である。零戦の試作発注から実に5年近く経っており、前述した2~3年ごとの新型機開発サイクルという観点からすれば、かなりの遅れであった。

いっぽう、このとき海の向こうのアメリカでは同国最初の2,000hp級エンジン、P&W R-2800ダブルワスプを搭載した、ヴォート社のF4Uコルセア艦上戦闘機が、2年以上も前の1940年5月に初飛行を果たし、量産1号機の納入を目前にしていた。

さらに、このF4Uの空母運用に不安があったため、その〝保険機〟という扱いで、1941年6月にグラマン社に対しXF6F-1の名称で試作発注がなされ、その1号機は早くも1年後の1942年6月には初飛行にこぎつけている、という状況だった。

こうした俯瞰的な視点で見ても明ら

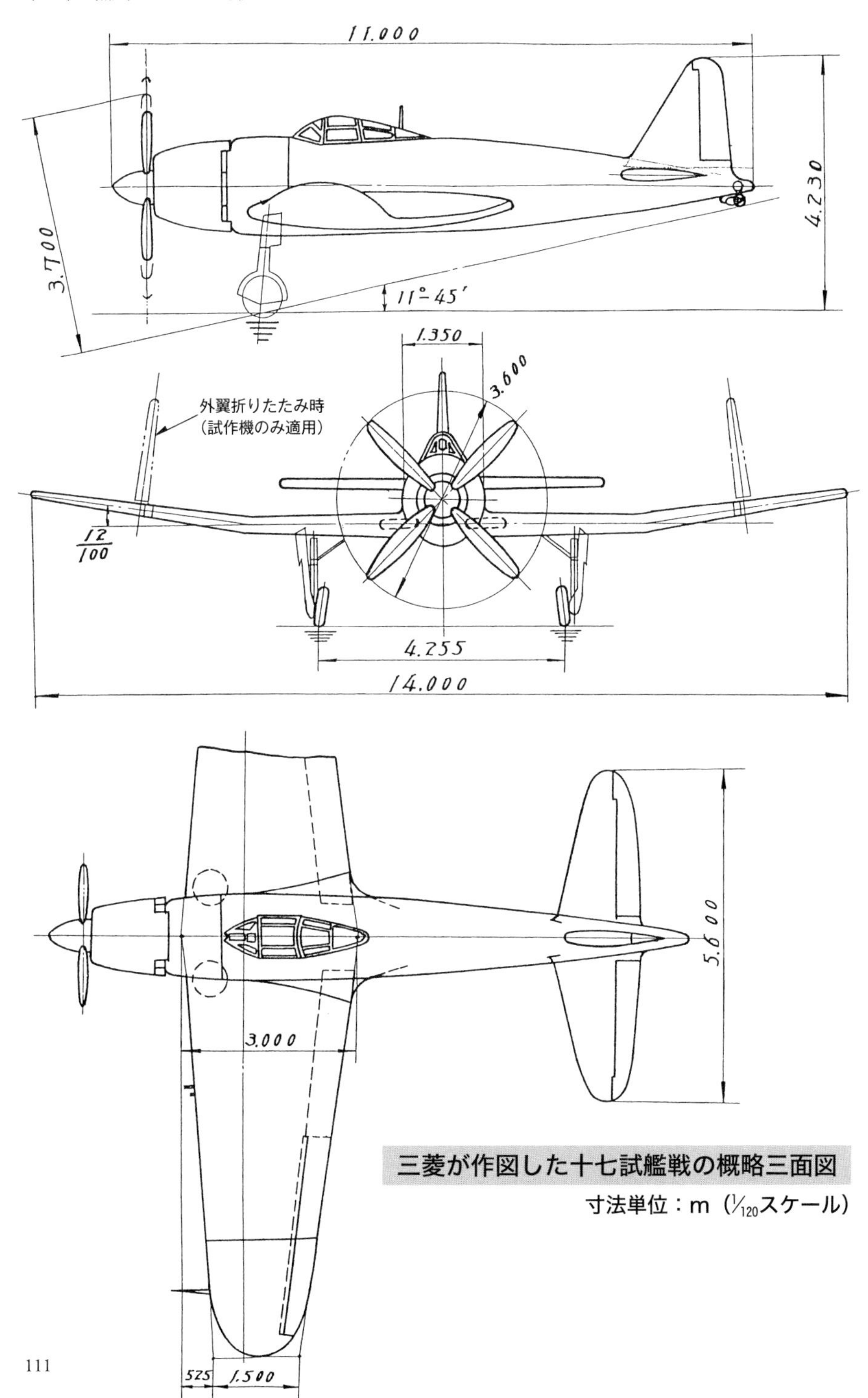

三菱が作図した十七試艦戦の概略三面図

寸法単位：m（1/120スケール）

かなように、2,000hp級エンジンの実用化が約3年も先行し、〝棚ボタ的〟とはいえF4FからF6Fへの世代交替が、太平洋戦争の中期に叶ったアメリカ海軍は、すでに戦争勃発以前の段階で、日本海軍に決定的格差をつけていたと言えまいか。

当局の誤った要求

試作発注の遅れに加え、十七試艦戦は当局側の誤った要求にも振り廻され、最初からつまずいた。その第一は、搭載発動機に中島製の「誉(ほまれ)」を指定されたこと。

誉は、零戦が搭載した「栄」発動機のシリンダーを流用して複列18気筒化した、日本最初の2,000hp級発動機で、欧米の同級エンジンに比べ、著しく軽量、コンパクトである点が〝売り〟だった。

しかし、そのぶん設計に無理を生じ、故障、不調が頻発したうえ、戦時規格の91オクタン価ガソリンでは、カタロ

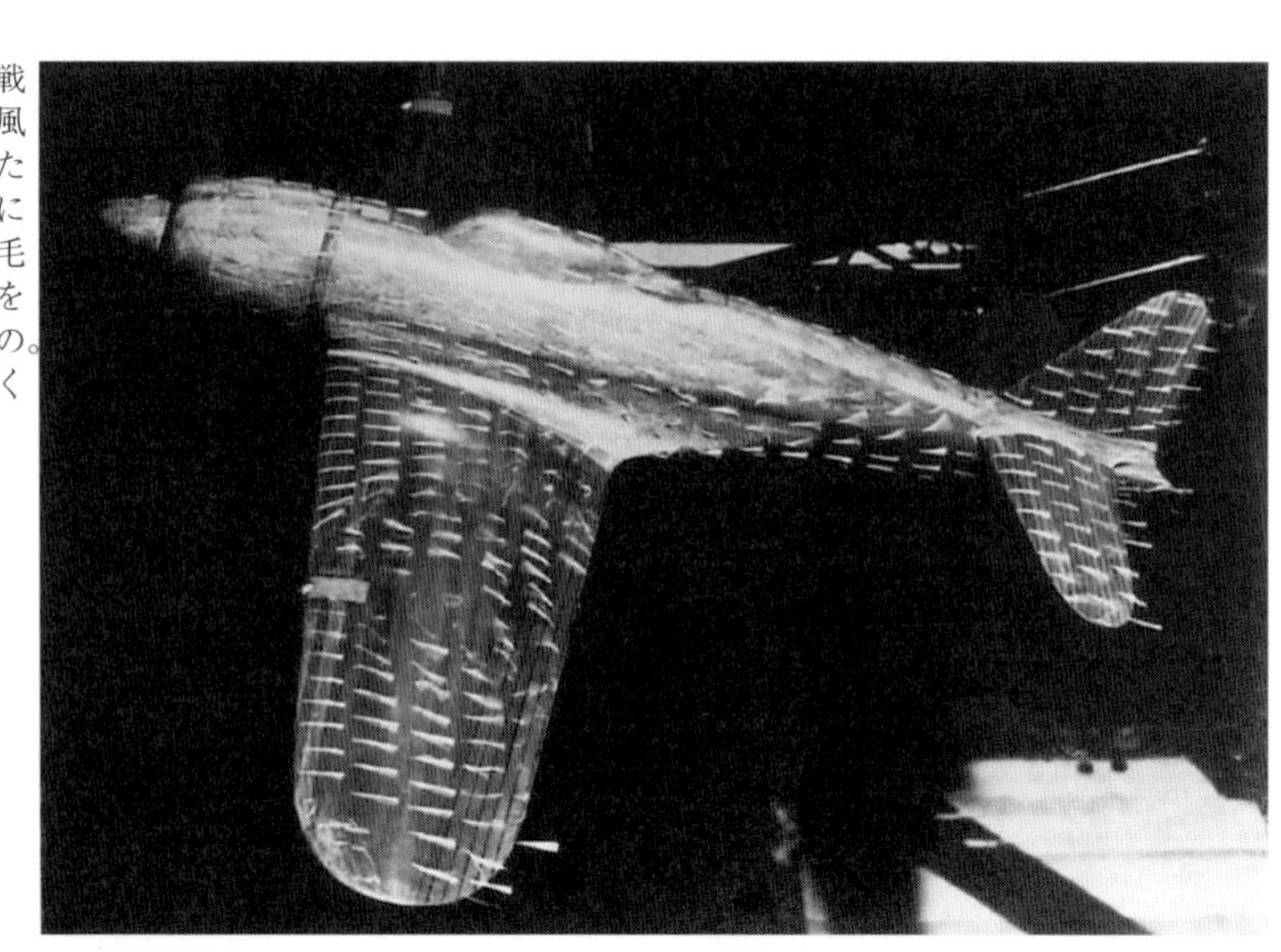

→三菱が十七試艦戦の試作にあたり、風洞実験用に製作した木製の模型。表面に付けられた多くの毛糸は、気流の状態を確認するためのもの。模型の縮尺は1/10くらいか。

→三菱の試作工場内における、試製烈風〔A7M1〕0号 機。0号機とは、機体強度の実験に供するもので、発動機などは取り付けずに落下テスト、バラスト積みなどの実験を経て、最後には破壊されてしまう。

グ・データどおりの出力が発揮できないなど、十七試艦戦には不適な発動機だった。三菱側は、当時自社の発動機部門が開発中の「A－20」（MK9A―のちの「ハ四三」）複列18気筒（2，200hp）搭載を具申したが、受け入れられなかった。

第二は、当局が零戦の軽快な運動性能に心酔するあまり、同機に比べて約1・7倍の重量となる十七試艦戦に、同等の運動性能を求めたこと。零戦の試作時も、前作九六式艦戦を比較対象にした似たような経緯があったのだが、重量比が格段に大きい十七試艦戦の場合は、より深刻な時代錯誤的要求になった。

そのため、翼面荷重を130kg／㎡以下に抑える必要上、全幅14m、面積30・86㎡という、三座の艦上攻撃機並みの巨大な主翼となってしまい、素人目にも速度性能が鈍るのは容易に想像がついた。

期待外れの低性能

昭和18（1943）年夏の試作機名称基準改訂により、新たに「試製烈風」と改称された十七試艦戦の開発は、三菱技術陣と試作機製作現場の人手不足などもあって予定よりかなり遅れ、1号機の完成は昭和19（1944）年4月19日になった。

早速テストしたところ、最大速度は要求値345kt（638km／h）をはるかに下回る310kt（574km／h）どまり。上昇力に至っては、零戦五二型の高度6，000mまで7分にさえも劣る、同高度まで10～11分という低さで当局側を失望させた。

この結果をうけ、海軍と軍需省は試製烈風は失敗作と判断し、三菱には川

↓敗戦後の昭和20(1945)年10月、青森県の三沢基地格納庫内にて進駐してきたアメリカ軍に接収された、試製烈風〔A7M1〕の試作2号機を改造して、A7M2の試作3号機となった機体。プロペラが外されているが、計8機つくられたなかで、最後まで原形をとどめていたのは本機のみ。

三菱 艦上（局地）戦闘機「試製烈風」〔A7M2〕精密四面図

寸法単位：mm（1/120スケール）

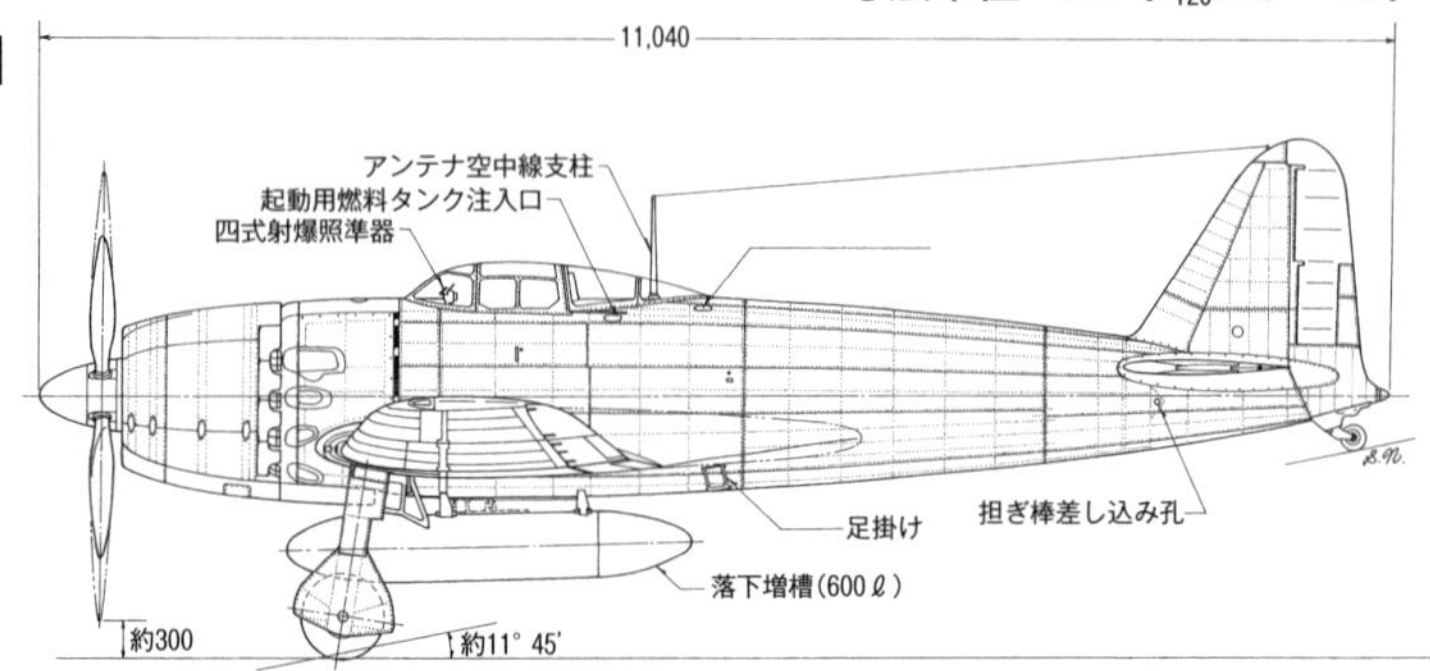

→前ページ写真と同じときに撮影された、A7M2試作3号機の右側面写真。胴体サイズに比較し極端に小さく見える操縦室風防が、零戦よりもふた回りも大きい本機の規模を示している。

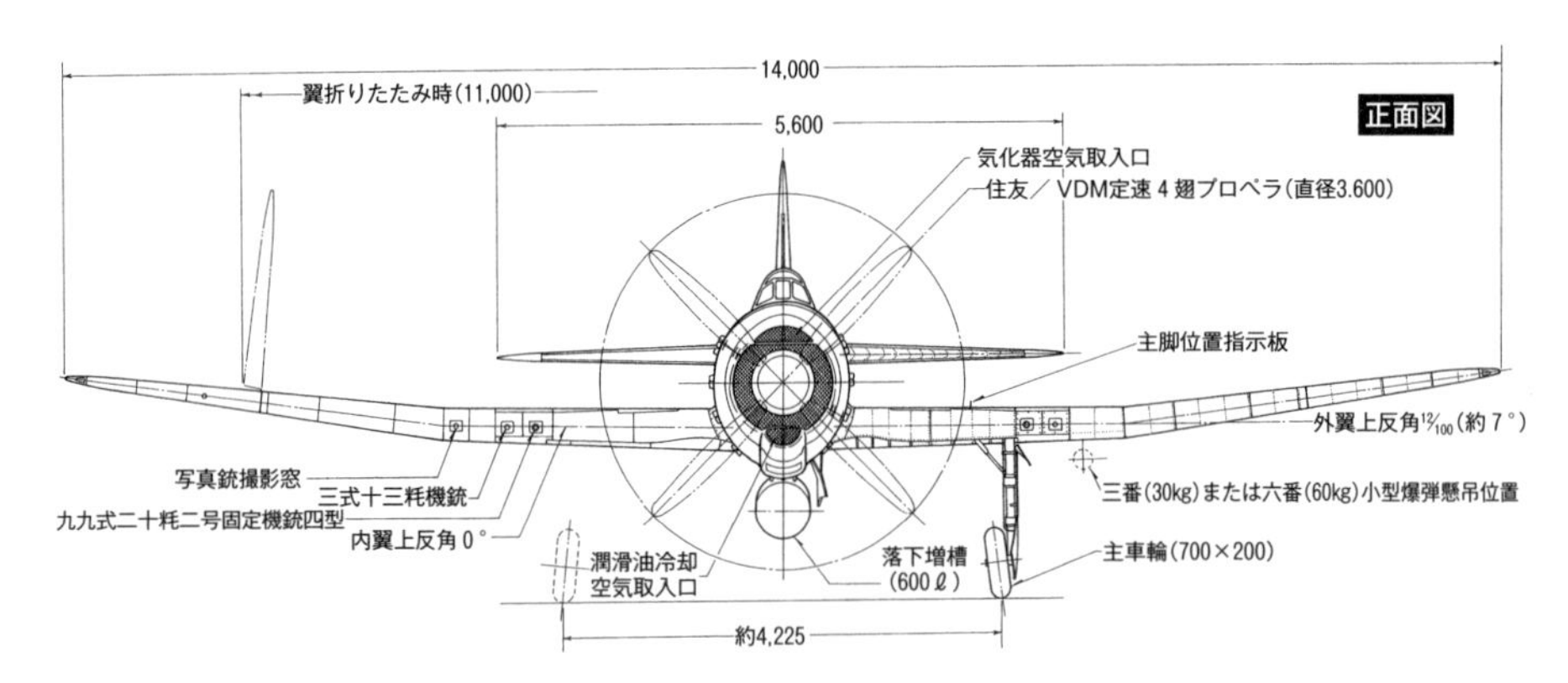

←正面から見たA7M2試作3号機。零戦と異なり、主翼の上反角は外翼のみにつけられ内翼は水平である。海軍の資料では、昭和20年6月に制式兵器採用（予定）と記されているが、手続き未了に終わったようだ。

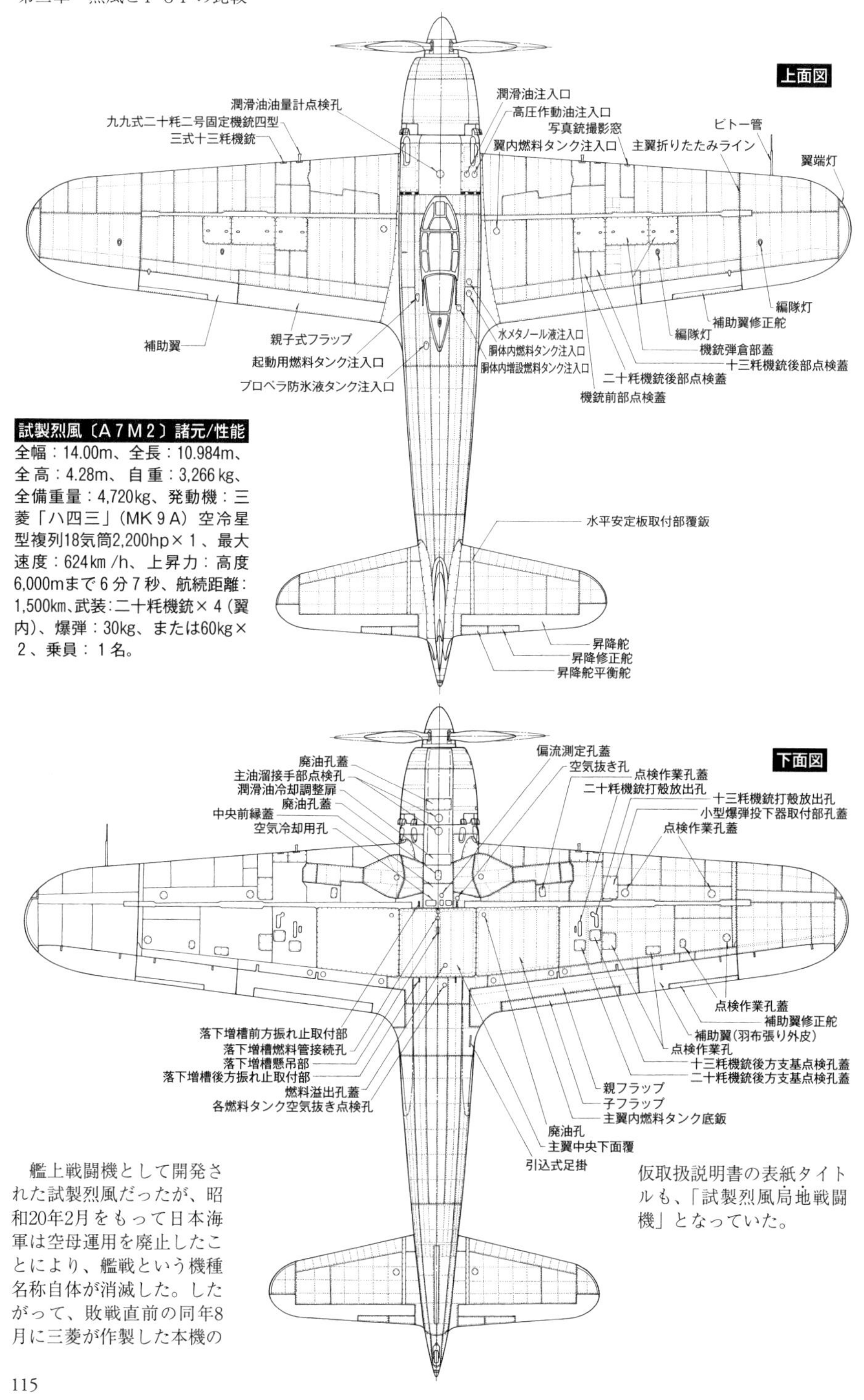

試製烈風〔A７M２〕諸元/性能

全幅：14.00m、全長：10.984m、全高：4.28m、自重：3,266kg、全備重量：4,720kg、発動機：三菱「ハ四三」（MK９A）空冷星型複列18気筒2,200hp×１、最大速度：624km/h、上昇力：高度6,000mまで６分７秒、航続距離：1,500km、武装：二十粍機銃×４（翼内）、爆弾：30kg、または60kg×２、乗員：１名。

艦上戦闘機として開発された試製烈風だったが、昭和20年2月をもって日本海軍は空母運用を廃止したことにより、艦戦という機種名称自体が消滅した。したがって、敗戦直前の同年8月に三菱が作製した本機の仮取扱説明書の表紙タイトルも、「試製烈風局地戦闘機」となっていた。

西製「紫電改」の転換生産準備をすべし、との屈辱的指示を出した。

時すでに遅し

前述した屈辱的な指示に対し、当初から誉発動機搭載に不満を抱いていた堀越技師以下の三菱技術陣は、試製烈風の低性能の原因は、誉がデータどおりの出力を出していないからだと反論。

かねて主張したとおり、自社製A－20発動機に換装したうえでの再評価を具申した。三菱側の調査では、誉の高度6,000mにおける出力は1,700hpという触込みだったが、実際には1,300hp程度しか出ていないことが判明していた。

自らのミスを認めたがらず、具申を拒み続けた海軍側も、三菱の熱意に折れて〝社内作業〟という名目を条件にしぶしぶ了承した。

三菱は昼夜兼行に近い突貫作業で、昭和19（1944）年10月に試作6号機をA－20搭載の〔A7M2〕1号機に改造して完成させ、テストの結果最大速度337kt（624km／h）、高度6,000mまでの上昇時間6分5秒という、ほぼ計画要求値に近い性能を示した。

最初は疑っていた海軍側も、実験部員によるテストでこれを確認。すると手のひらを返すように、三菱に対しA－20の搭載型の量産準備に入るよう指示した。昭和20（1945）年2月のことである。

しかし、もはや何もかもが手遅れで、A7M2の量産1号機が完成する前に、日本は連合国側に無条件降伏して太平洋戦争は終結。試製烈風は、結局A7M1の試作、増加試作機、それらを改造したA7M2、計8機がつくられただけに終わり、対B－29迎撃用の高々度戦闘機型「試製烈風改」〔A7M3－J〕は、試作機製作に入る前の段階にとどまった。

「試製烈風改」〔A7M3ーJ〕左側面図（1/200スケール）

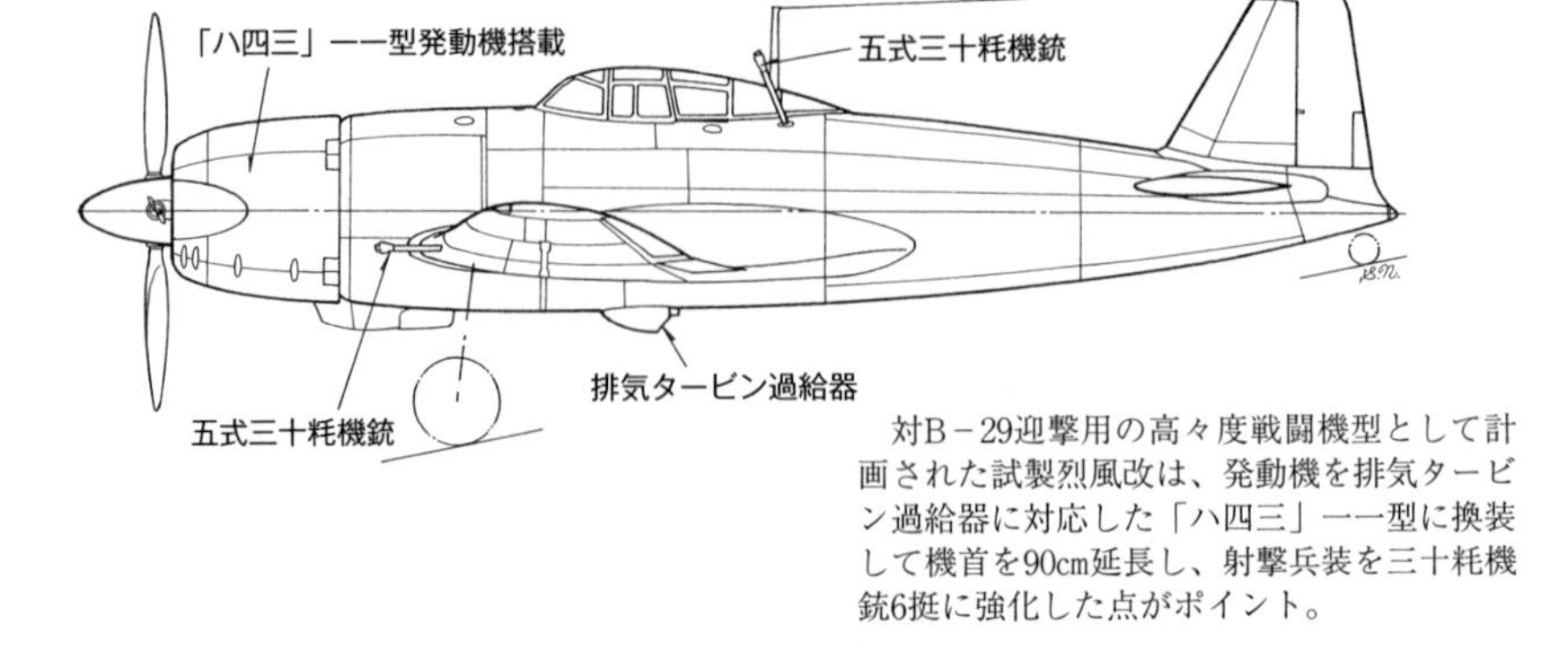

対B－29迎撃用の高々度戦闘機型として計画された試製烈風改は、発動機を排気タービン過給器に対応した「ハ四三」一一型に換装して機首を90cm延長し、射撃兵装を三十粍機銃6挺に強化した点がポイント。

Ｆ６Ｆの開発

競争試作相手のブリュースター社製Ｆ２Ａバッファローを、結果的に凌駕したＦ４Ｆが主力艦戦として遇されることになったことは、グラマン社にとっては胸を撫で下ろす思いだったろう。

しかし、このＦ４Ｆの後継機を得るための胎動は、すでに本機の量産発注が出される1年以上前の、１９３８年6月に始まっていた。すなわち、アメリカ海軍航空局は実用化の目途がついた最初の２,０００hp級空冷エンジン、Ｐ＆Ｗ　Ｒ－２８００を搭載する艦戦として、ヴォート社にＸＦ４Ｕ－１の名称で原型機製作を発注していたのだ。

むろん、この動きに対しグラマン社も抜かりなく、社内名称「Ｇ30」「Ｇ33」「Ｇ50」の名称で段階的にＦ４Ｆの後継機設計を検討した。そして、最終的にＧ50案を当局に提出。１９４１年1月12日には、最初のモックアップ(木型模型)審査を受けた。

XF6F－1

①ピトー管
②ライトXR－2600－10エンジン(1,700hp)搭載
③カーチス・エレクトリック３翔プロペラ
④スピナー付き
⑤大きな主脚カバー

↓ニューヨーク州ロングアイランドに所在した、グラマン社のベスペイジ工場で完成した直後の原型機XF6F－1の1号機。生産型F6F－3に比較し、R－2600エンジンを包むカウリング、プロペラ、スピナー、主脚などに違いがある。

その結果、同年6月30日に当局はグラマン社に対し、G50案に基づいた機体をXF6F－1の名称で、2機の原型機製作を発注する。

保険機としての立場

XF6F－1の原型機製作を受注できたことは、グラマン社にとって朗報には違いなかったが、諸手を挙げて喜ぶという状況でもなかった。というのも、当局の思惑としては、前年5月に初飛行を果たしていたXF4U－1は、確かに期待した以上の高速を実現したのだが、ラディカルな設計が災いし、空母上での離着艦が難しく、艦戦としての運用に不安があった。故にXF6F－1には万一それが現実となったときの備え、つまりは〝保険機〟という立場を求めたのだ。

保険機である以上は失敗が許されず、機体設計は堅実であることが優先し、高性能を追求する必要性は低かった。搭載エンジンも、XF4U－1と同じR－2800の使用は認められず、ワンランク出力の低いライトR－2600（1,700hp）を選択せざるを得なかった。設計技術者としてはやり甲斐のある仕事とは言い難い。

それでも、日・米関係が悪化し戦争の気配が色濃くなった状況下、グラマン社技術陣はスピーディに作業をすすめ、わずか1年後の1942年6月26日に1号機の初飛行にこぎつけた。

機体は、ひと目でF4Fのスケール・アップ版とわかる外観で、新鮮味に乏しかったが、F4Fの欠点とされた中翼配置は低翼配置に、トレッドが狭い胴体内への引込式主脚は、後上方に引き上

XF6F－2

①排気タービン過給機併用のP&W XR－2800－16エンジン(2,000hp)搭載
②ハミルトン・スタンダード・ハイドロマチック定速4翅プロペラ
③スピナー付き
④深いカウリング

↙型式名はF6F－3より前だが、実際にはF6F－3生産機の1機を抽出して、排気タービン過給器装備の高々度戦闘機に改造されたのがXF6F－2。しかし、太平洋戦域での高々度戦闘機の必要性は低く、原型1機のみの試作に終わった。

げて主翼内収納にするなど、相応の改善は施していた。

ただ、総重量が約５・２トンに達するヘビー級のＸＦ６Ｆ－１には、Ｒ－２６００エンジンはいかにもパワー不足で、高性能は求めずとはいえ速度、上昇力ともに予想以上に低かった。

一転して主力艦戦に

ただ、ＸＦ６Ｆ－１にとって幸いだったのは、すでに太平洋戦争が勃発していて、日本海軍の零戦に対し緒戦期のＦ４Ｆは苦戦を強いられており、同機に代わる機体を迅速、且つ大量に配備する必要に迫られていた。

そこで、当局はグラマン社がかねてより要望していたＲ－２８００エンジンへの換装を認め、ＸＦ６Ｆ－１の２号機を改造した原型機ＸＦ６Ｆ－３は、早くも1ヵ月余後の7月30日に初飛行した。

テストの結果、最大速度は６０３km／ｈ、海面上昇率は１，０６６ｍ／分を示し、ＸＦ６Ｆ－１の性能よりはかなり改善した。この頃、部隊への引き渡しが始まった生産型Ｆ４Ｕ－１の最大速度６３６km／ｈに比べるとかなり劣るが、海面上昇率では逆に約１８０ｍ／分ほど上回った。

そして、何よりの強味は、平凡だが堅実的な設計のＦ６Ｆは、大きな主翼の恩恵で低速度域での安定性が良く、操縦席も高い位置にあるので、空母上での離着艦が容易なうえ、戦時下で急速養成された新米パイロットにも扱い易かった。

当局は、先に契約していた計１，０８０機のＦ６Ｆ－１量産発注を取り消して、これをそっくりＦ６Ｆ－３に切り替えた

F6F－3

①アンテナ支柱は前傾（第909号機まで）
中心線より右側にオフセット（第2,560号機まで）
②P&W R－2800－10エンジン（2,000hp）搭載
③ハミルトン・スタンダード・ハイドロマチック３翅プロペラ
④初期型落下増槽（150U.S.ガロン入り）
⑤下方カウルフラップ（第1,264号機まで）
⑥排気管部分のバルジ（第1,500号機まで）

→最初の量産型となったF6F－3の初期生産機。原型機XF6F－3はスピナーを付け、主脚カバーもXF6F－1と同じだったが、前者は廃止、後者も写真のように変更された。操縦席のパイロットと比較して機体サイズの大きさが実感できる。

グラマン F6F−5 ヘルキャット 精密五面図（1/120スケール）

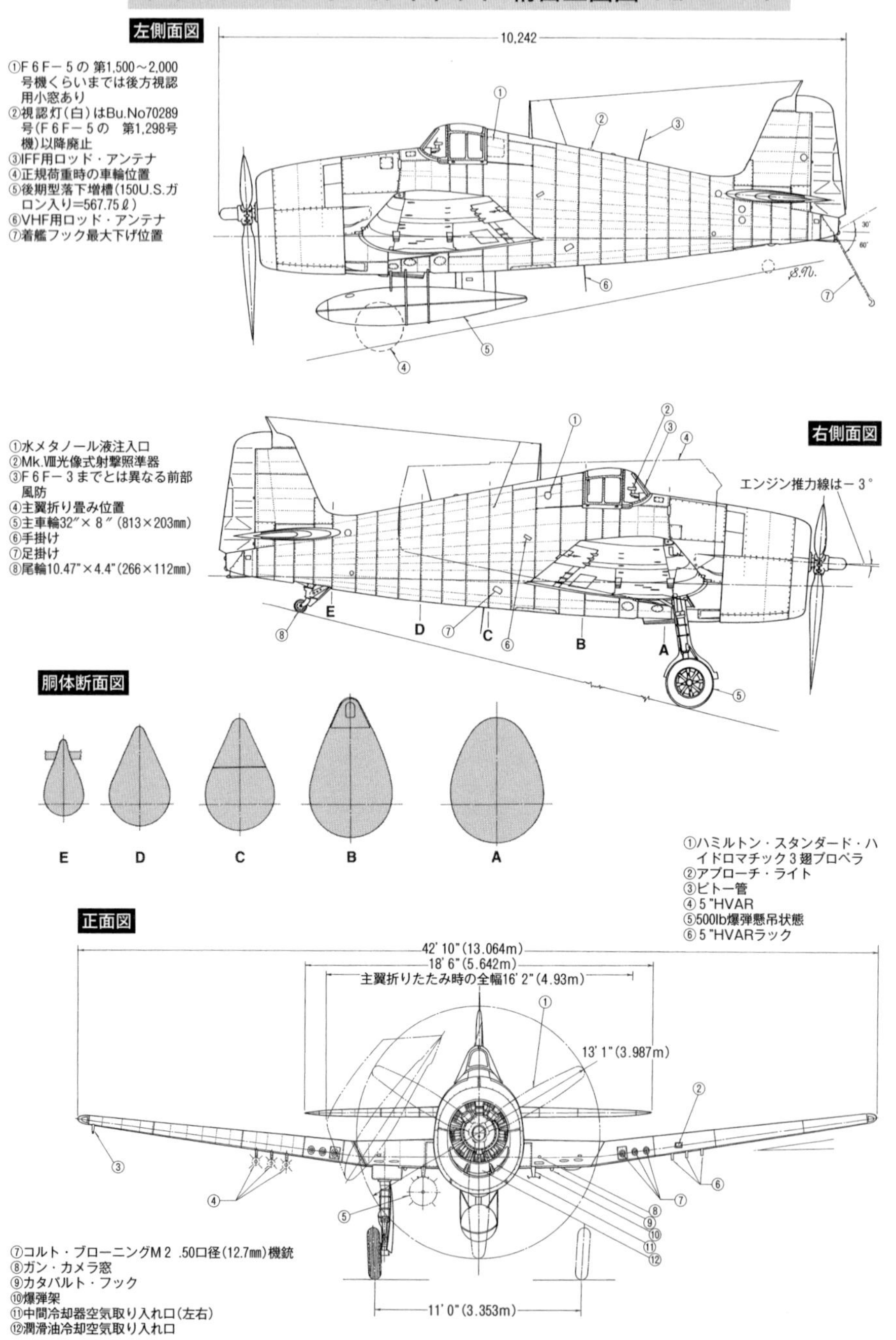

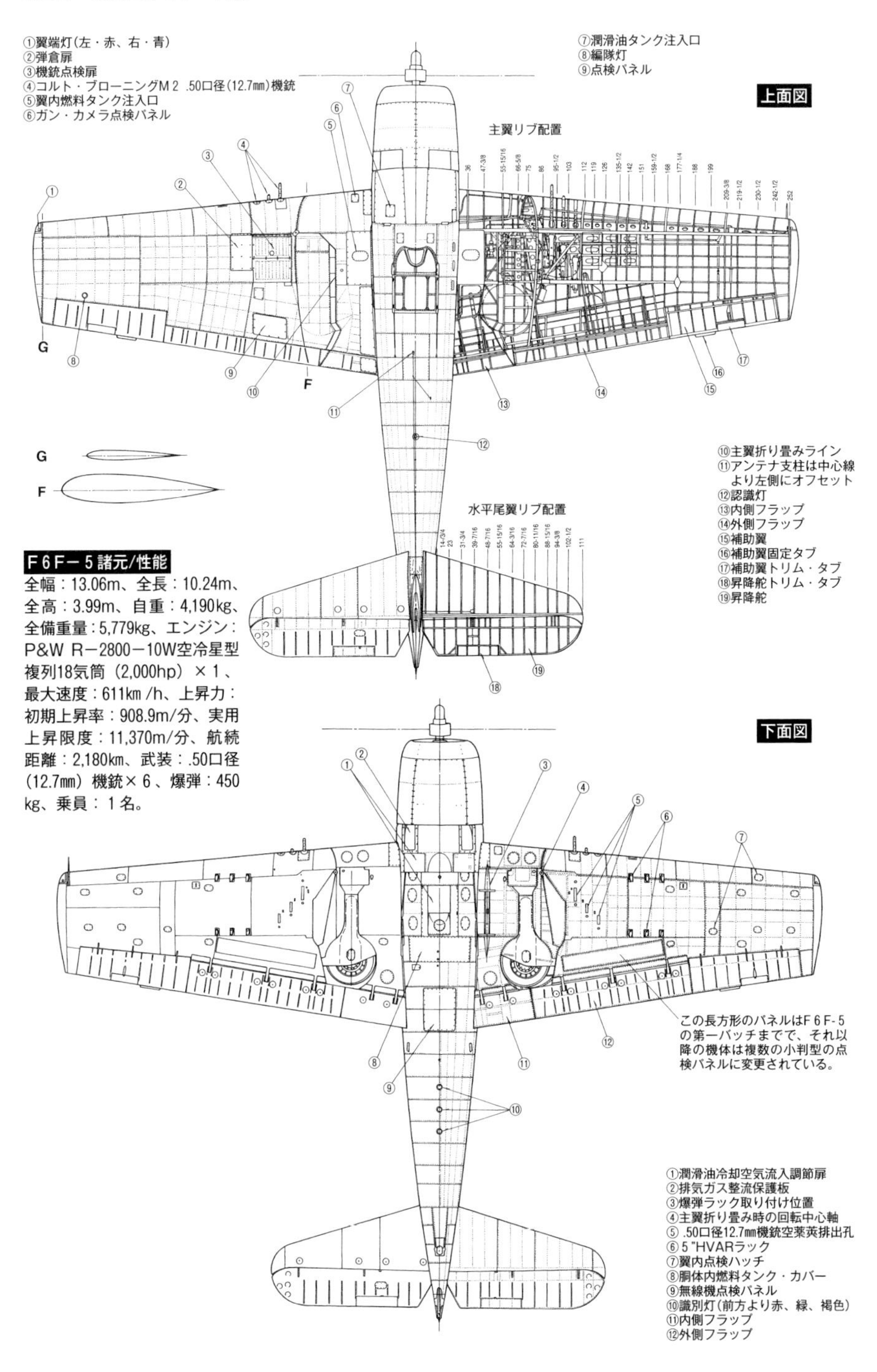
①翼端灯(左・赤、右・青)
②弾倉扉
③機銃点検扉
④コルト・ブローニングM２ .50口径(12.7㎜)機銃
⑤翼内燃料タンク注入口
⑥ガン・カメラ点検パネル
⑦潤滑油タンク注入口
⑧編隊灯
⑨点検パネル
上面図
主翼リブ配置
G
F
⑩主翼折り畳みライン
⑪アンテナ支柱は中心線より左側にオフセット
⑫認識灯
⑬内側フラップ
⑭外側フラップ
⑮補助翼
⑯補助翼固定タブ
⑰補助翼トリム・タブ
⑱昇降舵トリム・タブ
⑲昇降舵
水平尾翼リブ配置
F６F－５諸元/性能
全幅：13.06m、全長：10.24m、全高：3.99m、自重：4,190kg、全備重量：5,779kg、エンジン：P&W R－2800－10W空冷星型複列18気筒（2,000hp）×１、最大速度：611km /h、上昇力：初期上昇率：908.9m/分、実用上昇限度：11,370m/分、航続距離：2,180km、武装：.50口径(12.7㎜）機銃×６、爆弾：450kg、乗員：１名。
下面図
この長方形のパネルはF６F-５の第一バッチまでで、それ以降の機体は複数の小判型の点検パネルに変更されている。
①潤滑油冷却空気流入調節扉
②排気ガス整流保護板
③爆弾ラック取り付け位置
④主翼折り畳み時の回転中心軸
⑤ .50口径12.7㎜機銃空薬莢排出孔
⑥５"HVARラック
⑦翼内点検ハッチ
⑧胴体内燃料タンク・カバー
⑨無線機点検パネル
⑩識別灯(前方より赤、緑、褐色)
⑪内側フラップ
⑫外側フラップ

うえ、さらなる追加発注を行なった。

折りしも、1942年9月下旬に行なわれた空母運用テストで、F4U－1の艦戦不合格が決定。当面は海兵隊向けの陸上戦闘機として配備する方針が示され、我然、F6Fが主力艦戦として遇されることになった。〝棚ボタ〟とはいえ、保険機は一転して〝本命〟に奉り上げられたのである。

大量生産の始まり

当局のF6Fに寄せる期待は絶大で、グラマン社に対して急速大量生産を促す一方、それに専念させるため、F4F、およびTBF艦攻の量産はGM社イースタン航空機部門に任せることとした。

F6F－3の生産1号機は早くも1942年10月に完成したものの、量産態勢が整うのに少し時間を要し、年内はわずか10機が完成したのみだった。

しかし、翌1943年に入るとグラマン社のマスプロ能力が如何なく発揮さ

→1944年4月、ニューギニア島北岸沖合の上空を哨戒飛行する、空母「ホーネット」（二代目——CV－12）搭載の第2戦闘飛行隊（VF－2）所属F6F－3。容量150U.S.ガロン（567.7ℓ）の初期タイプ落下タンクを懸吊している。

→グラマン社ベスペイジ工場で完成後、部隊配備されずに社内テストに供されていたと思われるF6F－5。カウリングに記入された部隊配備までの個機識別ナンバー〝265〟が、水性塗料故に消えかかっていることに注目。懸吊している150U.S.ガロン落下タンクは後期タイプ。

れ、１９４４年４月までに計４，４０２機もつくられた。月産平均２３１・６機のハイ・ペースである。

本機を装備した最初の部隊は第９戦闘飛行隊（ＶＦ－９）で、前年末に竣工したばかりの新鋭大型空母「エセックス」級１番艦エセックス（ＣＶ－９）への搭載を予定し、１９４３年１月から訓練を開始。以後、次々に装備飛行隊が増え、同年8月31日、エセックス、ヨークタウン（二代目）、インデペンデンスの３隻が参加した、南太平洋マーカス島に対する攻撃で実戦デビューした。

宿敵零戦を圧倒

Ｆ６Ｆ－３の実戦デビューとほぼ時期を一にし、Ｆ４Ｆの宿敵だった零戦は、新型の五二型に量産が切り替わった。しかし、緒戦期の二一型に比べ発動機出力はわずか20％増しただけの１，１３０hp。速度が少し向上し、射撃兵装が強化されたものの、２，０００hp級エンジン搭載のＦ６Ｆに対しては、低高度域での旋回性能を除けば勝る点はなく、世代の違いは明らかだった。

本来ならば、この時期にＦ６Ｆの真のライバルとなるべきだったのは、幻に終わった十六試艦戦であり、それに代わる十七試艦戦すらも、太平洋戦争に間に合わなかったという事実は、彼我の工業技術力、ひいては国力の格差を象徴するものと言えよう。

零戦との直接対決が少なかった１９４３年後半はともかく、翌１９４４年に入ると質、量両面、さらにはパイロット技倆面においても勝るＦ６Ｆが、空中戦で圧勝する機会が日常化。太平洋航空戦はアメリカ海軍の圧倒的優勢へと傾いてゆく。

対日戦勝利の立役者

１９４４年4月、グラマン社の生産ラインはエンジン出力を少し向上し、兵装、防弾装備を強化するなどしたＦ６Ｆ－５に切り替わった。そして、本

→太平洋戦争が終結して2日後の1945年8月17日、なお警戒を緩めずに機動部隊周辺の洋上を低空にて哨戒飛行する、空母「シャングリ・ラ」（CV－38）搭載第85戦闘飛行隊（VF－85）所属のF6F－5P。－5Pは、胴体内にカメラ1台を備えた戦闘偵察機型である。

型は太平洋戦争終結後の1945年11月21日に、最後の1機がライン・オフするまでに、計7,868機という膨大な数が送り出される。月産393・4機というF6F－3を上回る超ハイ・ペースだった。

戦局の悪化と燃料枯渇により空母運用を廃止した日本海軍に対し、1945年3月末の太平洋最前線において正規大型空母11隻、軽空母6隻を擁したアメリカ海軍機動部隊には、F6F－5　466機を含めた艦上機計1,213機が搭載されていた。

同年8月15日、日本が連合国側に対し無条件降伏して太平洋戦争は終結。このときまでにF6Fによる日本機撃墜は5,156機に達しており、うち4,947機が空母搭載機によるもので、これは全艦上機の戦果の76%に相当した。F6Fの損失は270機であり、キル・レシオ（撃墜対被撃墜比率）は実に19：1、まさに圧勝である。

軍用機の価値は実戦での結果が全てである。いかに設計、性能が優秀であろうと、必要なときに必要な数を揃えられなければ存在価値はない。その点、F6Fは設計的に凡庸で、性能も2,000hp級戦闘機にしては物足りなかったが、前記条件は十二分に満たし、性能も当面の敵（零戦を含めた日本陸海軍機）を凌駕できて実績も申し分なかった。本機こそ、真のバトル・マシーンと称してよいだろう。

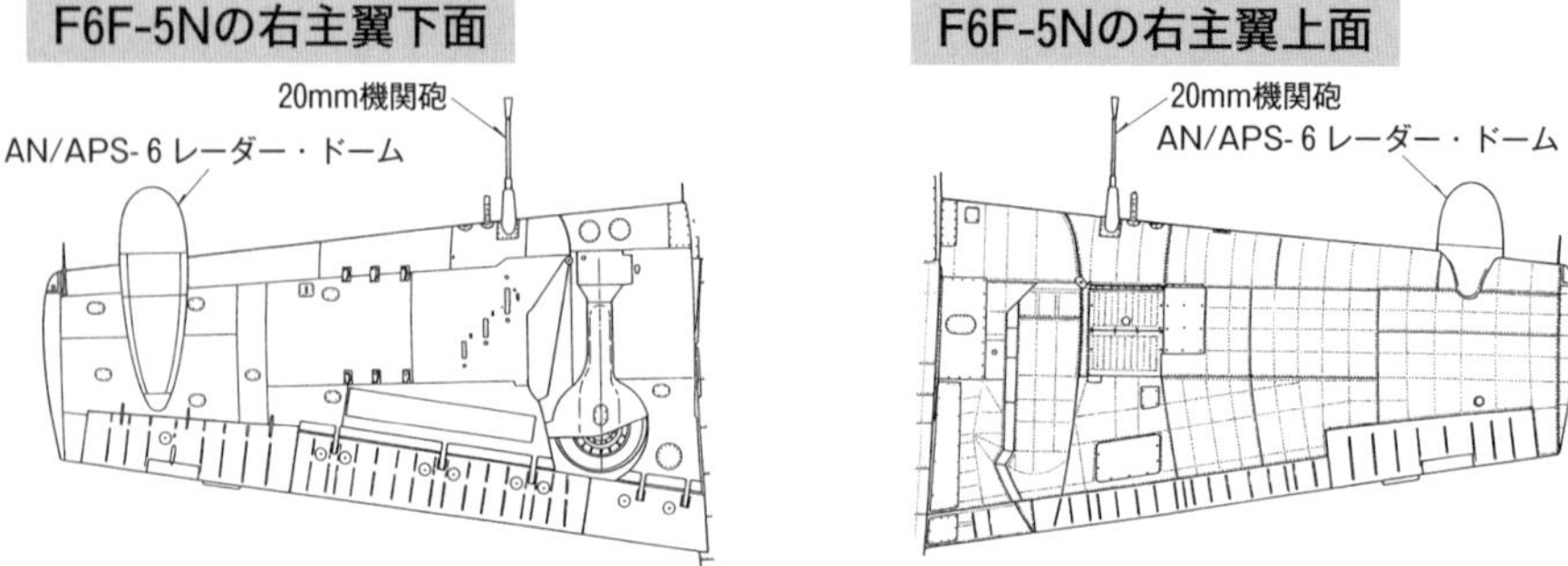

←F4Uが先鞭をつけた夜間戦闘機への転用は、すでにF6F－3Nとして計229機が改造によってつくられていたが、より本格的な型として計1,432機もの多くがつくられたF6F－5N。左右主翼内に備えた各3挺ずつの.50口径機銃のうち、内側の1挺を20㎜機関砲に換装した点が－3Nとの目立つ相違。

第二節　烈風とＦ６Ｆのメカニズム比較

烈風の発動機

開発の項で記述したように、烈風の発動機は試作発注から2ヵ月後の昭和17（１９４２）年9月に、海軍側が中島製の「誉」とすることを命じた。

誉は、零戦が搭載した同じ中島製の複列14気筒「栄」のシリンダーを流用して複列18気筒化したもので、離昇出力1，８００~2，０００hp級としては欧米諸国の同級エンジンに比べ、異例とも言える程軽量、コンパクト（重量８３５kg、直径1，１８０㎜）なのが特徴だった。

しかし、そのぶん設計的には相当無理をしており、カタログどおりの出力を発揮するには、当時の日本では製造が困難だった、オクタン価１００の高品質ガソリンを必要とするなど、多分に理想追求に先走った発動機だった。

そのため、昭和17年秋から完成し始めた量産品には故障、不調が頻発したうえ、オクタン価91の戦時規格ガソリンを使用せざるを得ず、所定の出力発揮が困難などの弱点を露呈した。

烈風の試作機が予想外の低性能に甘んじたのも、搭載した誉が不調で、所定の出力に達しなかったのが大きな要因だった。

自社製「Ａ－20」への換装

低性能の理由が誉の不調のせいと主

中島『誉』発動機

張する三菱に対し、社内作業の名目で許可されたのが、当時実用化を進めていた自社製「A－20」への換装だった。

A－20は誉に少し遅れ、昭和16（1941）年春頃に開発が始まり、翌17（1942）年2月頃に初号基の完成をみた。

誉と同様に、すでに成功を収めていた1,000〜1,300hp級の複列14気筒「金星」のシリンダーを流用して18気筒化。誉を凌ぐ離昇出力2,200hpを発揮するはずだった。

誉のように無理な設計はせず、重量960kg、直径1,230㎜と余裕をもたせ、直接燃料噴射式の採用と水メタノール噴射装置の併用を前提にしていた。過給器は一段二速式。

なお、海軍がA－20に対して命名した略符号は「MK9」で、最初の一段二速式過給器付きのMK9Aを嚆矢として、改良型が計画される順にMK9B〜MK9Dまでの略符号を付された。昭和18（1943）年夏以降、制式名称として「ハ四三」が、さらに戦争末期には陸海軍統一名称の「ハ二一一」が割り振られた。

A－20に換装したA7M2が、要求された性能をほぼ満たし、烈風は一転して制式採用と量産化への道が開かれたのだが、現実は厳しかった。というのも、A－20の量産を担う三菱の名古屋・大幸工場は、昭和19（1944）年12月13日にB－29の爆撃により壊滅的な被害を受けており、再開はほぼ不可能という状況に陥った。

急ぎ地方への工場分散・疎開が命じられたが、もはや烈風の量産に必要な数のA－20の安定供給は望めず、見通しがまったく立たなくなったのが現実だった。

それにも増して、戦争末期のあらゆる戦略物資が欠乏していたなかで、たとえ一定数が生産できたとしても、果たして所定の品質を保ち、データどおりの出力を発揮できたかは甚だ疑問と言わざるを得ない。

三菱「ハ四三」（MK9A）

※写真のハ四三は、本体前面に強制冷却ファンを付けた仕様だが、烈風試作、増加試作機が搭載したのはこれが付かない仕様だった。

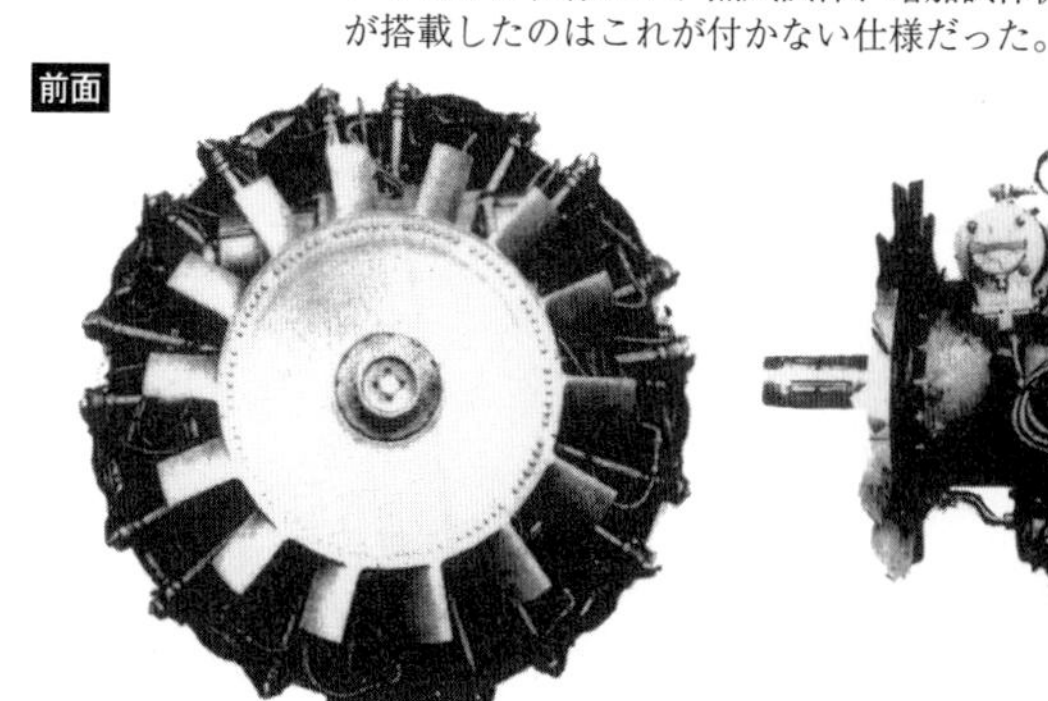
前面

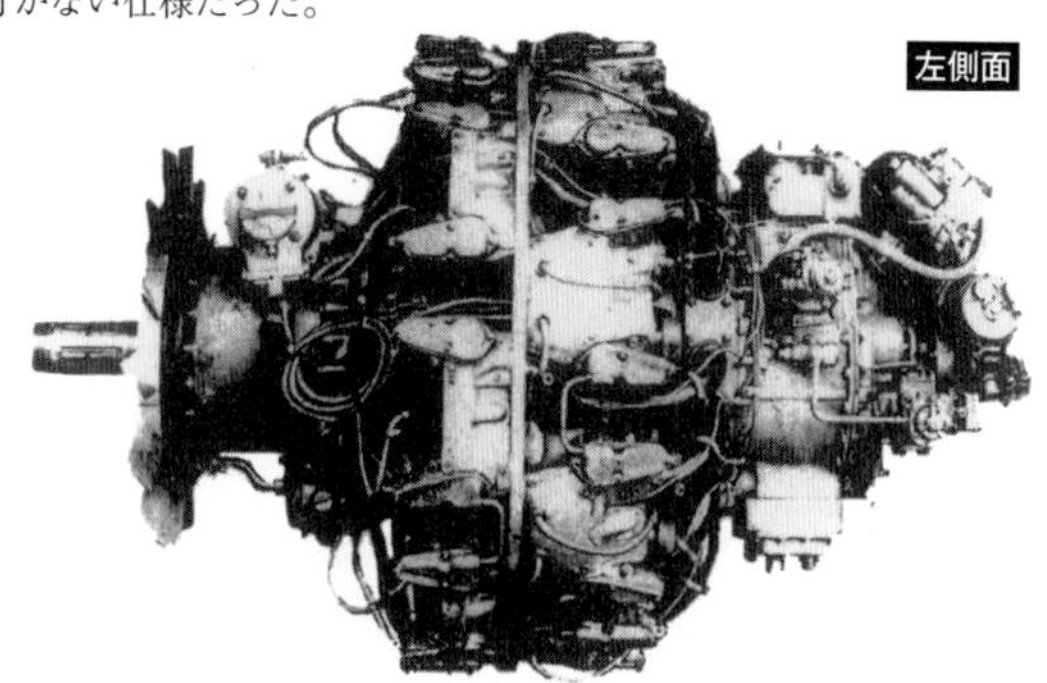
左側面

Ｆ６Ｆのエンジン

Ｆ６Ｆの原型機が搭載したライト社のＲ－２６００は、同社初の空冷星型複列14気筒エンジンで、１９３６年に完成した。最初の生産型は１，６００hpであったが、第二次世界大戦後期には１，９００hpまでアップした。

シリンダー内径×ピストン行程は１５６×１６０・３㎜、総容積は42・７ℓで、日本の複列18気筒「誉」を上まわるサイズ、重量である。海軍機ではカーチスＳＢ２Ｃ艦爆、陸軍機ではダグラスＡ－20攻撃機、ノースアメリカンＢ－25双発爆撃機の搭載エンジンとして知られ、総計５万台以上もつくられた。

Ｆ６Ｆ原型機が搭載したのは１，７００hpのタイプだったが、機体重量５・２トンのヘビー級に、相応の飛行性能を持たせるにはパワー不足だった。

ライトR-2600 サイクロン14

前面

大傑作Ｒ－２８００の恩恵

Ｆ６Ｆ生産型が搭載したプラット＆ホイットニー（Ｐ＆Ｗ）社のＲ－２８００は、アメリカ最初の空冷星型複列18気筒、且つ最初の２，０００hp級エンジンで、すでに１９３６年という早い時期に開発が始まり、日本の中島「誉」に試作指示が出された昭和15（１９４０）年９月当時には、試作品がヴォートＸＦ４Ｕ－１に搭載され、実用テストを受けていた。

P&W R-2800 ダブルワスプ

右側面

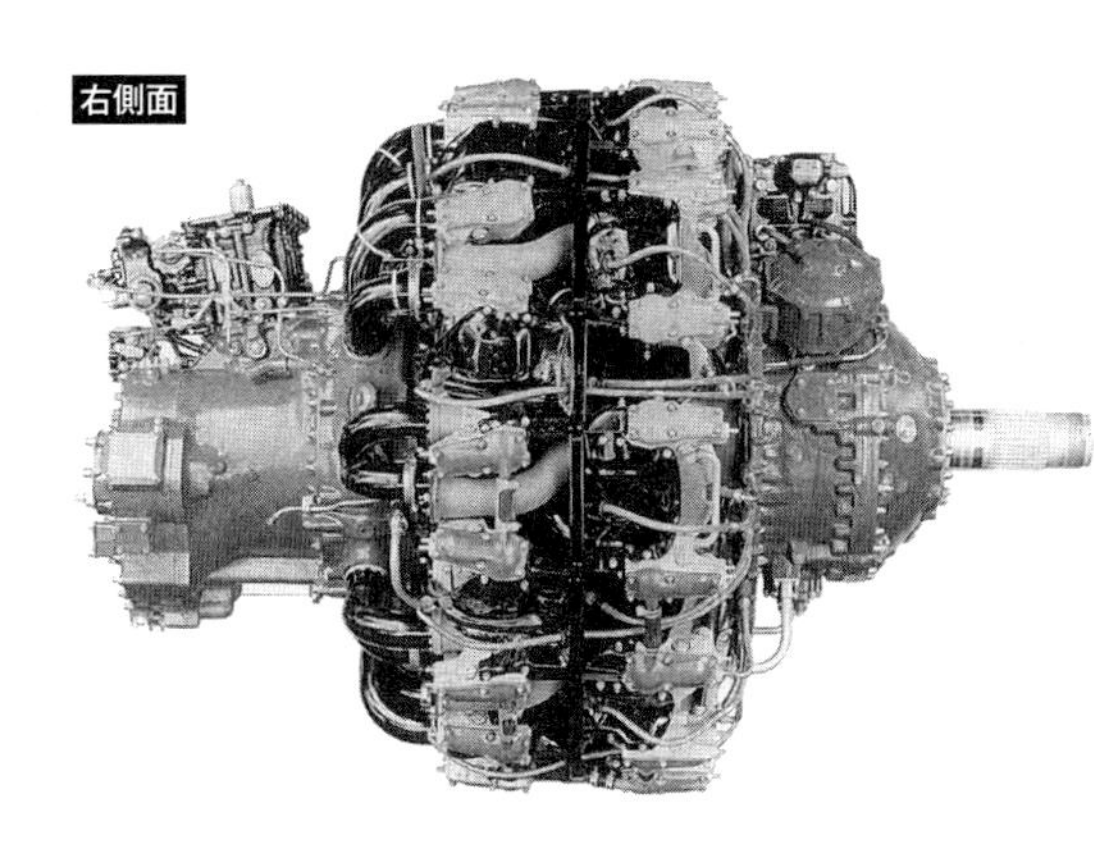

前面

当初は1,850hpに抑えられていた出力も、量産型のR－2800－8になると2,000hpに達し、F6F－3は－10、F6F－5では水噴射装置併用の－10Wに更新して、緊急時の出力向上を図った。

R－2800のシリンダー内径×ピストン行程は146×152mm、総容積は45・9ℓ、直径1,342mm、乾燥重量1,072kg。同じ2,000hp級ながら、日本の「誉」に比べてかなり大きく重く、烈風のA－20のシリンダー内径×ピストン行程140×150mm、総容積41・55ℓをも上まわる。

R－2800に限らず、アメリカの実用エンジンはどれも安定した稼働率を誇り、故障、不調とは無縁で、その工業技術力の高さは日本では到底及ばぬレベルだった。さらに、使用燃料が日本では望めない、100～130オクタン価の高品質のガソリンときては、もはや対抗する術がなかったと言わざるを得ない。

見逃されがちではあるが、アメリカのエンジンは気化器、過給器などの補器類の品質も高く、すでにF4Fが搭載したP&W R－1830の段階で、日本が戦争終結まで実現できなかった、二段二速式過給器を実用化。むろん、R－2800についても本頁下に示した図の如く、中間冷却器を備える過給システムを実現していた。

蛇足だがR－2800は、後述するF7F、F8Fの搭載エンジンにもなり、さらに陸軍のP－47、P－61戦闘機、A－26攻撃機も搭載した。その累計生産数は、およそ5万台に達している。

R-2800の気化器および過給器システム

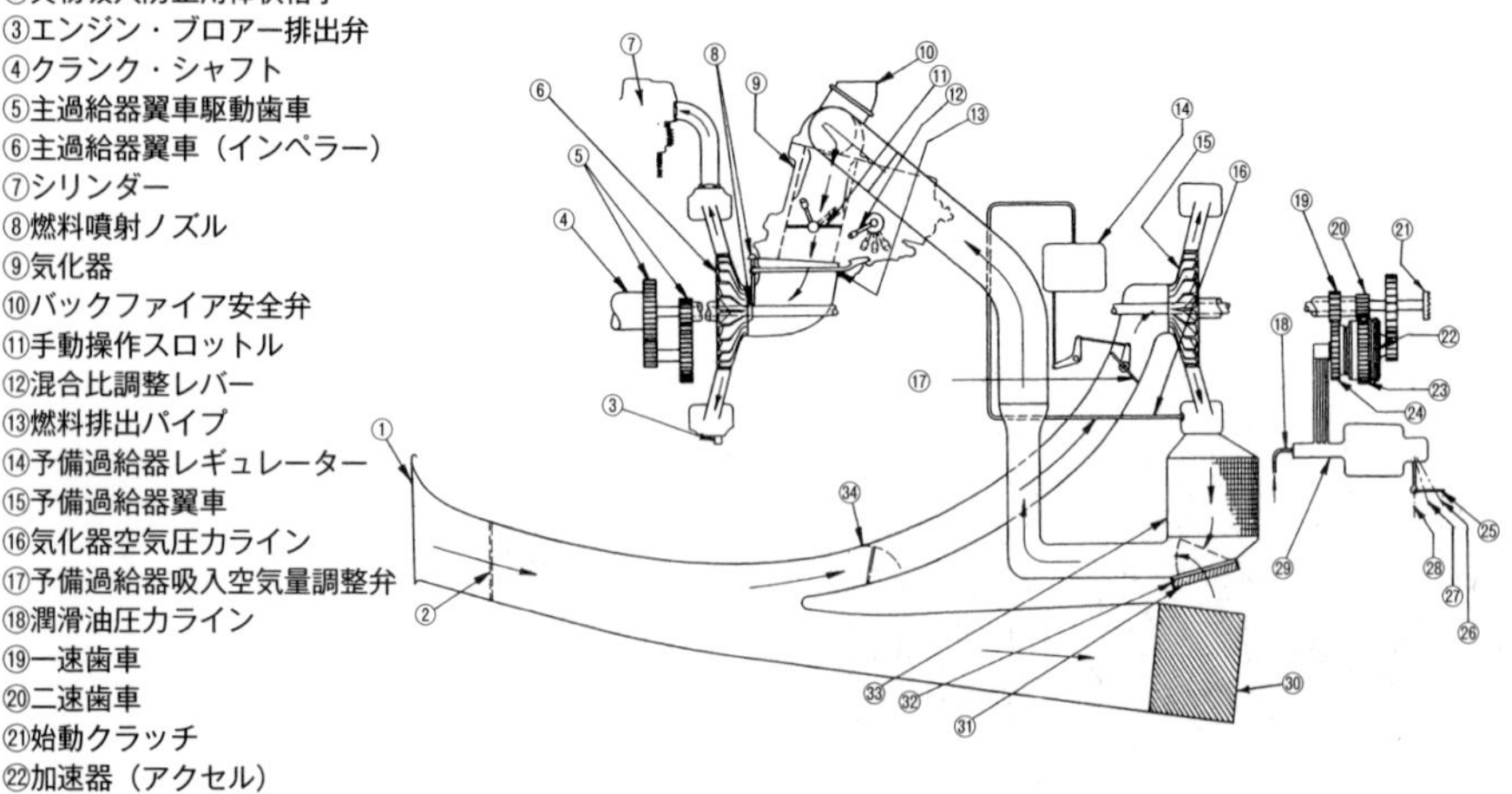

烈風のプロペラ

日本では木製プロペラの時代はともかくとして、金属製可変ピッチ式プロペラが普及した頃にも、その独自開発力が育たず、太平洋戦争終結に至るまで主要機種のすべてが、欧米各国のライセンス生産品で賄わざるを得なかった。

零戦はハミルトン・スタンダード社製品の国産化品を用いたが、烈風は発動機出力の違いもあって、ドイツのＶＤＭ社製品を住友金属工業が国産化した、定速可変ピッチ式４翅プロペラを適用した。

ただし、ＶＤＭプロペラの可変ピッチ機構は、精緻な電気式だったが同品質のものが造れないため、ハミルトン・スタンダード社の油圧式を組み合わせた点が異なる。

プロペラ直径設定の可否

発動機出力に見合ったプロペラ直径を決めるのは、とりわけ戦闘機にとっては飛行性能発揮上きわめて重要である。残念ながら、日本の航空機メーカーの技術陣は、それを見極める洞察力に欠けており、とりわけ、２，０００hp級発動機に適した直径よりも、かなり過小に設定し、少なからぬ性能上のロスを招いた。

後述するＦ６ＦのＲ－２８００エンジンに組み合わせた、ハミルトン・スタンダード社の約４ｍ直径と比較するまでもなく、誉とその陸軍仕様「ハ四五」を搭載した、「紫電」のＶＤＭ４翅は３・３ｍ、「疾風」に至ってはわずか３・05ｍに過ぎず、ただでさえカタログ・データよりも低い出力に甘んじた発動機の不利を助長してしまった。

烈風のＶＤＭ４翅は、誉搭載のＡ７Ｍ１で直径３・６ｍ、Ａ－20搭載のＡ７Ｍ２で同３・７ｍだったが、それでもＦ４Ｕ、Ｆ６Ｆの３翅約４ｍはもとより、Ｆ８Ｆの４翅３・84ｍに比べてさえも小さかった。仮に烈風が直径４ｍのプロペラを用いていれば、もう少し速度、上昇力が増したはずだ。

→残念乍ら、烈風がＶＤＭプロペラを装着した状態の写真が現存しないので、「紫電改」が用いた直径３・３ｍのそれを右写真に示す。烈風〔Ａ７Ｍ２〕のプロペラ直径は３・７ｍだったので、ブレード（羽根）１翅があと20cmずつ大きかったことになる。

F6Fのプロペラ

原型機XF6F－1が搭載した、ライトR－2600－16エンジンに組み合わせられたプロペラは、ハミルトン・スタンダード社とともに、アメリカの主要航空機プロペラの二大メーカーとして君臨した、カーチス・エレクトリック社の定速可変ピッチ式3翅（直径3・987m）だった。

社名どおり、このプロペラはピッチ変更を電気モーターによって行なうのが特徴であり、そのモーター部分を覆うスピナーと、ブレード（羽根）付根にカフスを付けている点が、後述するハミルトン・スタンダード社製プロペラと異なる。

XF6F－1と同様、原型機の製作のみに終わった排気タービン過給器装備型のXF6F－2は、ハミルトン・スタンダード製の4翅プロペラ（直径3・987m？）を用い、XF6F－1と同様、スピナーとブレード付根のカフスを付けていたことが特徴。

定番のハミルトン・スタンダード

生産型F6F－3と－5が適用したプロペラは、ハミルトン・スタンダード社製の定速可変ピッチ3翅（直径3・987m）である。制式な型式名称は「6501A－0」、または「6541A－0」と称した。同社のプロペラは、ピッチ変更を油圧によって行なう方式で、英語圏ではHydromatic（油圧式）Propellerと表記される。その油圧によるピッチ変更の仕組みは次ページのとおり。

エンジン回転を利用した歯車ポンプと、調速器（ガバナー）のポンプで発生した油圧を、プロペラ軸を通してハブ中心前方のシリンダー内に導き、双方の油圧を加減することで、シリンダー内のピストンを前後に動かす。

この前後の動きが、ピストン後方のカムの傘歯車と噛み合ったブレード付根の傘歯車を回し、ピッチをいずれか

↑XF6F－1のカーチス・エレクトリック3翅プロペラ。スピナーとブレード付根のカフスに注目。

←XF6F－2のハミルトン・スタンダード4翅プロペラ。XF6F－1と同様の、スピナーとブレード付根カフスを付けている。

に変更するのである。

余談だが、このハミルトン・スタンダード社の油圧式可変ピッチ・メカニズムは、すでに大戦前に日本をはじめドイツ、イギリスなどにもライセンス製造権が与えられて広く普及、それぞれの国のプロペラ調達に大きく寄与した。

なお、Ｆ４Ｕ－１Ｄまでは、Ｆ６Ｆと同じハミルトン・スタンダード３翅プロペラを用いたのだが、－１Ａまではブレード付根が細く、直径も少し大きい（４・06ｍ）タイプだった。

離昇出力を２，１００hpとしたＲ－２８００－18Ｗに更新し、全般性能の向上を図ったＸＦ６Ｆ－６は、プロペラをＦ４Ｕ－４以降と同じ直径４・01ｍの４翅に変更した。その効果もあり、最大速度はＦ６Ｆ－５に比べて60km／ｈも向上して６７１km／ｈを記録したが、すでに後継機Ｆ８Ｆの原型機完成が目前ということもあり、量産意義なしとの理由で原型機２機の製作のみに終わった。

ハミルトン・スタンダード定速プロペラのピッチ変更システム

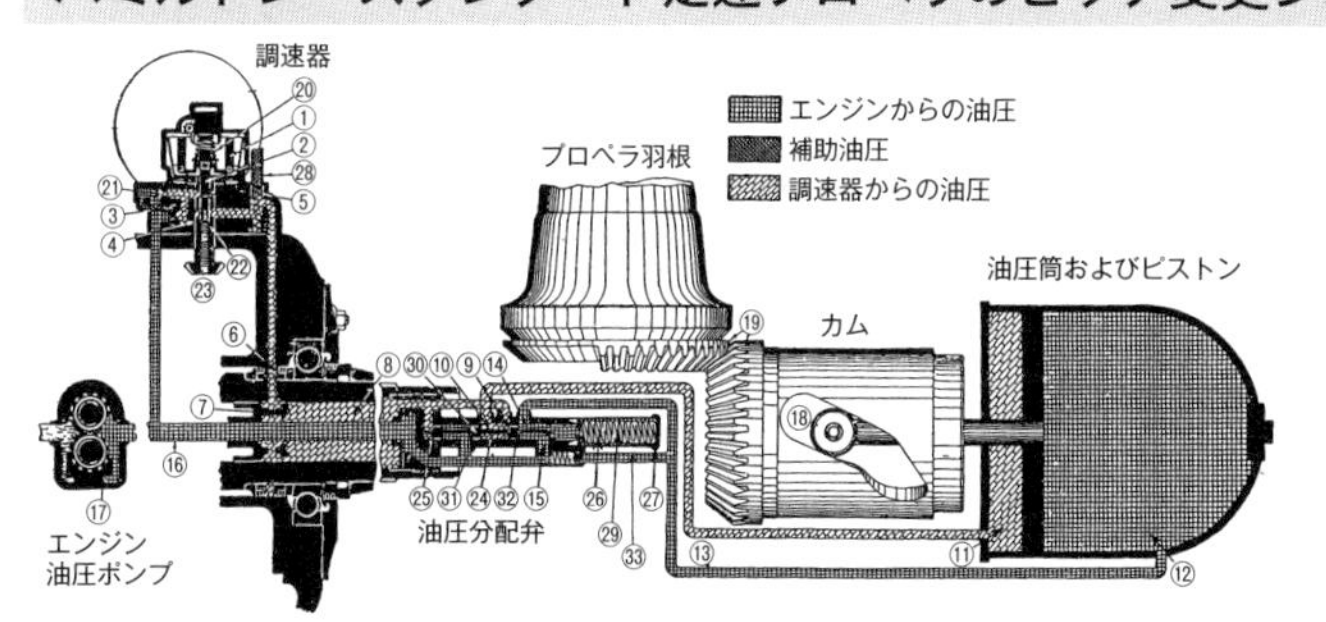

←定速可変ピッチ式プロペラで重要なパーツとなるのが調速器である。その内部にある遠心重錘の傾き具合によって油圧を加減し、ピッチを変更することで、常にエンジン回転数を一定に保つようにした。故に定（恒）速式と呼ばれる。

①調速器遠心重錘 ②操作弁 ③油圧ポンプ ④駆動軸 ⑤切換弁 ⑥エンジン軸の油薬環 ⑦プロペラ軸の気密プテツグ ⑧プロペラ軸内油通路 ⑨分配弁油孔 ⑩分配弁油孔 ⑪油圧筒後部 ⑫油圧筒前部 ⑬油管 ⑭分配弁油孔 ⑮分配弁油孔 ⑯エンジン油管 ⑰エンジン油圧ポンプ・リリーフ弁 ⑱カム・スロット・ローラー ⑲傘歯車 ⑳調速器調整バネ ㉑調速器リリーフ弁 ㉒排油孔 ㉓駆動軸歯車 ㉔分配弁 ㉕分配弁 ㉖分配弁バネ ㉗分配弁室 ㉘補助高圧油管 ㉙分配弁外端 ㉚分配弁突起 ㉛分配弁油孔 ㉜分配弁突起 ㉝分配弁リリーフ弁

→F6F－3/－5の、ハミルトン・スタンダード6501A－0、または6541A－0 3翅プロペラ。

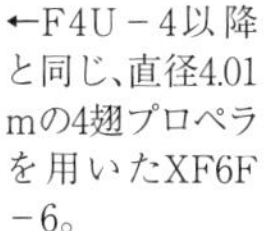

←F4U－4以降と同じ、直径4.01mの4翅プロペラを用いたXF6F－6。

烈風の胴体

零戦が軽量構造化を徹底するために、胴体は前、後分割可能とし、前部胴体を主翼と一体造りとしたのに対し、烈風は主翼が全幅14mもの大きさになったこともあって、それぞれ別造りとなり、胴体も前、後分割式ではなく、垂直安定板を含めて一体造りとされた。

構造的には零戦と同じく、極く一般的な全金属製半張殻式で、19本の肋材（フレーム）に36本の縦通材（ストリンガー）を通した骨組みに外鈑を張った造り。

一体造りとは言っても、肋材①から⑲まで約7mもあるので、前後通して組み立てるのではなく、肋材①～⑧、⑧～⑭、⑭～⑲の3部分に分けて組み立て、それぞれ完成後に結合した。

胴体の構造材料は、零戦と同じく「高力アルミニウム合金」と称された超ジュラルミンで、大部分の部材は「SDCH」の記号を付与されたものを使用している。

機体が大型で重量も零戦〔三二型〕に比べて2トン以上も重い烈風だけに、相応の強度を必要とし、縦通材の数は多く密度も高い。

同様に、零戦の胴体外鈑は前方下部の1・0㎜を除き全て0・5㎜厚だったが、烈風のそれは、前方が上部0・8、中央1・0、下部1・2㎜厚とな

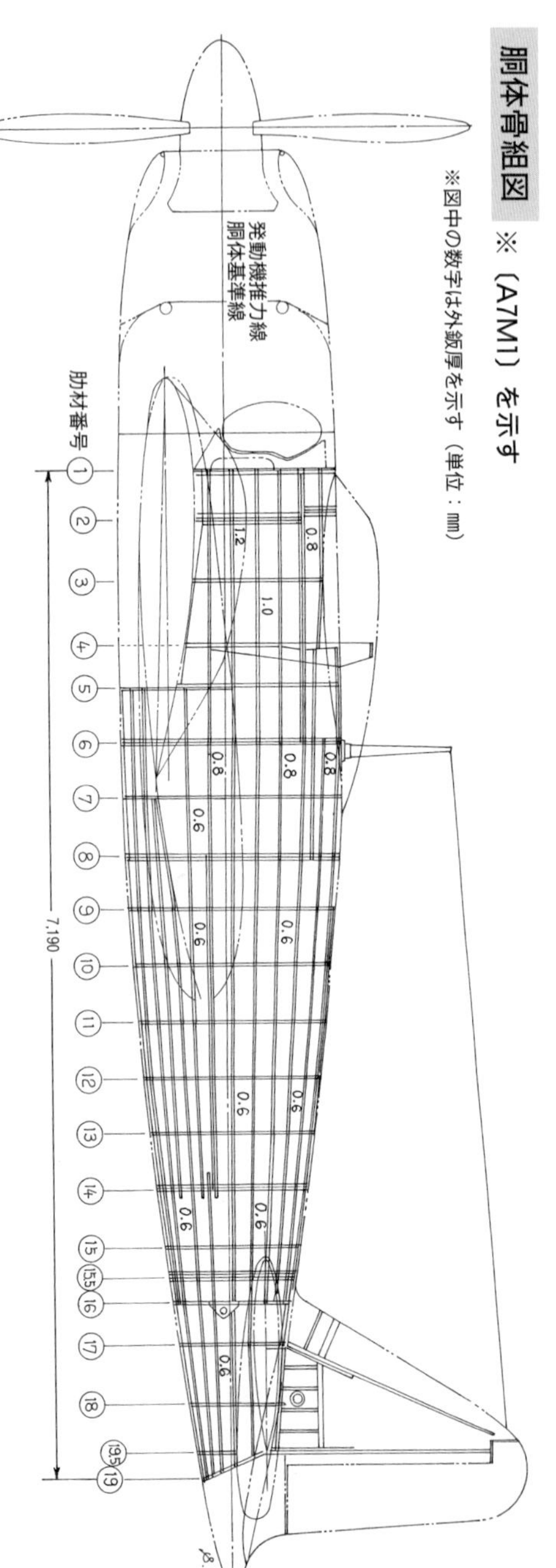

胴体骨組図 ※〔A7M1〕を示す

※図中の数字は外鈑厚を示す（単位：mm）

り、肋材⑥～⑦間が０・８㎜、それより後方全てを０・６㎜厚とした。

零戦が搭載した「栄」発動機の直径は１，１５０㎜で、操縦室付近で、これに合わせた胴体の最大幅は、１，１７０㎜だった。烈風が搭載したＡ－20発動機の直径は１，２３０㎜で、栄に比べて60㎜大きいだけだったが、胴体幅は操縦室付近で約１，３６０㎜と、零戦より約１９０㎜も太い。

胴体構造の上、下幅が最も大きいのは第⑦肋材部分で、約１，６３０㎜あり、零戦のほぼ同じ部分の約１，２００㎜に比べるとかなり大きい。これは内部艤装品の違いも影響している。

胴体断面形は、肩に相当する部分をなるべく細くして、操縦室からの下方視野を広くする配慮がなされ、本頁下に掲載した各肋材部の形状変化、および縦通材配置図を見てわかるように、長楕円形である。

同じ楕円形断面でも、零戦のそれは烈風ほどの長楕円形ではなく、尾部にかけても丸味が強い。

胴体断面図（肋材）、および縦通材配置

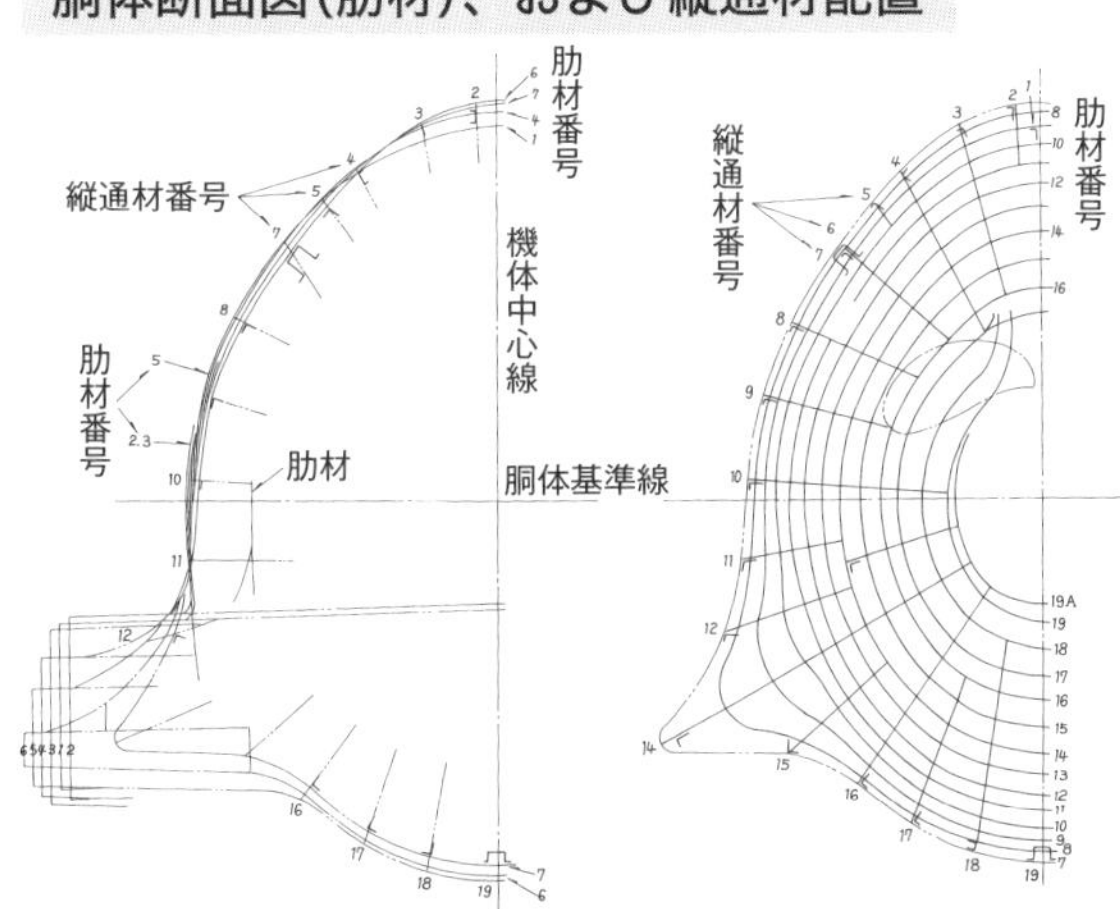

→P.114に掲載した写真と同じ、A7M2試作3号機の胴体後部右側を、主翼付根付近より後方に向けて撮影したカット。断面形、および外鈑パネル・ラインが確認できる。

Ｆ６Ｆの胴体

Ｆ６Ｆの胴体は、基本的にＦ４Ｆのそれを踏襲した構造の全金属製半張殻（セミ・モノコック）式である。操縦室付近の左右幅、高さは同じくらいだが、長さが約１ｍ増しの約７ｍとなり烈風とほぼ同じ。

フレームは防火壁を含め23本で、Ｆ４Ｆの16本に比べ、約１ｍ長いことを加味しても少し密度が高く、相応の強度を高めている。

Ｆ４Ｆの場合は、防火壁直前の左右側面に主脚を収納するためもあって、後方の胴体も太くなったのだが、Ｆ６Ｆはエンジン下方に過給器、中間冷却器、潤滑油冷却器用の空気取入筒を配したことで、後方の胴体が太くなった。その太くなった部分の操縦室床下を、燃料タンクの設置スペースに充てている。

零戦、烈風に限らず、単発戦闘機の場合はエンジンの推力線（プロペラ回

胴体フレーム、垂直尾翼リブ配置図（寸法単位：in.）

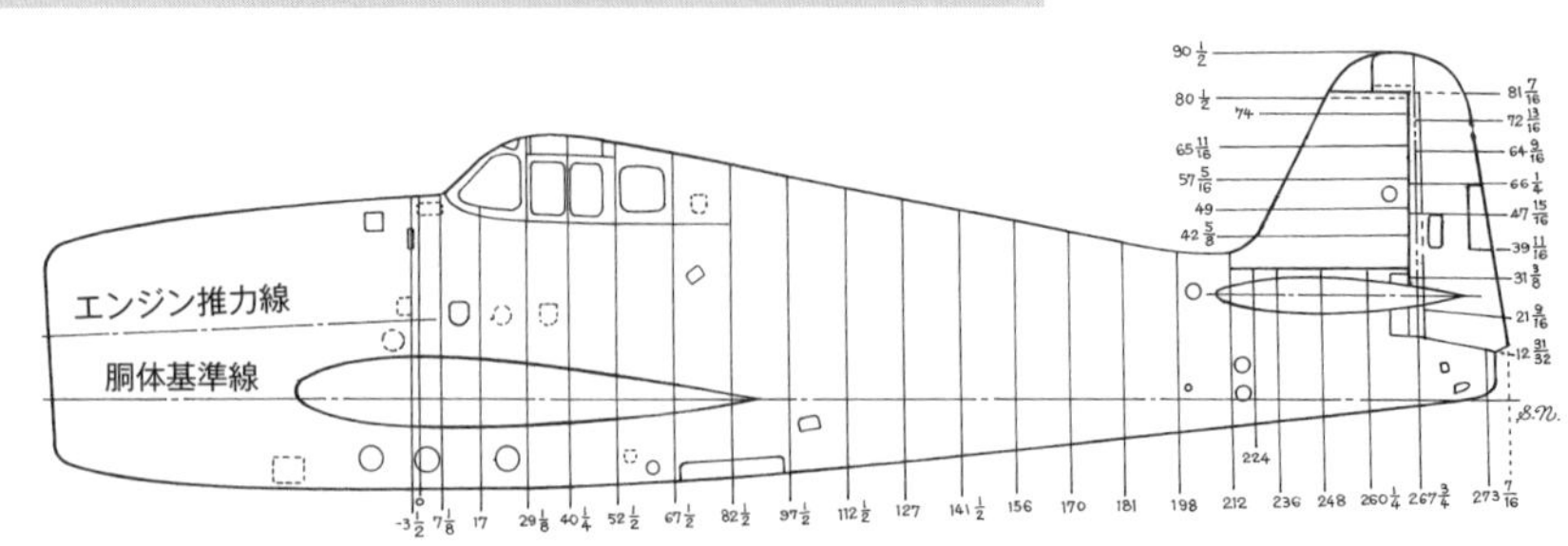

胴体外鈑分割図

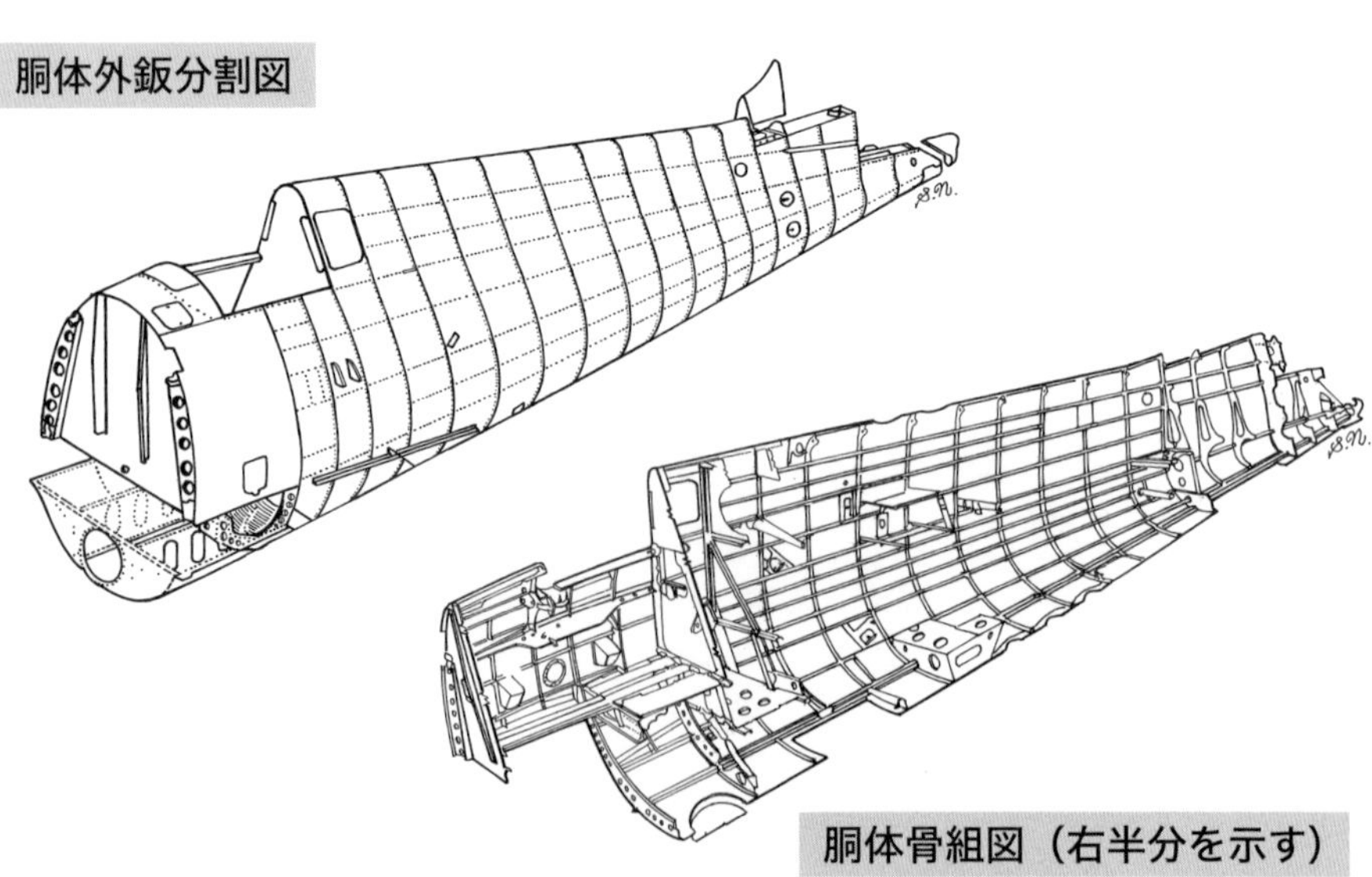

胴体骨組図（右半分を示す）

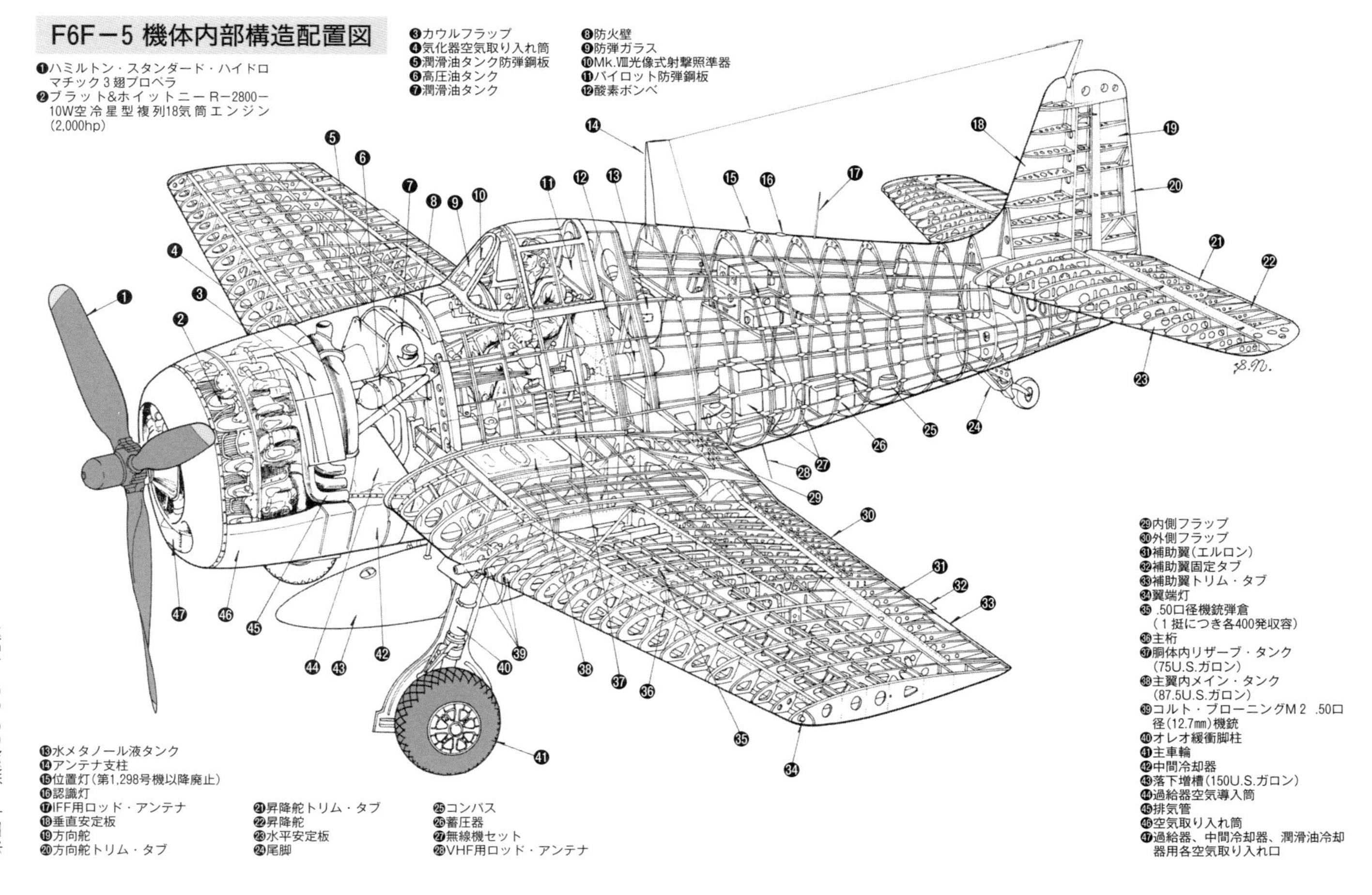
F6F－5 機体内部構造配置図
①ハミルトン・スタンダード・ハイドロマチック３翅プロペラ
②プラット&ホイットニー R－2800－10W空冷星型複列18気筒エンジン（2,000hp）
③カウルフラップ
④気化器空気取り入れ筒
⑤潤滑油タンク防弾鋼板
⑥高圧油タンク
⑦潤滑油タンク
⑧防火壁
⑨防弾ガラス
⑩Mk.Ⅷ光像式射撃照準器
⑪パイロット防弾鋼板
⑫酸素ボンベ
⑬水メタノール液タンク
⑭アンテナ支柱
⑮位置灯（第1,298号機以降廃止）
⑯認識灯
⑰IFF用ロッド・アンテナ
⑱垂直安定板
⑲方向舵
⑳方向舵トリム・タブ
㉑昇降舵トリム・タブ
㉒昇降舵
㉓水平安定板
㉔尾脚
㉕コンパス
㉖蓄圧器
㉗無線機セット
㉘VHF用ロッド・アンテナ
㉙内側フラップ
㉚外側フラップ
㉛補助翼（エルロン）
㉜補助翼固定タブ
㉝補助翼トリム・タブ
㉞翼端灯
㉟.50口径機銃弾倉（１挺につき各400発収容）
㊱主桁
㊲胴体内リザーブ・タンク（75U.S.ガロン）
㊳主翼内メイン・タンク（87.5U.S.ガロン）
㊴コルト・ブローニングM２ .50口径（12.7mm）機銃
㊵オレオ緩衝脚柱
㊶主車輪
㊷中間冷却器
㊸落下増槽（150U.S.ガロン）
㊹過給器空気導入筒
㊺排気管
㊻空気取り入れ筒
㊼過給器、中間冷却器、潤滑油冷却器用各空気取り入れ口

転中心線）と、胴体構造の基準線は合致するのが普通で、F4Fもその例に漏れなかったのだが、F6Fの場合はそれが極端に離れ、胴体基準線はエンジン推力線のかなり下方を通っているのが特徴。これは、エンジンの下方に空気取入筒を通すため、必然的にエンジン固定位置が胴体の上方に偏ったためである。

その太い胴体は断面形にも特徴があり、下半分をほぼ円形としたのに対し、上方の肩に相当する部分は細く絞り込み、「西洋梨」のような形状にしたこと。

これは、太いが故に操縦室からの下方視野が妨げられるのを防ぐために採った措置。後部胴体も操縦室付近の断面形に合わせ、尾部にかけて上方の絞り込みを徐々にきつくしていき、垂直尾翼の直前あたりでは、背ビレのように尖った形状となり、そのまま垂直安定板付根前縁のフィンに融合するようになっている。こうすることで、方向安定性の向上に寄与させる狙いがあったのだろう。

フレームNo．⑦（Sta．67 1／2）～同⑨（Sta．97 1／2）間の下面には、前後約77cm、左右約55cmの大きな着脱パネルが設けてあり、内部の無線機器などの点検を容易にする措置が講じてある。

なお、胴体外鈑のパネル分割はF4Fと同様に、フレームに沿った縦割りで、零戦、烈風の縦通材に沿った〝横割り〟とは対照的。その外鈑を骨組みに止めるリベットも、日本機のような沈頭鋲ではなく、普通の丸頭鋲だった。

↑F6F－5の胴体を真うしろに近い左後方より見る。操縦室より後方の〝西洋梨〟形の断面が、外鈑パネル・ラインによってよくわかる。垂直尾翼直前の背ビレ状上方も同様。外鈑厚に関する確たる情報はないが、当時の陸軍戦闘機の例では胴体前部が1.6~2.0㎜、後部が1.0㎜と烈風に比べても相当に厚かった。F6Fの場合、これら外鈑を止めるリベットも、普通の丸頭リベットである。

烈風の主翼

零戦三二型と同等の空戦（旋回）性能を求められたが故に、烈風の主翼はその総重量（Ａ７Ｍ１計画時で４，３００kg）に見合った翼面荷重１３０kg／㎡を実現するために、全幅14ｍ、面積30・86㎡という三座艦攻並の大きな主翼になった。いかに２，０００hp級発動機を搭載するとはいえ、この大きな主翼では空気抵抗も大きく、戦闘機にとって重要な速度性能を殺ぐことは素人目にも理解できた。

それはともかく、烈風は戦時下の開発機ということもあって、零戦の試作時には考慮されなかった生産性の向上が図られており、主桁は１本とされ、小骨（リブ）の数は全幅に見合う29本と多めだが、次頁図に示すように外鈑厚を増して縦通材の数は少なく抑え、工数の削減を図っていた。なお、主桁の材料は零戦と同じく超々ジュラルミン（ＥＳＤ）のＴ字形断面押し出し型

主翼骨組、および上面外鈑、点検蓋配置図　（寸法単位：㎜）

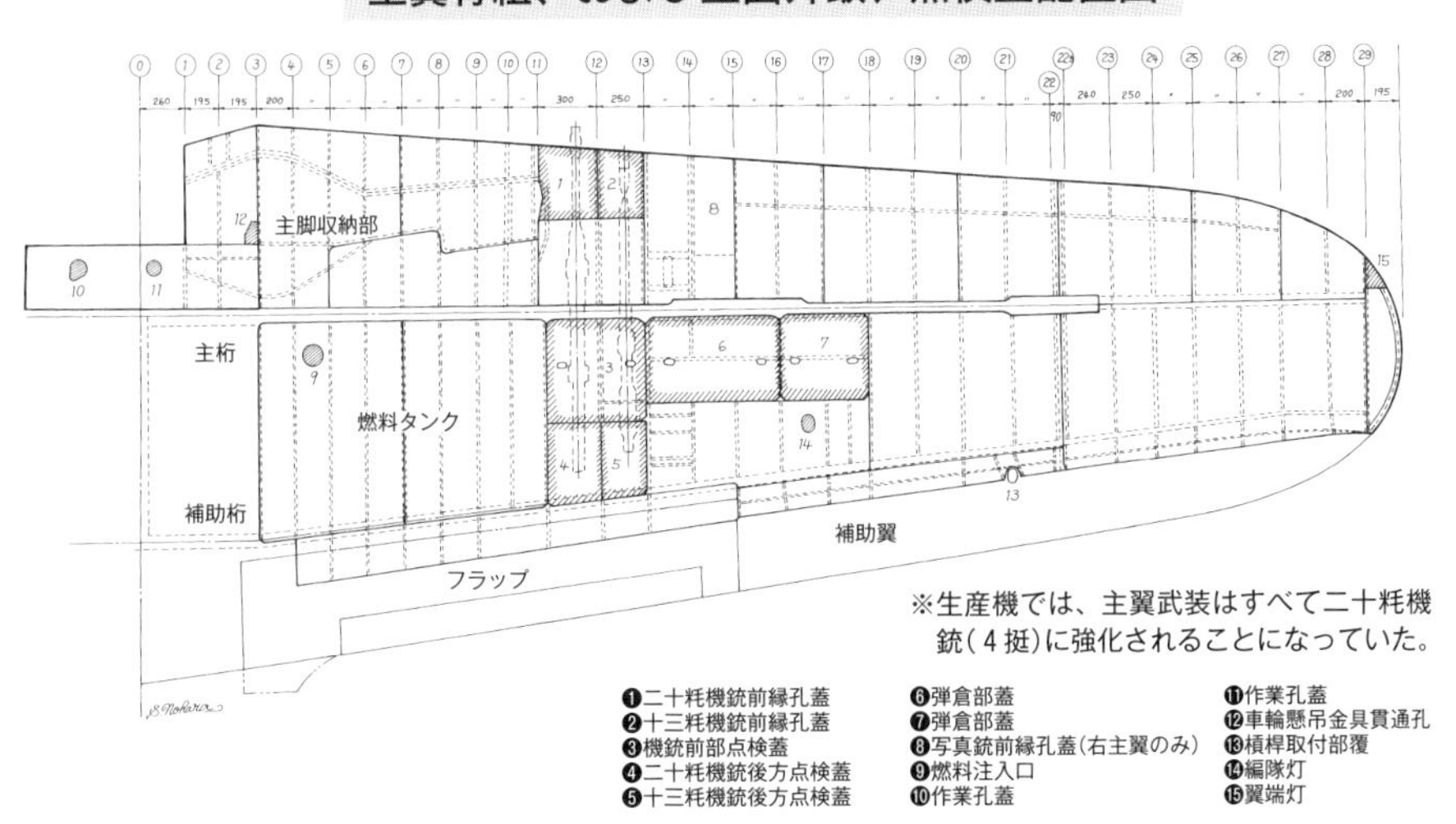

相当翼弦図　（寸法単位：㎜）

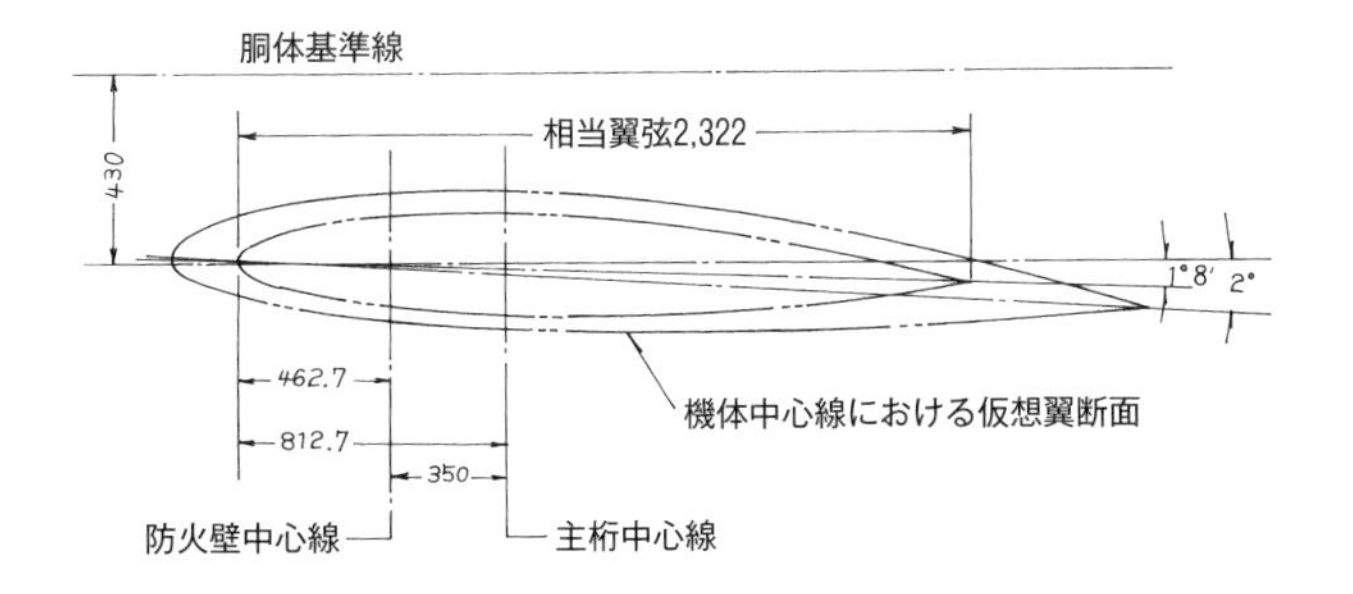

零戦は空戦性能を高めるため、大迎え角（機首上げ）姿勢時の翼端失速を防ぐ策として、主翼前縁中心線が翼端にかけて１度30分下がる、「捩り下げ」措置を講じていた。しかし、烈風ではそれほど目立った捩り下げは講じられず、左図に示すとおり相当翼弦位置でわずか２分に過ぎない。

材とされた。

試作当初は、零戦と同様に主翼付根から上反角を付ける設計だったが、風洞実験の結果をうけ、胴体との干渉抵抗減少のため、第⑮番小骨までは水平とし、それより外側にのみ12／100（約7度）の、やや強めの上反角を付けることに改められた。水平部分の範囲、サイズに違いはあるが、このスタイルは後述するF6Fの主翼とも共通しており、興味深い。

主翼断面形（翼型）は零戦の場合、最大厚部分が翼弦の約30％位置にくる、三菱第118番と称するものだったが、烈風は最大厚部分が翼弦の中央近くにくる三菱MAC－361番と称する、層流翼型に近いものを採用した（前頁の相当翼弦図を参照）。

水平部分の主桁を挟んだ前方が主脚の、後方が燃料タンクの収容スペースに充てられ、その外側には主桁を貫いて射撃兵装が装備された。

全幅12mの零戦二一型でも、航空母艦の昇降機（エレベーター）上では周囲とのクリアランスが小さく、接触を避けるために左右翼端部を50cmずつ上方に折りたたむようにした。烈風の全幅は14mもあるので、当然折りたたみ装置は必要とし、外翼の第㉒番小骨部分より外側（約1・9m）を上方に折りたためるようにした。ただし、これは試作機だけの措置で、昭和20（1945）年2月をもって日本海軍は空母運用を中止したこともあり、烈風生産機では廃止されたはず。

水平部分の主翼本体後縁にはフラップ、その外側には補助翼が取り付けられるが、ヘビー級の烈風にはフラップ効果の増大を図るための工夫が凝らされ、その前縁部分にはスロット、後縁には開き下げ（スプリット）式の子フラップを設ける親子（二重）式とされた。

このフラップは油圧によって操作されるが、空中戦の際には開度が自動的に変化する、包絡線型自動追従式空戦フラップとして作動する仕組みになっていたことが特徴。

主翼外鈑厚（厚さ単位：mm）

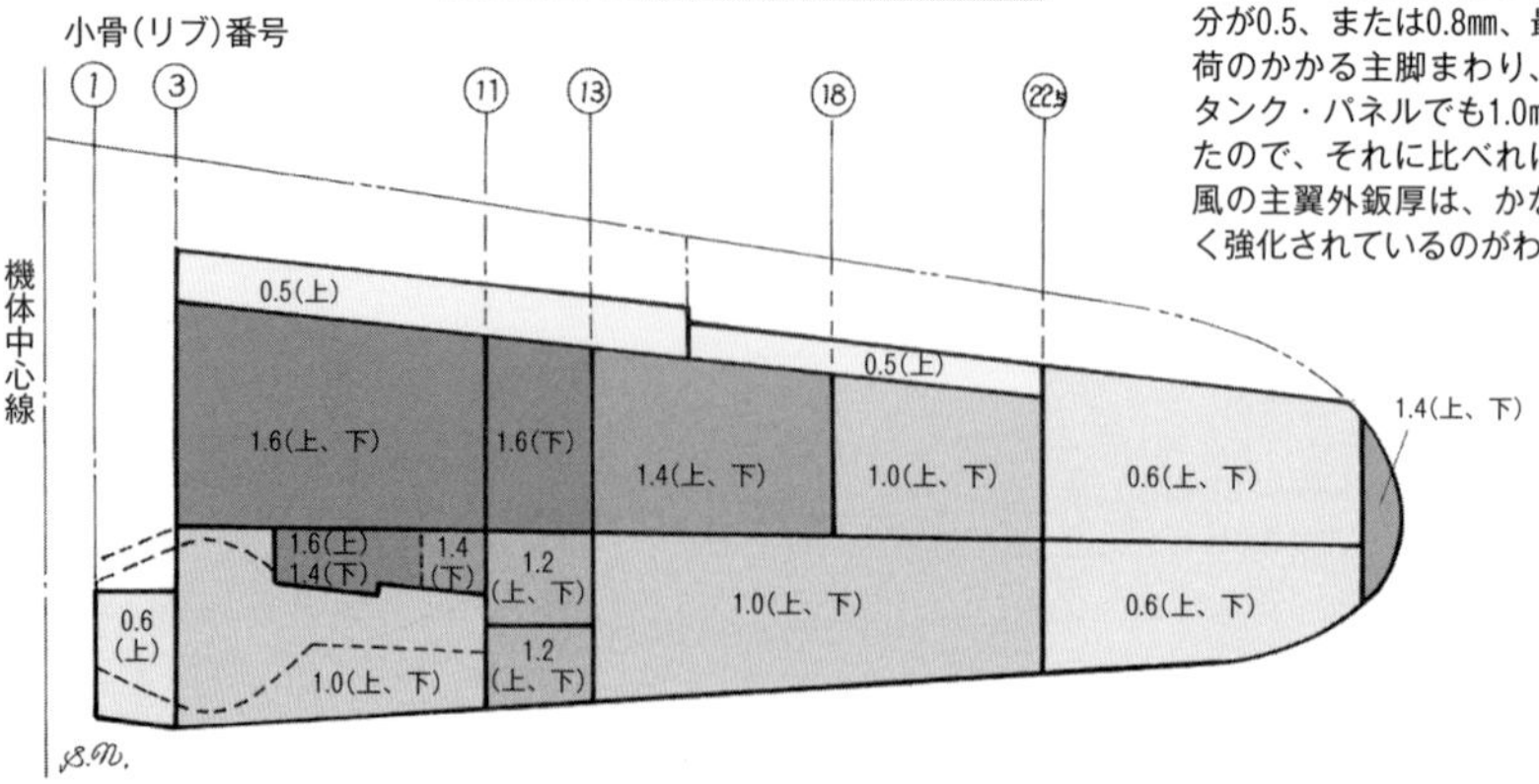

零戦の主翼外鈑厚は、大部分が0.5、または0.8mm、最も負荷のかかる主脚まわり、燃料タンク・パネルでも1.0mmだったので、それに比べれば、烈風の主翼外鈑厚は、かなり厚く強化されているのがわかる。

Ｆ６Ｆの主翼

Ｆ６Ｆの主翼は、前作Ｆ４Ｆの全幅11・58ｍ、面積24・15㎡に対し13・05ｍ、31㎡とかなり大型化している。因みに烈風のそれは、Ｆ６Ｆより全幅は約1ｍ大きいものの、面積はほぼ同じ30・86㎡だから、その分Ｆ６Ｆは弦長が大きく、アスペクト（縦横）比が小さいということになる。

ただ、翼型（断面形）はＦ４Ｆのそれを踏襲しており、付根がＮＡＣＡ２３０１５・６、翼端部が同２３００９と称したもので、極く一般的、且つ他の多くの航空機も採用した空力特性の良好な型だった。

翼型は同じだが、パーツ、骨組み構成などは当然異なった。Ｆ４Ｆでは左、右主翼を胴体側面に取り付けるようにしていたが、Ｆ６Ｆは主要パーツを中央翼、左右外翼の3部構成とし、中央翼は下図に示すように胴体構造の前端下部を貫く形でボルトにて結合され、その外端が外翼の取り付け部、および折りたたみラインとなった。

Ｆ４Ｆは主桁が1本だったが、Ｆ６Ｆは前、後2本の主桁にプラス補助桁という構成で、相応に強度を高めていた。この前桁は、Ｆ４Ｆと同じく胴体基準線に対して垂直ではなく、後方に傾いている。その理由は、グラマン社独創の後方折りたたみ方式を踏襲したからで、前桁に折りたたみ時の回転軸中心となる、中央翼と外翼の取付金具を設置する必要があったからに他ならない。

Ｆ４Ｆの折りたたみラインは、上面が緩い「Ｓ」字状、下面が直線のシンプルな形だった。しかし、Ｆ６Ｆは中央翼の外端近くに主脚が取り付けられ、後上方に引き上げて収納する方式を採ったため、その主脚を避けるのと、折りたたみ作動にともない中央翼、外翼が干渉する箇所を生じる。そのため、折りたたみラインはＰ．１２１の上、下図で示したように、両面ともに複雑に屈折してそれを避けている。

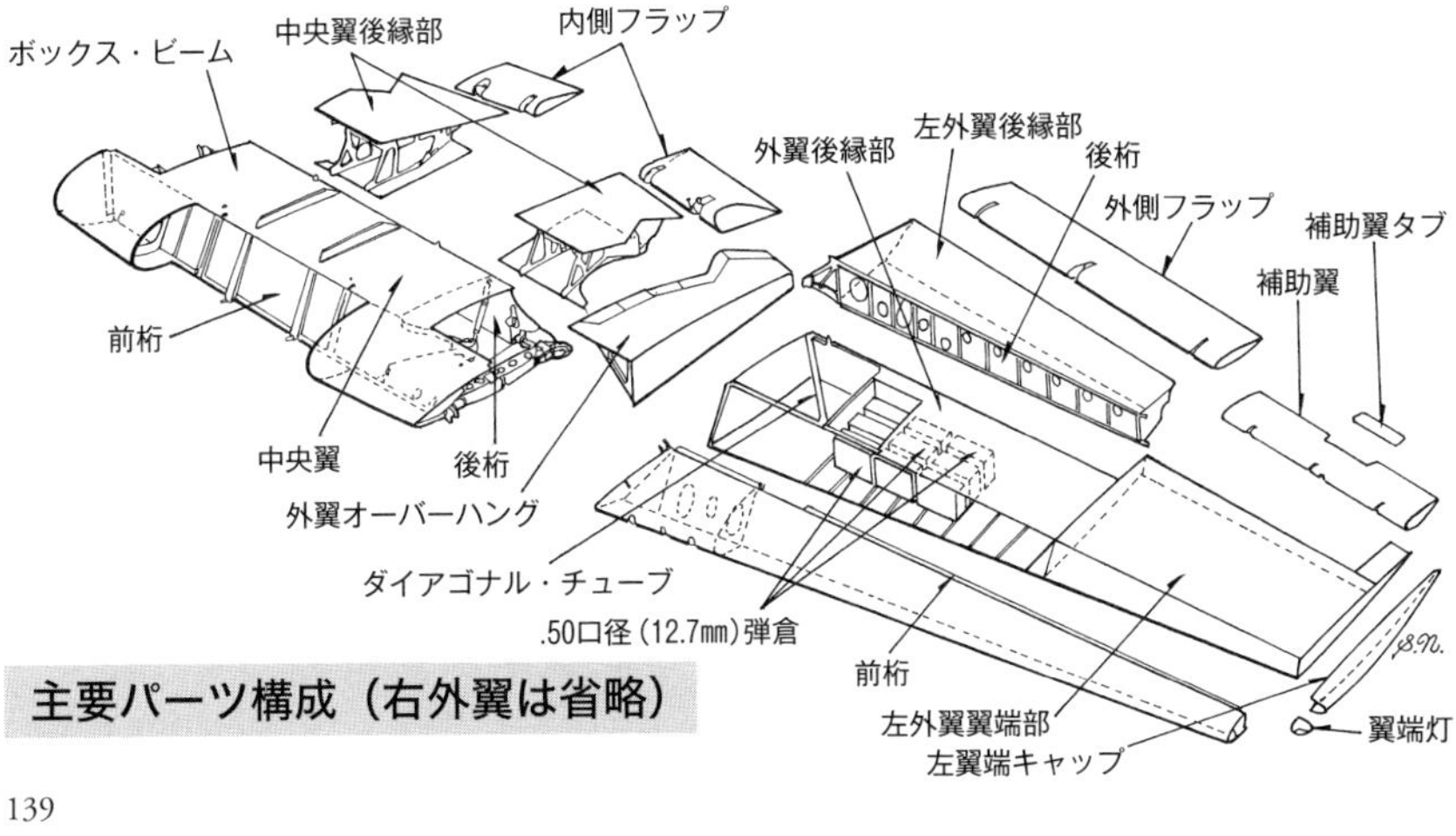

主要パーツ構成（右外翼は省略）

なお、この主翼折りたたみ操作はF4Fと同様、3~4名の人力で行なうが、その際折りたたみ部分のロック金具を、油圧により解除、展張時のロックを行なえた。また、後期にはエンジン駆動時に限り、油圧で自動的に折りたたみ、展張が可能になった。

原型機XF6F－1の段階で、総重量が5・2トンにも達するヘビー級艦戦になると見積られただけに、離着艦時の揚力向上と減速をより効果的とするため、フラップ面積は3・7㎡と十分な値を確保した。

タイプ的には、後方に摺動しつつ下がる「スロッテッド・フラップ」で、最大下げ角は50度である。零戦が空母から滑走発艦する際は、揚力向上のためにフラップは10度下げとするのを基本としたが、F6Fの場合はカタパルト発艦を専らとしたので、この際は最大下げ角にして揚力を稼いだ。

中央翼は水平、外翼にのみ7・5度の上反角付きということからして、当然フラップもここを境にして内、外に

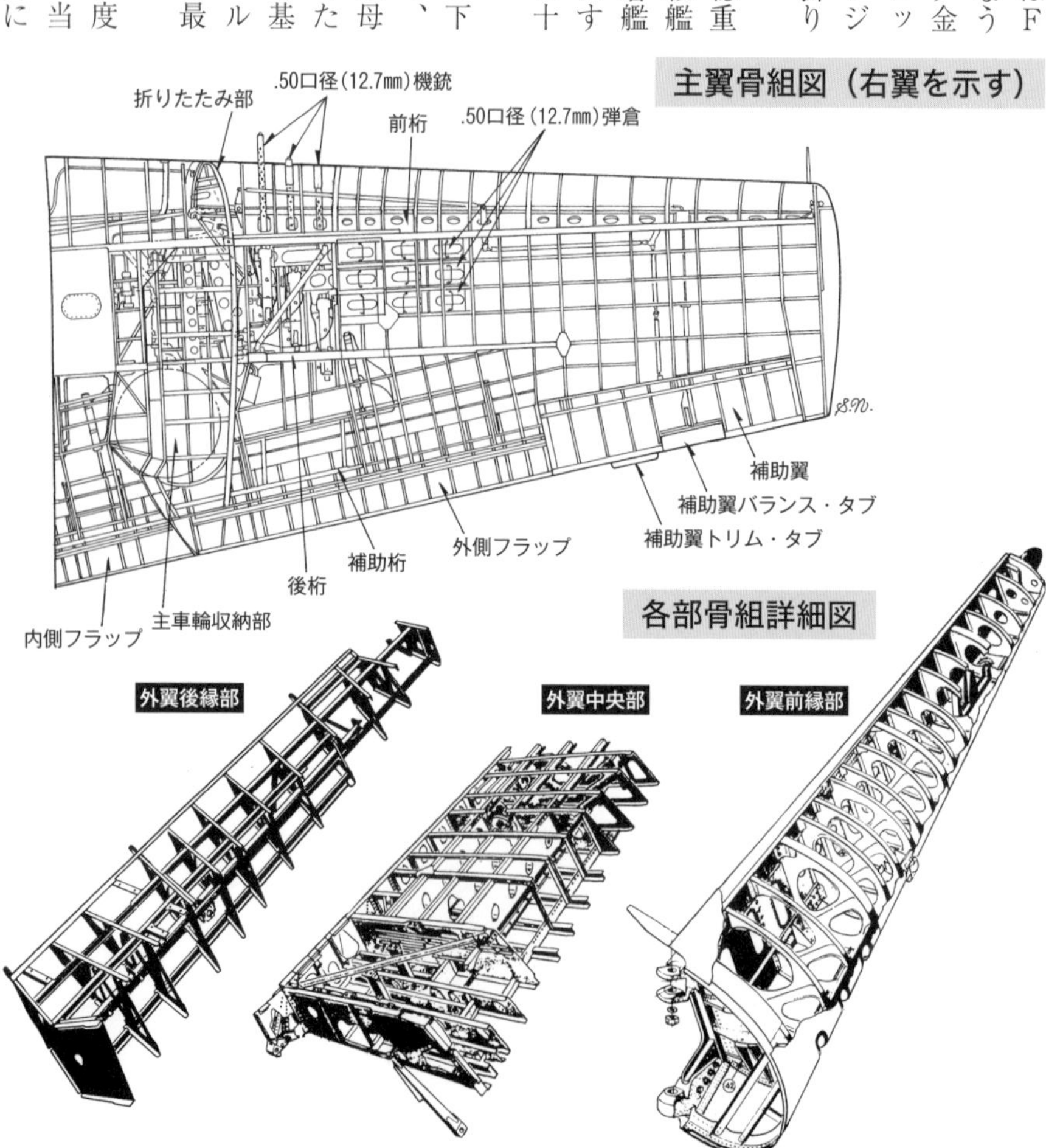

二分されている。意外にも思えるが、このフラップは内側の構造が骨組み、外皮ともジュラルミン製なのに対し、外側の外皮が羽布張りになっていたこと。

　機構的にも凝っていて、日本では例がない自動操作システムが組み込まれており、速度１７０kt（３１４・８km／h）以下でフラップ下げ操作をすると、電気的な処理がなされ、１５０kt（２７７・８km／h）では15度に、95kt（１７５・９km／h）では50度に自動的に下がる。着艦時に諸々の操作に忙殺されるパイロットの負担を軽減させてくれる、有難いシステムだった。

　補助翼は一般的なフリーズ・タイプで、操縦桿とは槓桿を介して連結している。骨組みはジュラルミン、外皮は羽布張りで、操作角は上方に17度、下方に13 ３／８度。Ｆ６Ｆ－３の就役後に操舵が重いという指摘をうけ、Ｆ６Ｆ－５ではスプリング・タブを設け、それを軽減する措置が講じられた。

←首都ワシントンDCのNASM（国立航空宇宙博物館）本館内に、左、右主翼を折りたたんだ状態で展示されていた当時の、F6F－3。その要領がよくわかる。この状態での左右幅は、わずか4.92mとなり、空母格納時の占有スペースを著しく減少できた。

→右主翼の折りたたみ状態の前縁部。傾斜した前桁に取り付けられた、回転軸金具に注目。

←上写真のF6F－3の右主翼折りたたみ状態を、正面より見る。

烈風の尾翼

零戦に比べてふた廻りも大型化した烈風は、飛行中の安定性、操舵性を保つための最適な垂直尾翼面積を把握するのに苦労し、A7M1原案から試作1号機、および2号機以降、さらに発動機換装したA7M2、そして「試製烈風改」（A7M3－J）の計画に至るまで、何度も改修を繰り返した。

零戦の垂直尾翼面積は1・619㎡、水平尾翼面積は1・895㎡だったのに対し、烈風（A7M2）ではそれぞれ2・215㎡、2・672㎡となった。A7M1原案では、P．111の三面図を見ればわかるように、垂直尾翼の形状が、零戦に比べてやけに細長かったが、面積不足のため安定板前縁下部を前方に、方向舵後縁を10㎝後方に増して対処した。

当初は、方向舵には修正舵（トリム・タブ）しか付いていなかったが、操舵力を軽減するための平衡舵（バランス・タブ）が追加された。

水平尾翼は全幅5・6ｍで、零戦の形状を踏襲し面積を拡大しただけのようだった。ただし、自動追従式の空戦フラップを使用した際の、縦方向釣合変化に対応するため、A7M1試作2号機では左、右翼端を30㎝ずつ切り詰めて角形に整形し、全幅5ｍとした「第二案」と称した水平尾翼が装着された。この水平尾翼は、同機がA7M2の試作3号機に改造されたのちも、そのままとされた。

昇降舵の後縁には、最初から修正舵、平衡舵が付けられていた。

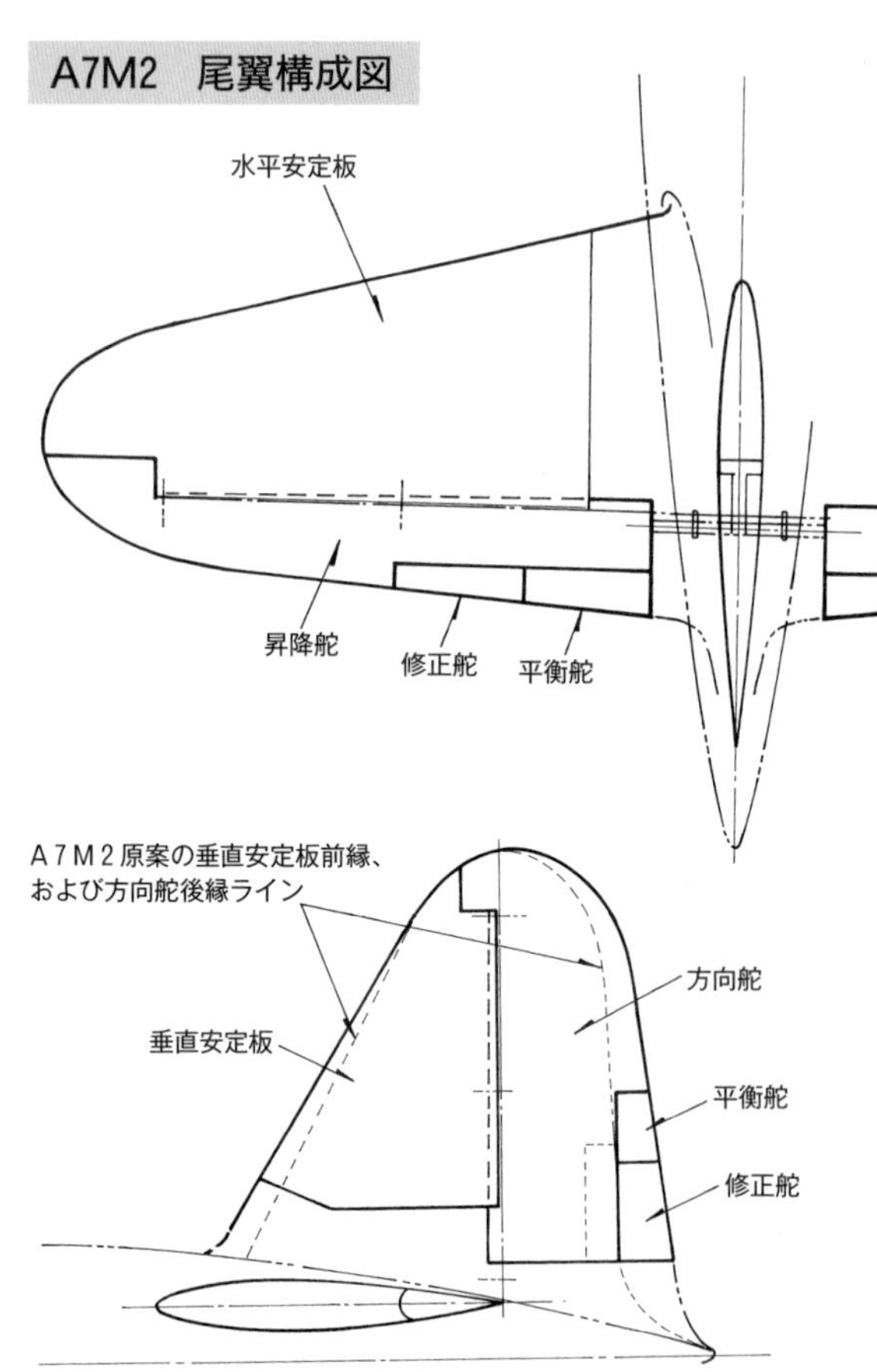

Ｆ６Ｆの尾翼

Ｆ６Ｆの尾翼は、垂直尾翼の形状がＦ４Ｆのそれを踏襲した感じで、少し高さが増した程度だったが、水平尾翼は全幅がＦ４Ｆの４・16ｍに対し５・63ｍとかなり拡大され、翼端は角形ではなく円弧状になるなど、違いが目立つ。

構造的には、極く一般的な応力外皮構造で、垂直、水平安定板は骨組み、外皮ともにジュラルミン製、方向舵、昇降舵がジュラルミン製骨組みに羽布張り外皮だった。Ｆ４Ｆもそうであったが、垂直、水平安定板の骨組みは桁とリブのみで構成され、縦通材を省略しているのが日本機には無い特徴。水平安定板は左、右別造りで、完成後にボルトで胴体に結合された。

２,０００hp級エンジン搭載機では、そのプロペラ回転にともなうトルク作用（回転方向と逆に働く力）が強烈で、それを抑えるために垂直尾翼の取付角度を左、右いずれかに少しオフセットして対処した機体も多い。しかし、Ｆ６Ｆにはその措置は講じられていない。

同じＲ－２８００エンジン搭載の後継機Ｆ８Ｆは、左に１度30分オフセット措置が講じられている。本機はＦ６Ｆに比べてひとまわり機体サイズが小さく、４翅プロペラを用いていたので、トルク対応策を講じざるを得なかったのだろうか？

Ｆ６Ｆは機体サイズが大きいうえに、胴体後部の背部分がヒレのように尖っていたので、トルク作用を減じる効果があったのだろうか？　因みに、Ｆ６Ｆと同規模だった烈風にも、そうした措置は講じられていない。

Ｆ４Ｆの水平安定板は、胴体基準線と平行で取付角は０度だったが、Ｆ６Ｆでは１度30分の取付角となっている。これは、着艦時の低速度機首上げ姿勢が容易になるための措置。

方向舵、昇降舵の後縁には修正舵が付くが、烈風のような平衡舵は付かない。

水平尾翼骨組図（ステーション・ダイヤグラム）

（寸法単位：インチ）

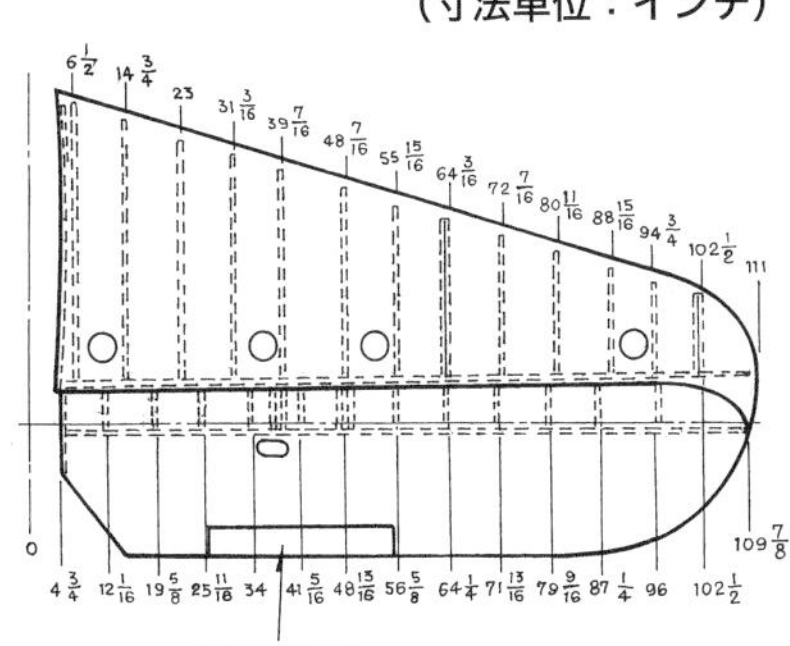

→F6F－5の尾翼を右後方より見る。F4Fと同様に、昇降舵の内端は方向舵の作動範囲（左右各33度）をクリアするため、斜めにカットされた形になっている。

烈風の操舵室

当時の日本には、プレキシガラス（樹脂製のガラス）の大きな一体成形物を造る技術がなく、零戦は世界的にも導入が早かった、360度視界の水滴状風防（キャノピー）を採用したものの、小面積のガラス窓を多くの枠（フレーム）で止める構成だった。

烈風も、零戦の水滴状風防を踏襲し、そのパーツ構成は前方固定部、中央可動部、後方固定部の3つから成っていた。ただ、設計着手年度が5年も新しいだけに、形状はより流線形となり枠も少な目になっている。

前方固定部のみは強度を必要とするので、プレキシガラスではなく厚さ5mmの強化磨ガラスとなっており、中央可動部が厚さ5mm、後方固定部が4mmのプレキシガラスである。ライバルに匹敵するF6Fは、前方固定部正面に厚さ50mm程度の防弾ガラスを取り付けたが、烈風では室内正面計器板の上方、

風防構成

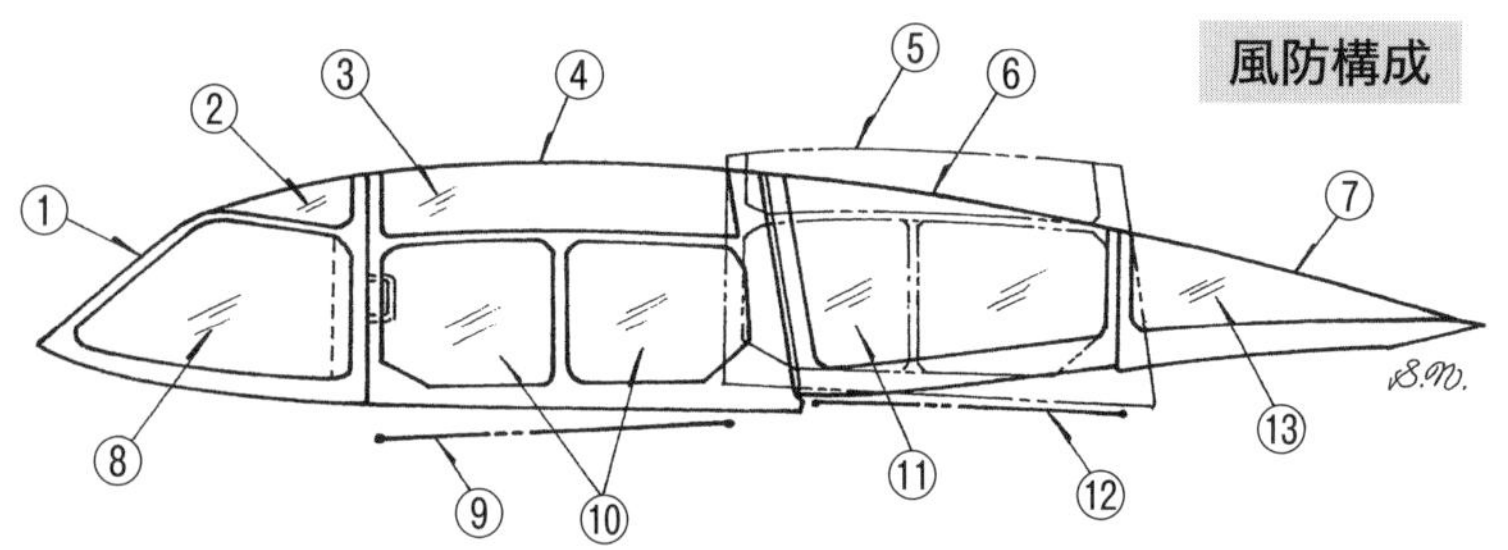

①遮風板 ②強化磨ガラス（5㎜厚）③プレキシガラス（5㎜厚）④中央可動部 ⑤可動部全開位置 ⑥風防後部固定部 ⑦風防後部着脱部 ⑧強化磨ガラス（5㎜厚）⑨前方レール ⑩プレキシガラス（5㎜厚）⑪プレキシガラス（4㎜厚）⑫後方レール ⑬プレキシガラス（4㎜厚）

操縦室計器板配置

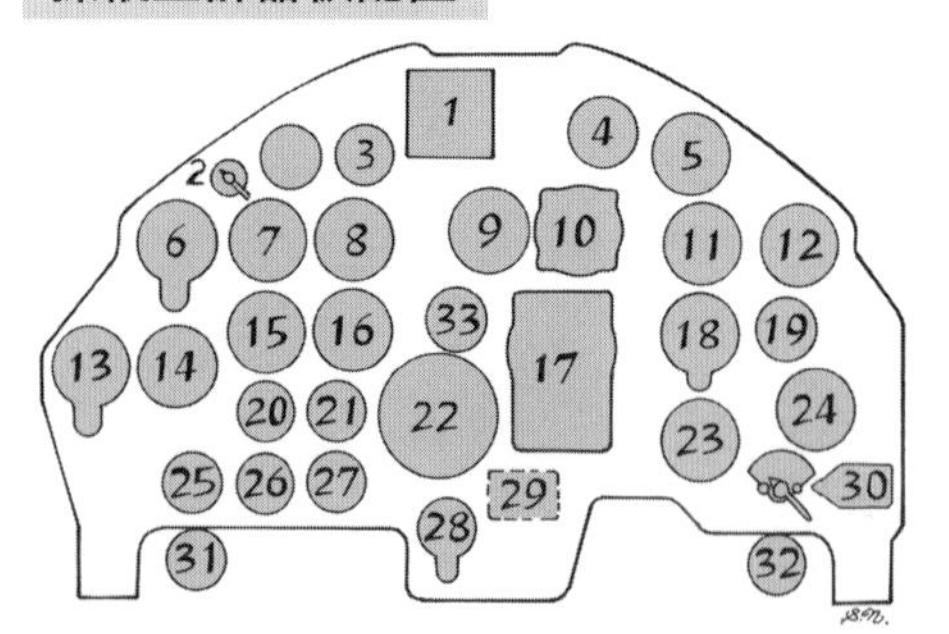

①換気弁 ②燃料計切換コック ③電路切断器 ④偏流目盛硝子回転用把柄 ⑤航路計 ⑥主翼タンク燃料計 ⑦排気温度計 ⑧電圧回転計 ⑨旋回計 ⑩水平儀 ⑪速度計 ⑫大気温度計 ⑬胴体タンク燃料計 ⑭水量計 ⑮筒温計 ⑯給入圧力計 ⑰羅針儀 ⑱高度計 ⑲フラップ角度計 ⑳油温計 ㉑燃料圧力計 ㉒偏流測定器 ㉓昇降計 ㉔脚位置表示器 ㉕水圧計 ㉖高圧油圧計 ㉗潤滑油圧力計 ㉘酸素調節器 ㉙昇圧器 ㉚空戦フラップ切換操作器 ㉛防氷液注射ポンプ ㉜燃料注射ポンプ ㉝航空時計

操縦室左側の装備品台配置

①ボーデン索 ②機銃発射索開閉器 ③吹流し投下把手 ④二十粍機銃装填切換弁 ⑤燃料コック切換把手 ⑥修正舵操作器 ⑦爆弾投下把手 ⑧十三粍機銃装填切換弁 ⑨落下傘曳索繋止金具 ⑩酸素ボンベ

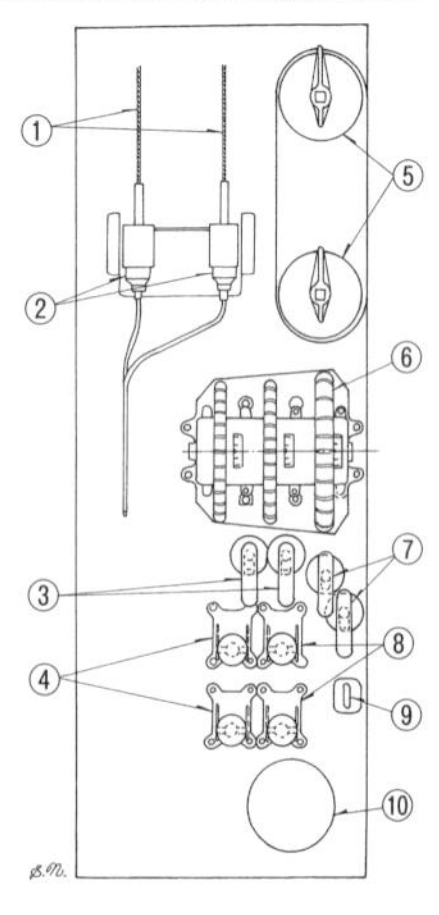

射撃照準器の手前に、厚さ55mmの積層防弾ガラスを固定するという方法を採った。

　操舵室内のアレンジは、胴体幅が零戦に比べて少し大きくなったこともあり、正面計器板の配列は「雷電」に似たものとなり、左右のコンソール配置も同様であった。

　操縦者座席は、雷電生産型と同じく搭乗員の背負式落下傘（パラシュート）に対応した、背当の奥行きが深い型式で、離着陸時の前方視野拡大のため、位置を少し上方へ引き上げられる調整機構が付いている。

　零戦の弱点でもあった防弾装備の不備は、烈風で改善されたとは言い難く、前述した防弾ガラスの設置はあるものの、後方からの被弾に対処すべき座席、頭当て背後の装甲板の設置が考慮されておらず、脆弱性はそのままだった。Ｆ６ＦがＦ４Ｆ以上に防弾装備を強化したのと対照的で、操縦者の命を可能な限り守るという西欧的な感覚は、日本陸海軍に共通して希薄だった。

防弾ガラス位置、および寸度

（寸法単位：mm）

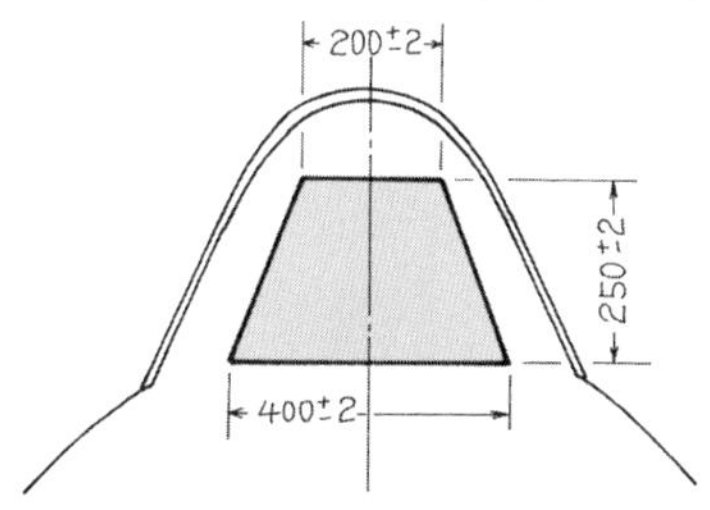

防弾ガラス枠組詳細図

①調整ナット棒
②調整ネジ
③上方締付金具
④ゴム・パッキン
⑤ジュラルミン鈑
⑥防弾ガラス
⑦下方締付金具
⑧前後滑動金具
⑨１mmφ亜鉛鍍鋼線

防弾ガラス中心線

組立時に235mmとする（調整可能）

操縦者座席構成

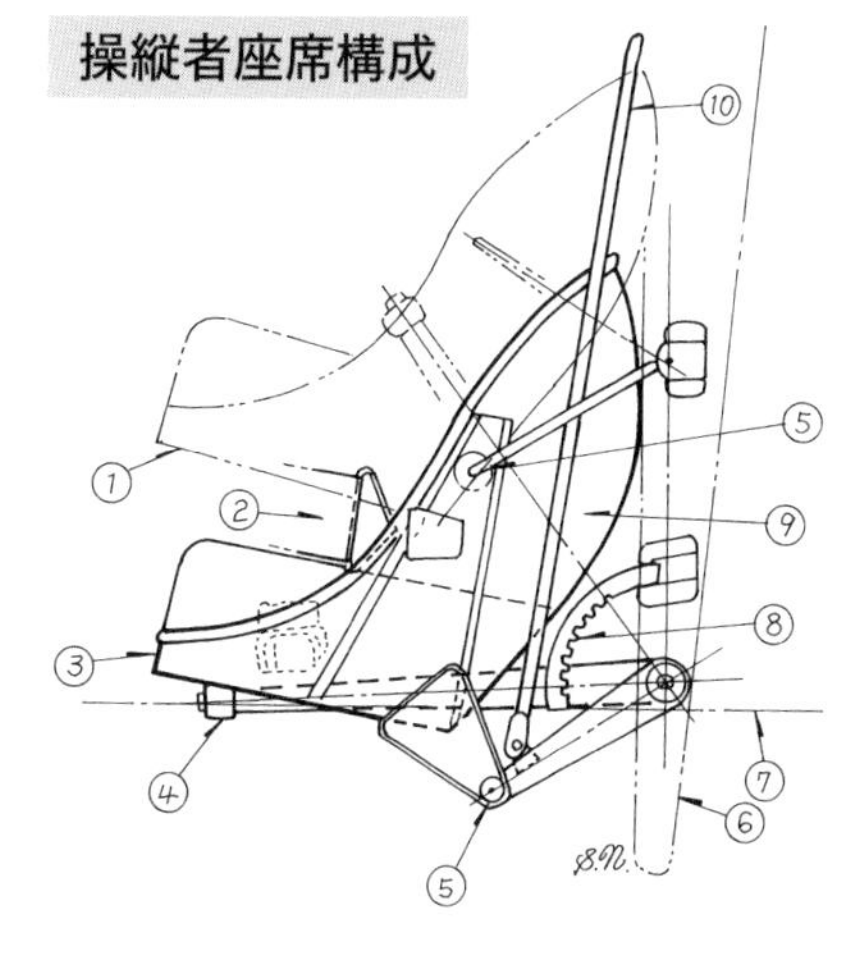

①座席最高位置 ②座席ベルト ③座席最低位置 ④座席上下調節把手(右側) ⑤座席着脱用ピン ⑥座席取付支基 ⑦胴体基準線 ⑧座席位置固定歯 ⑨座席本体 ⑩緩衝ゴム紐

航空機乗員が用いるパラシュート（日本陸海軍では「落下傘」と呼称）には、大きく分けて２種類あり、戦闘機乗員などが搭乗する前から身に付けるタイプと、大型機乗員が座席の近くに置いておく携帯式のタイプがあった。日本海軍の戦闘機搭乗員は、太平洋戦争中期まで尻の下にブラ下げて、座席に座ったときクッション代わりにするタイプの「九七式落下傘二型」を用いたが、後期には背負式の「零式落下傘二型」に変わり、烈風の座席も同落下傘に対応したものだった。

F６Fの操縦室

F６Fの操縦室は、ファストバック形態のキャノピー、室内アレンジも含めて、前作F４Fのそれをほぼ踏襲したものと言ってよい。

操縦室付近の胴体幅はF４Fとほぼ同じだったが、F６Fの断面形は「西洋梨」のそれに似た、上部が細く絞られた形状のため、室内のアレンジは、次頁の真上から撮影した写真を見ればわかるように、よりタイトに、且つ人間工学的に向上したものとなった。

正面計器板は、板自体の上にさらにリフレクター・パネルを被せ、各計器が凹んだ位置になるようにし、太陽光の反射によって見づらくなるのを防ぐ措置を、F４Fから継承している。この正面計器板には主に飛行関係計器が配置され、エンジン関連の燃圧、燃料、油圧、シリンダー温度などの各計器は、右下の小パネルに別途配置されている。

パイロット座席は、次頁図のような

→F6F－3のキャノピー。前方固定部は左右、前面、天井の4面の曲面ガラスで構成され、防弾ガラスは前面ガラスの内側に、別途取り付けられていることがわかる。可動キャノピー直後の後方視認用小窓は、ファストバック形態の弱点である、後方視野の狭さを補うためのものだが、F6F－5の初期生産機までで廃止された。

→F6F－5のキャノピー。可動部を全開して飛行中である。前方固定部は、前面が防弾ガラスを兼ねた平面ガラスとなり、側面ガラスも天井部分で左右分割する2枚構成に改められている。写真の機体は後期生産機で、パイロット後方のヘッドレストを付けた防弾装甲板が、少し前傾するように変化した。F6F－3では前傾して固定されていたアンテナ支柱が、F6Fでは垂直に変化していることにも注意。

造りで、右側に備え付けたアジャスト・レバーを前後に動かすことで、上、下位置を調整した。座席の後方には装甲板が設置され、その上方前面にヘッドレストが取り付けられた。

室内のエア・コントロールも万全で、換気は中央翼の左右前縁に設けた小さな孔から、外気を取り入れて室内に導いて行ない、暖房、および窓ガラスの曇り防止はエンジンの主過給室から暖気を導いたうえ、さらに電気ヒーターを用いて温度調整を行なった。

零戦、烈風には無い装備として、洋上飛行を常とするＦ６Ｆは、正面計器板の下部に航法用のチャート（地図）を広げられる、引き出し式の小テーブルが設置されていた。

さらに、緊急時の脱出を容易にするための、可動キャノピー飛散装置をはじめ、非常用の手動油圧ポンプ、フラップ操作器、酸素バイパス弁、味方識別装置破壊装置（情報秘匿のための）などが完備されていた。

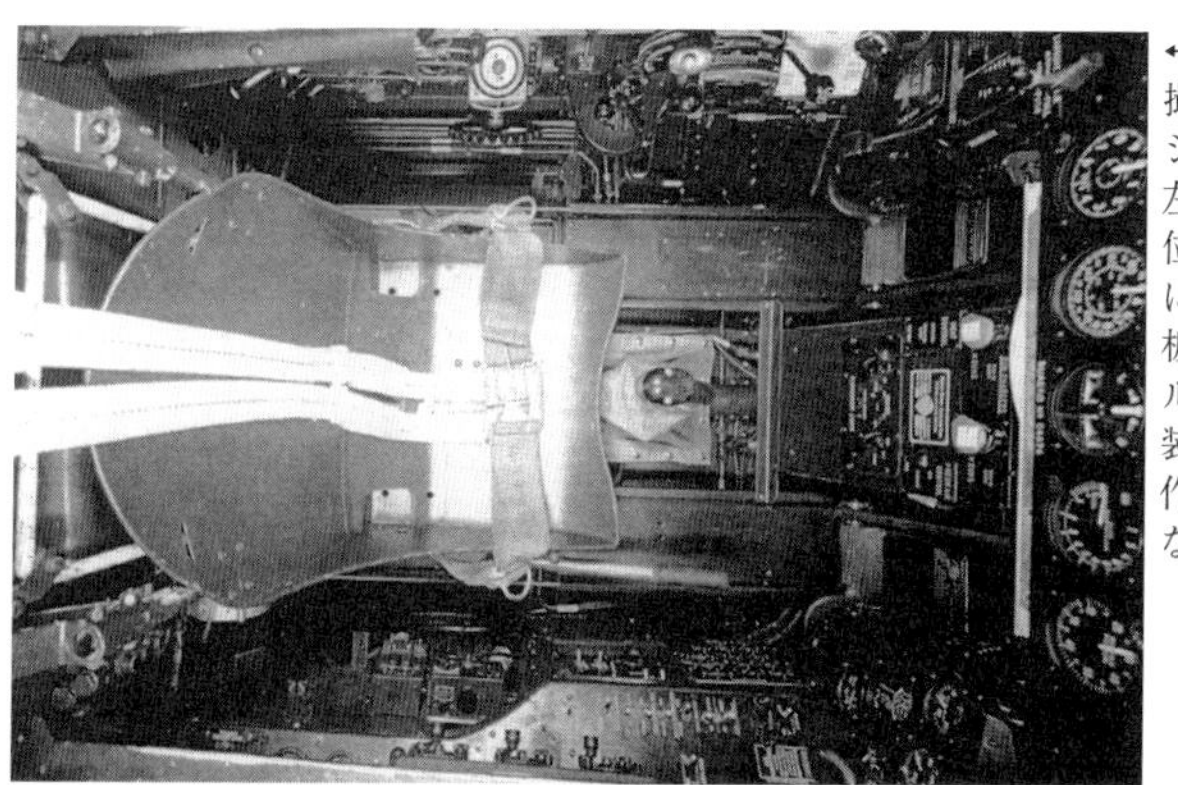

←F6F－3の操縦室を真上から撮影した、グラマン社のオフィシャル写真。鮮明な画面により、左右コンソール、座席、操縦桿位置などがよくわかる。画面右に一部が写っている正面主計器板の中央下方、左右方向舵ペダルに挟まれたパネルには、機銃装填スイッチ、外気取り入れ操作レバー、ヒーター操作レバーなどが設置されている。

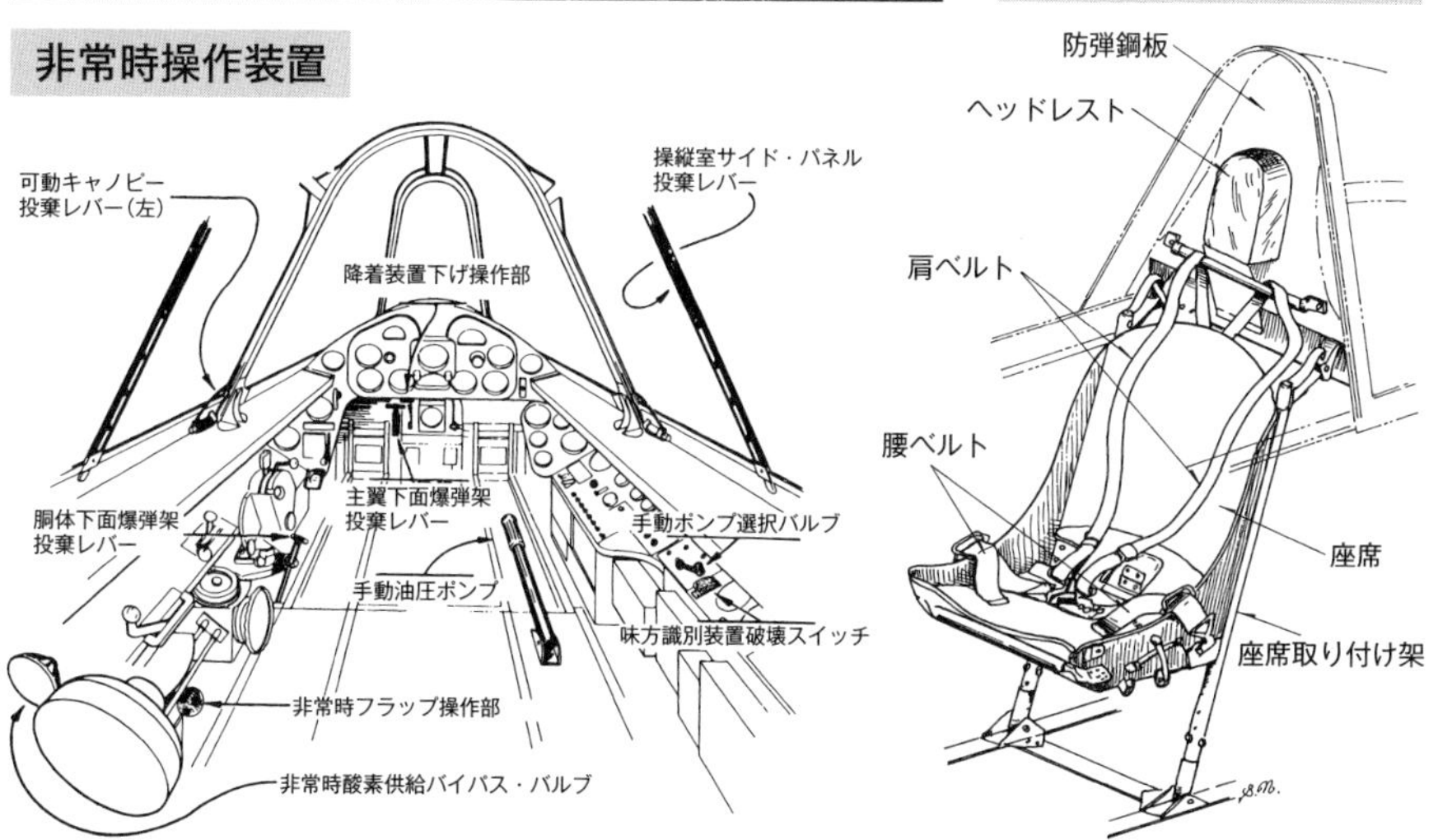

F6F－3 計器板

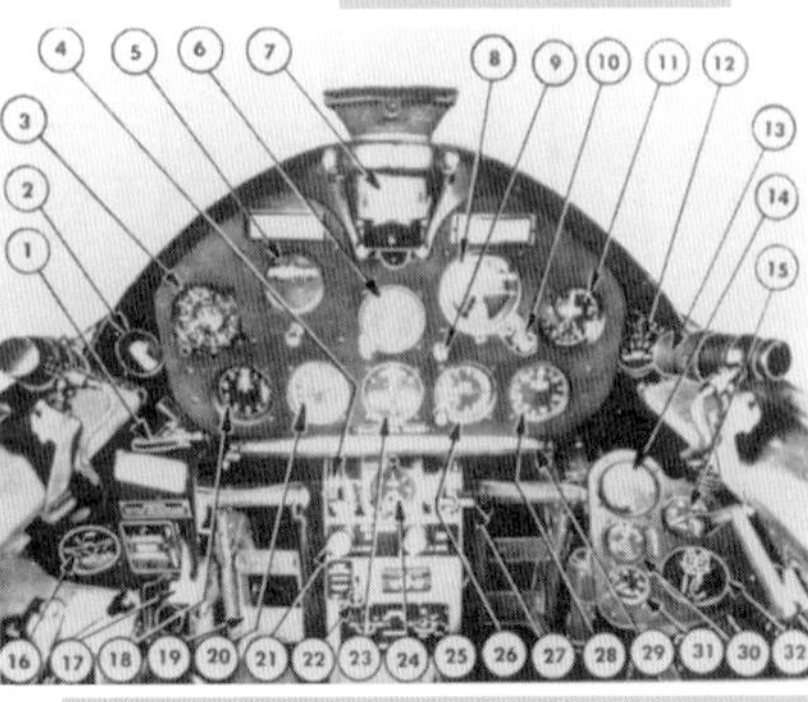

①気化器空気取り入れ口制御ハンドル
②エンジン点火スイッチ
③時計
④緊急時脚下げ装置作動レバー
⑤ジャイロ針路儀
⑥羅針儀（コンパス）
⑦Mk.Ⅷ光像式射撃照準器
⑧ジャイロ水平儀
⑨チャート・ボード用ライト
⑩ジャイロ水平儀修正ノブ
⑪エンジン回転計
⑫水残量計（水噴射システム用）
⑬計器板用蛍光照明
⑭シリンダー・ヘッド温度計
⑮潤滑油圧力計
⑯着陸時脚・フラップ位置表示器
⑰着陸時脚操作レバー
⑱高度計
⑲方向舵操作ペダル
⑳対気速度計
㉑機銃弾装填制御装置
㉒コクピット暖房スイッチ
㉓旋回・傾斜計
㉔機銃残弾標示装置
㉕蛍光照明制御装置
㉖昇降計
㉗折り畳み主翼安全ロック操作レバー
㉘マニフォールド圧力（シリンダー吸気圧力）計
㉙チャート・ボード
㉚潤滑油温度計
㉛燃料圧力計
㉜燃料残量計

F6F－3 右サイド・コンソール

①可動風防開閉レバー
②バッテリー・スイッチ
③主配電盤
④電気器材用照明
⑤無線機操作盤
⑥識別灯スイッチ
⑦油圧ポンプ切り替えバルブ
⑧右後方コクピット内照明
⑨油圧システム圧力計
⑩緊急時脚下げ装置圧力計
⑪主翼固定油圧操作装置
⑫手動リセット回路遮断器操作盤
⑬逆流継電器アクセスパネル
⑭油圧システム手動ポンプ
⑮火器関係スイッチ・パネル
⑯手持ち式送話器
⑰信号弾クリップ
⑱信号弾ピストル収納部
⑲無線機操作装置
⑳敵味方識別装置自爆スイッチ
㉑敵味方識別装置支持架

F6F－3 左サイド・コンソール

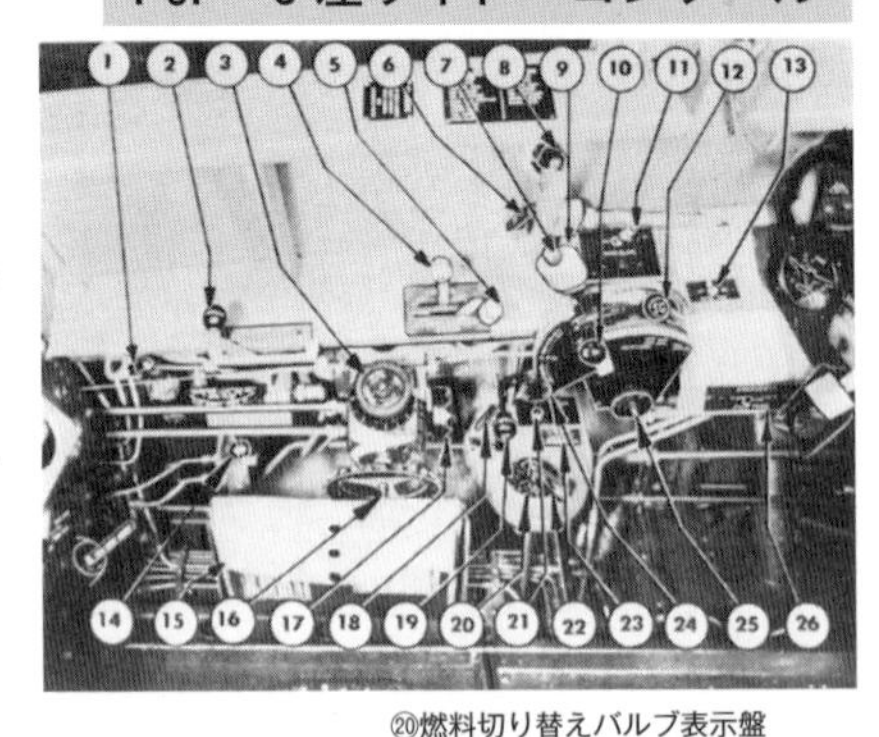

①コクピット左下方照明
②尾輪固定レバー
③方向舵トリム・タブ操作装置
④カウル・フラップ操作レバー
⑤潤滑油冷却器・中間冷却器シャッター調節レバー
⑥落下式増槽投棄スイッチ
⑦マスク内マイクロフォン通話スイッチ
⑧コクピット左上方照明
⑨スロットル・レバー
⑩混合気調節レバー
⑪フラップ電気式操作スイッチ
⑫過給器制御レバー
⑬水噴射制御スイッチ
⑭フラップ手動操作装置
⑮地図ケース
⑯昇降舵トリム・タブ操作装置
⑰補助翼（エルロン）トリム・タブ操作装置
⑱燃料タンク与圧制御桿
⑲プロペラ・ピッチ調節レバー
⑳燃料切り替えバルブ表示盤
㉑予備燃料タンク与圧制御スイッチ
㉒燃料タンク切り替えバルブ操作スイッチ
㉓潤滑油濃度希釈装置スイッチ
㉔プロペラ・ピッチ目盛調節装置
㉕エンジン操作レバー緩緊調節（作動の固さを調節）
㉖電気式補助燃料ポンプ・スイッチ

F6F－5N 計器板

①電波高度計
②レーダー・スコープ

烈風の降着装置

烈風の降着装置は、基本的に零戦のそれに準じたもので、主脚、尾脚ともに油圧をエネルギー源とする引込式である。ただ、機体重量が零戦に比べて約1・7倍も大きいので、クロームモリブデン鋼製の主脚柱をはじめ、各部の造りは相応に強度を高めてあった。

主車輪サイズは、零戦の６００×１７５㎜に対し７００×２００㎜と大きく、轍間距離（左右主輪間隔）も、３,５００㎜に対し４,２２５㎜と大幅に拡大している。

艦上戦闘機は着艦の際に、数ｍの高さから落下するように飛行甲板に接地するので、車輪のタイヤ内気圧は、パンクを防止するために少し高めに設定していた。零戦の場合は4気圧だったが、烈風ではそれより少し高い４・５気圧とするよう指定されていた。

主脚の上げ（収納）操作は、本ページ上段右図に示した如く、操縦室の脚

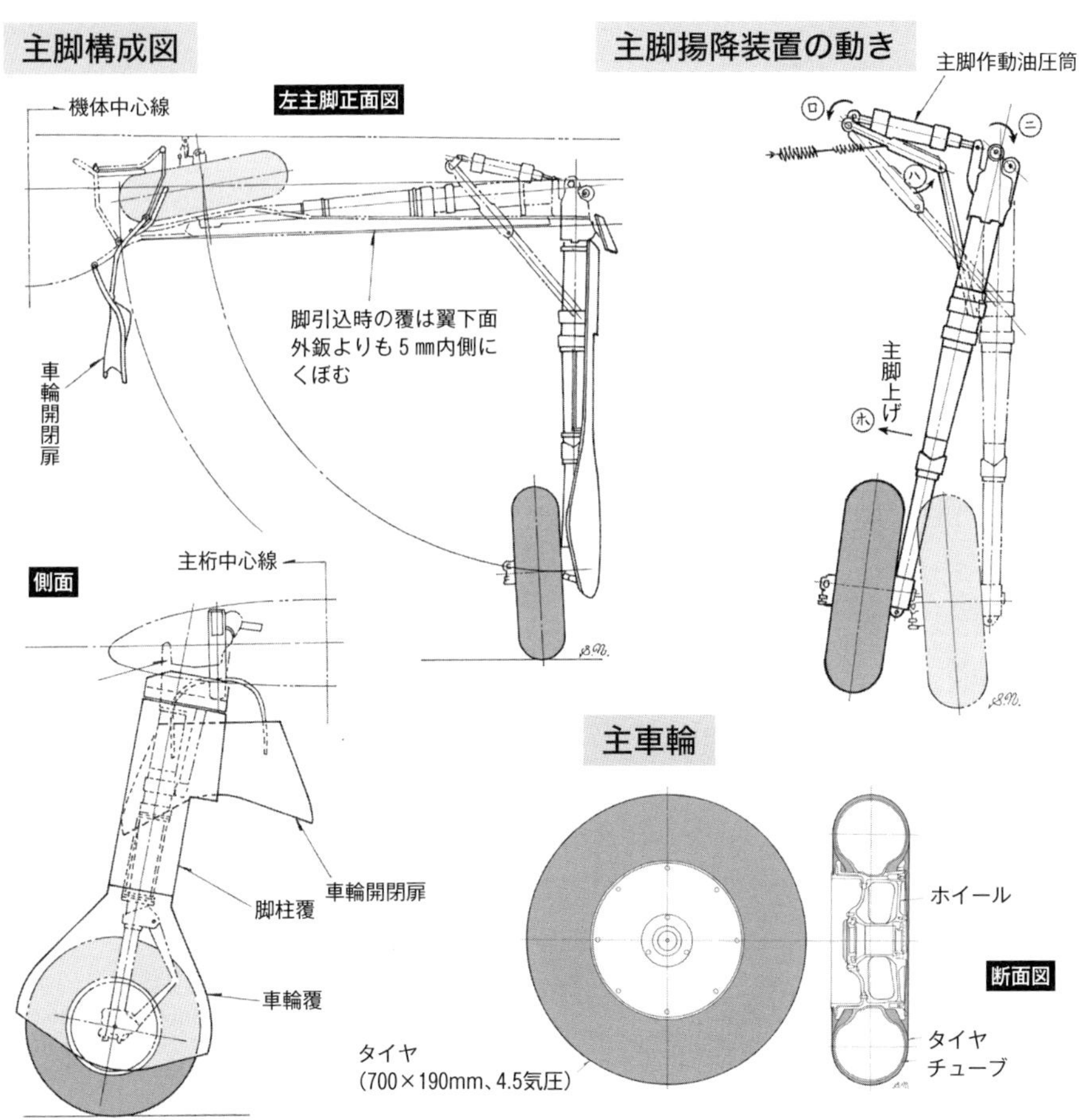

切換弁を「脚上げ」位置にすることで、斜支柱固定鈎が外れたのち、油圧作動筒が100kg／㎠の力で斜支柱を㋺の方向に廻す。そしてさらに㋩の方向に折れ曲がると同時に、脚柱はそれぞれ㋥、㋭の方向に動いて脚上げ作動が始まるという仕組み。車輪収納孔に着く開閉扉には、それ自体の作動装置はなく、車輪の出し入れで開閉する。

尾脚の構成は零戦のそれをほぼ踏襲したもので、空気／油式の緩衝機構（オレオ）を組み込んだ1本脚柱に、架構および又状金具を介してソリッド・ゴム製のタイヤをもつ尾輪（200×75㎜）を取り付けてある。

艦上戦闘機として開発された烈風は、当然のごとくもうひとつの降着装置である「着艦拘捉鈎」（フック）の装備も前提にしていたのだが、量産準備が指示された直後の昭和20（1945）年2月、日本海軍は航空母艦の運用を中止したため、烈風の生産機では着艦拘捉鈎の必要性がなくなり、廃止されたはずだ。

尾脚構成

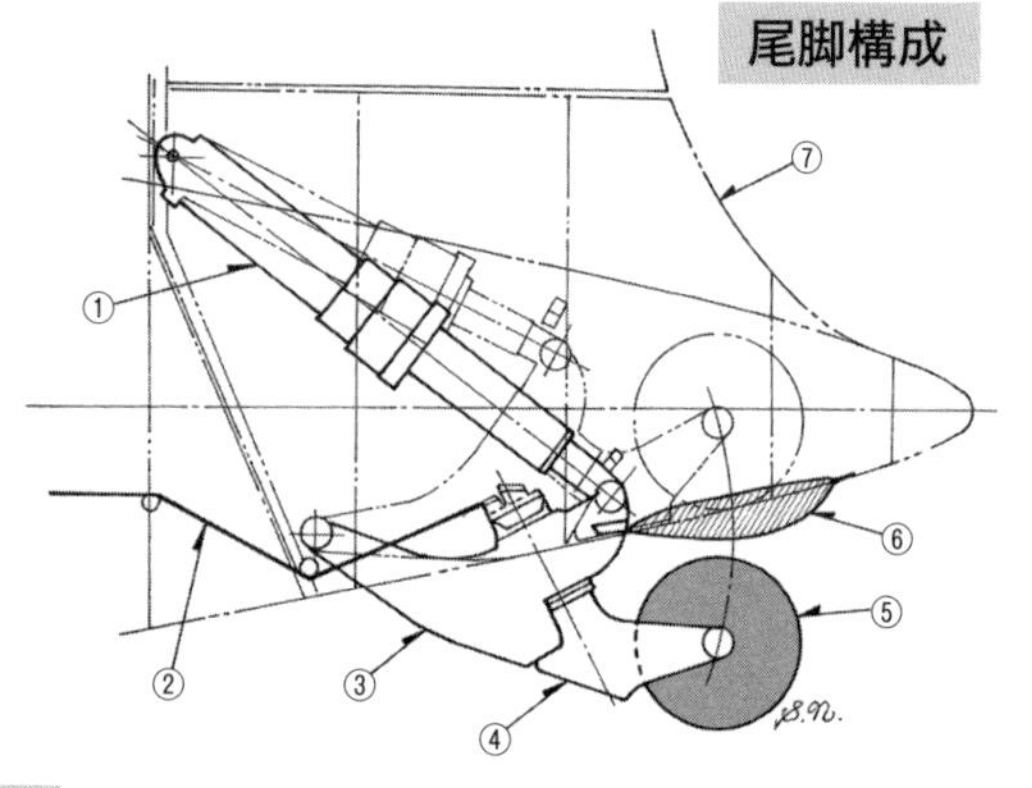

①オレオ緩衝脚柱
②尾輪制限装置
③架構
④又状金具(フォーク)
⑤尾輪(200㎜×75㎜)――ソリッド・ゴム製。ただし、生産機は鋳鋼製となる予定だった。
⑥泥除け覆
⑦胴体尾端覆

航空母艦上での運用の可能性がなくなった烈風の生産機は、ソリッドゴム製の尾輪を右下図に示した如く、鋳鋼製に変更する予定だった。理由は言うまでもなく、戦争末期に南方資源地帯からの原材料の搬入が途絶え、深刻になったゴム不足に対処するためであった。

尾輪制限装置（センターリング）

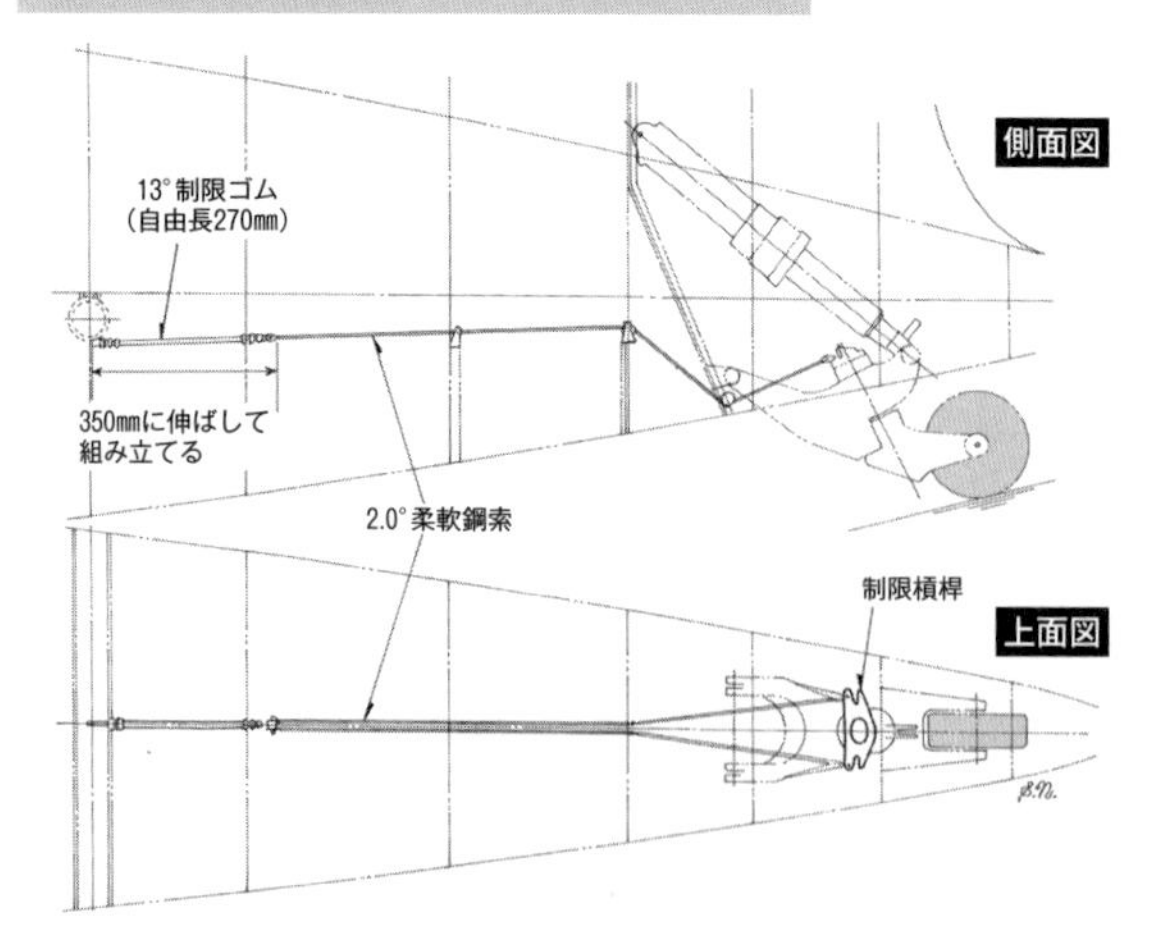

鋳鋼製尾輪

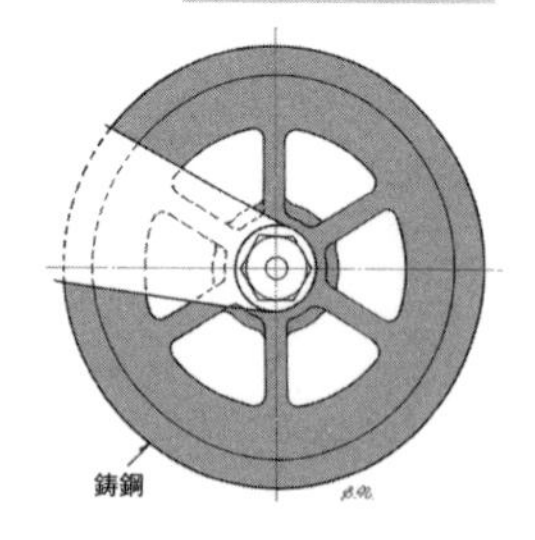

尾輪制限装置とは、地上走行中に尾輪が左、右いずれの方向に回転しても、必ず中正位置に戻すためのメカニズム。ゴム紐が伸びたときの復元力を利用したもの。

Ｆ６Ｆの降着装置

前作Ｆ４Ｆの、パイロットがハンドル廻しの手動で行なう引込式、加えて胴体内収納形態故のトレッドが狭い不安定さなど、不評の極みを呈した主脚の反省から、グラマン社技術陣がＦ６Ｆの主脚に採り入れたのは、因縁浅からぬ相手、ヴォート社のＦ４Ｕに倣った、主翼内への後方引込式であった。

烈風をさらに上まわる、全備重量５・2トンの超ヘビー級艦戦だけに、主脚の強度は十分に確保した。出し入れのエネルギーは油圧で、主脚柱は空気／油式の緩衝機構をもつ、シンプル且つ強固な鍛造熱処理を施した、クロームモリブデン鋼製の1本脚柱。その頂部には傘歯車を設け、収納動作に入ると、主翼前方桁の取付部に設けた傘歯車と噛み合って回転し、車輪は水平状態になって主翼内に収まる、凝ったメカニズムだった。

主車輪は、現在でもメジャーなタイ

主車輪のトレッド・パターン
バリエーション

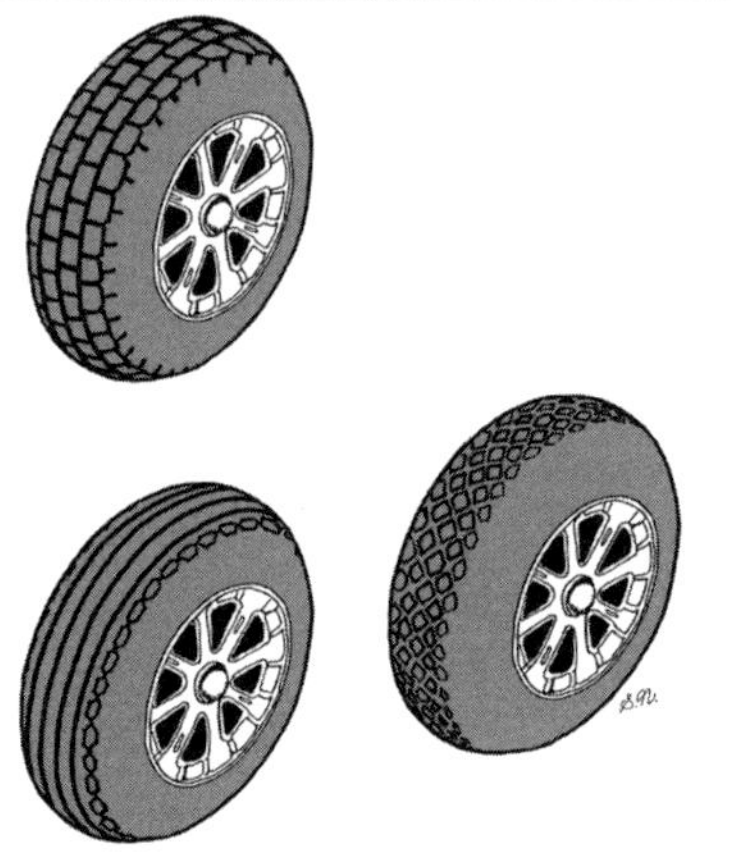

主脚部品構成

①着艦フック連動リンク
②操作槓桿（ロッド）
③ドラグ・ストラット
④脚柱自転用ギヤ
⑤アタッチメント・ヨーク
⑥オレオ緩衝脚柱
⑦ブレーキ・パイプ
⑧32"×8"(813×203㎜)タイヤ
⑨ディスク・ブレーキ
⑩トルク・アーム
⑪脚カバー
⑫リンク
⑬脚出し入れ用油圧シリンダー
⑭アーム

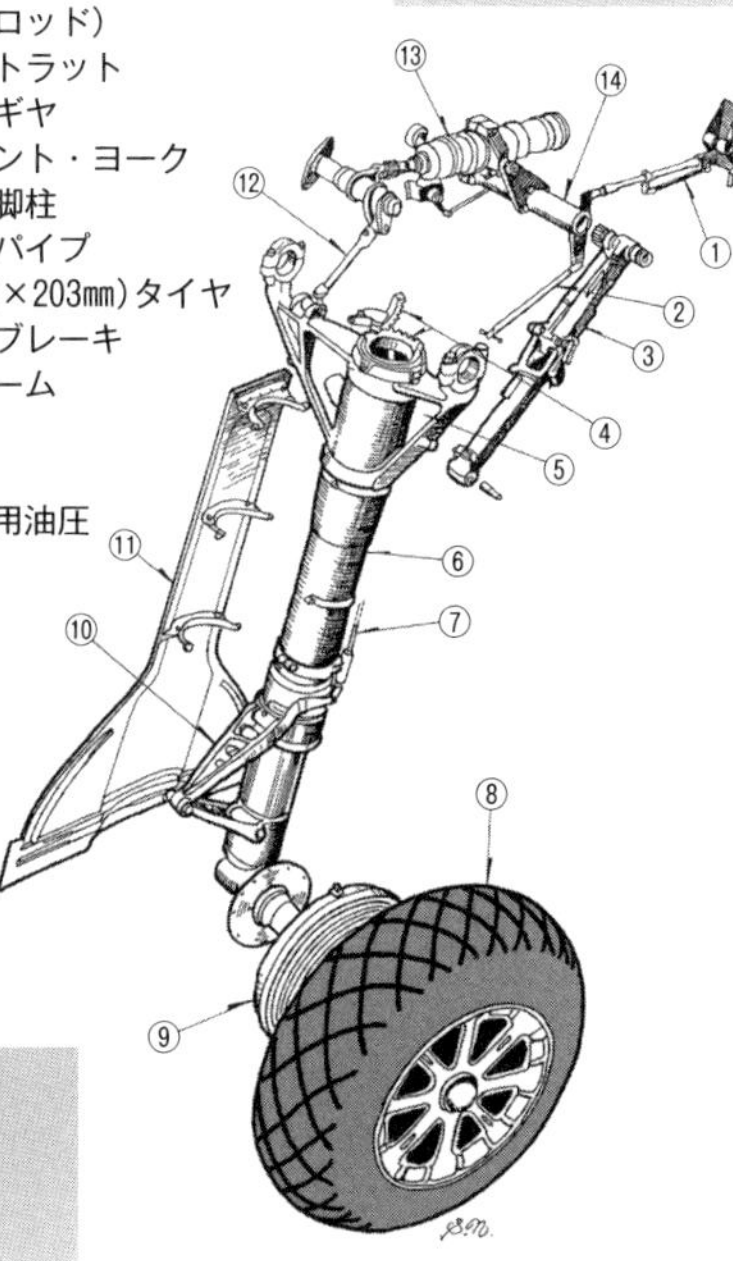

←空母から発艦した直後、主、尾脚の収納作動をしつつ上昇してゆくF6F－3。油圧加減が均等ではなく、主脚は左右同時ではなく左のほうが早く後方引き上げ作動に入っている。右主脚と尾脚はまだ作動に入っていない。

ヤ・メーカーとして世界的に名を知られるグッドイヤー社製で、サイズは烈風のそれを凌ぐ813×203㎜。タイヤ空気圧も相当に高く、空母搭載機は7・5気圧を標準とした。

零戦、烈風には見られない特徴として、主車輪タイヤには、前頁図に示したようなトレッド・パターンが刻まれており、海水や雨水で濡れた飛行甲板上でのスリップ防止に配慮している。ホイールはマグネシウム合金製で、内部には8層から成るディスク・ブレーキが組み込まれており、ヘビー級重量機のハンドリングを良好ならしめた。車輪収納孔の後縁がフラップ前縁に接していることもあり、車輪の半分を覆うカバーはなく、収納時も露出したままである。

尾脚も主脚と同じ油圧による引込式で、空気／油式の緩衝機構をもつ支柱の下に、ドラグリンク、フォークを介し266×112㎜サイズの車輪を付けた構成。陸上での離着陸時に車輪が左右にブレぬよう、センターリング（求心）機構を有する。空母搭載機のタイヤはソリッド・ゴム製だが、陸上基地配備の海兵隊所属機は図に示した空気タイヤを用いた。

着艦フックは、電気モーターにより前後方向に摺動し、胴体尾端から上方に30度、下方に60度の範囲でせり出した。

尾脚部品構成図

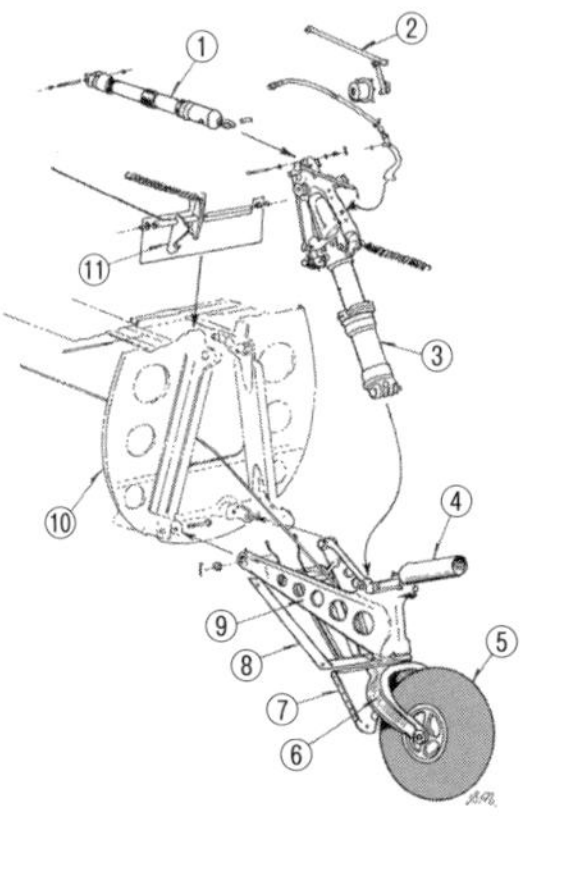

①尾脚出し入れ用油圧シリンダー
②尾脚位置指示用連動槓桿
③オレオ緩衝支柱
④尾輪センターリング装置
⑤空気タイヤ
⑥尾輪フォーク
⑦フォーク・カバー
⑧ドラグ・ストラット・カバー
⑨ドラグ・リンク
⑩バルクヘッド（胴体ステーション212）
⑪上げ下げ用フック

着艦フック装備要領

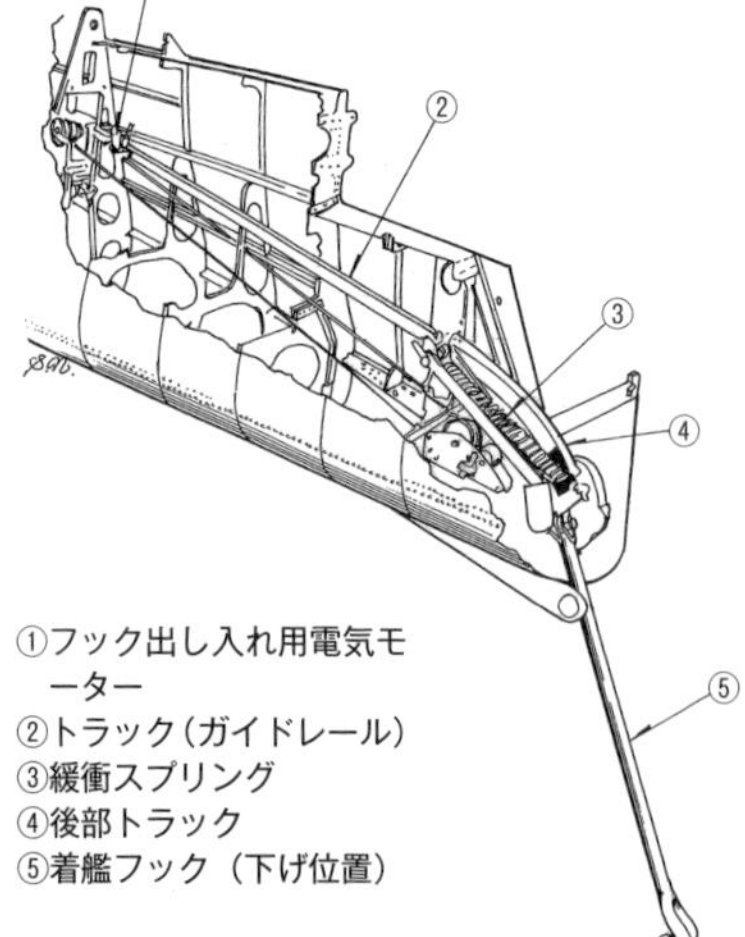

①フック出し入れ用電気モーター
②トラック（ガイドレール）
③緩衝スプリング
④後部トラック
⑤着艦フック（下げ位置）

→F6F-3の尾脚を左後方より見る。車輪は90度ステアリングした状態。ドラグリンクとフォークの前面に付いているのは、着艦時の制止索による損傷を防ぐための、スチール製カバー。

烈風の燃料システム

烈風が試作発注された昭和17（１９４２）年7月の時点では、戦争後期の如き防御戦一辺倒の局面は予測する術もなく、零戦と同様に２，０００hp級艦上戦闘機にしては破格の値と言える、全力運転（空中戦時の意）30分＋巡航速度にて5時間という、大航続力が求められた。

そのため、機体サイズの大きさを生かした各タンクの容量も相応に大きく、当初は胴体内の前後2個で２４０ℓ、左右主翼内各1個で７００ℓ、これに大型落下増槽の６００ℓを加えると合計１，５４０ℓにも達っし、零戦二一型の合計８３８ℓの実に１・83倍の大容量である。ただし、生産型Ａ７Ｍ２では各タンクの容量は少し減少し、下図に示した如く合計１，４４１ℓとなった。

試作発注当時はともかく、生産型Ａ７Ｍ２の部隊配備開始が昭和20（１９

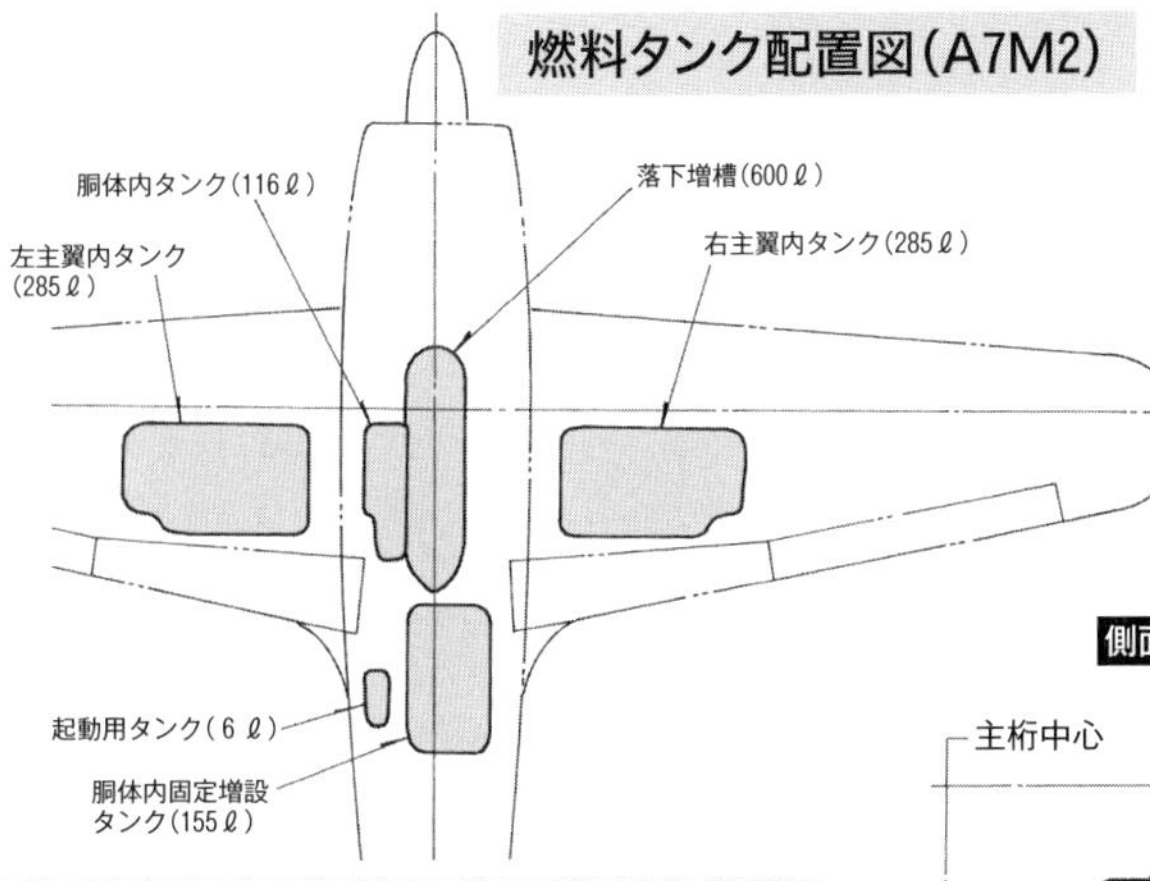

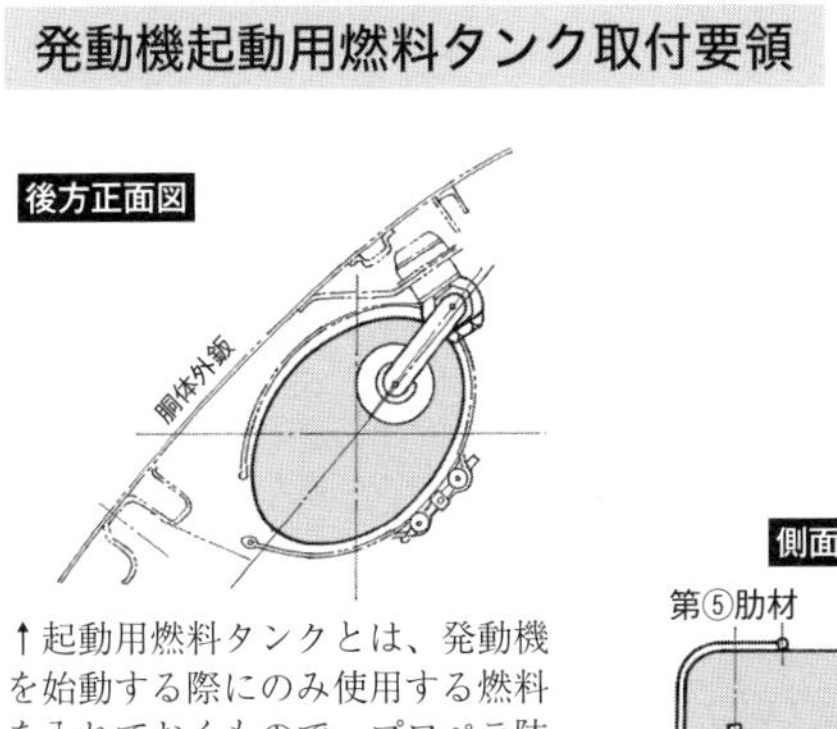

燃料タンク配置図（A7M2）

胴体内タンク（116ℓ）
落下増槽（600ℓ）
左主翼内タンク（285ℓ）
右主翼内タンク（285ℓ）
起動用タンク（6ℓ）
胴体内固定増設タンク（155ℓ）

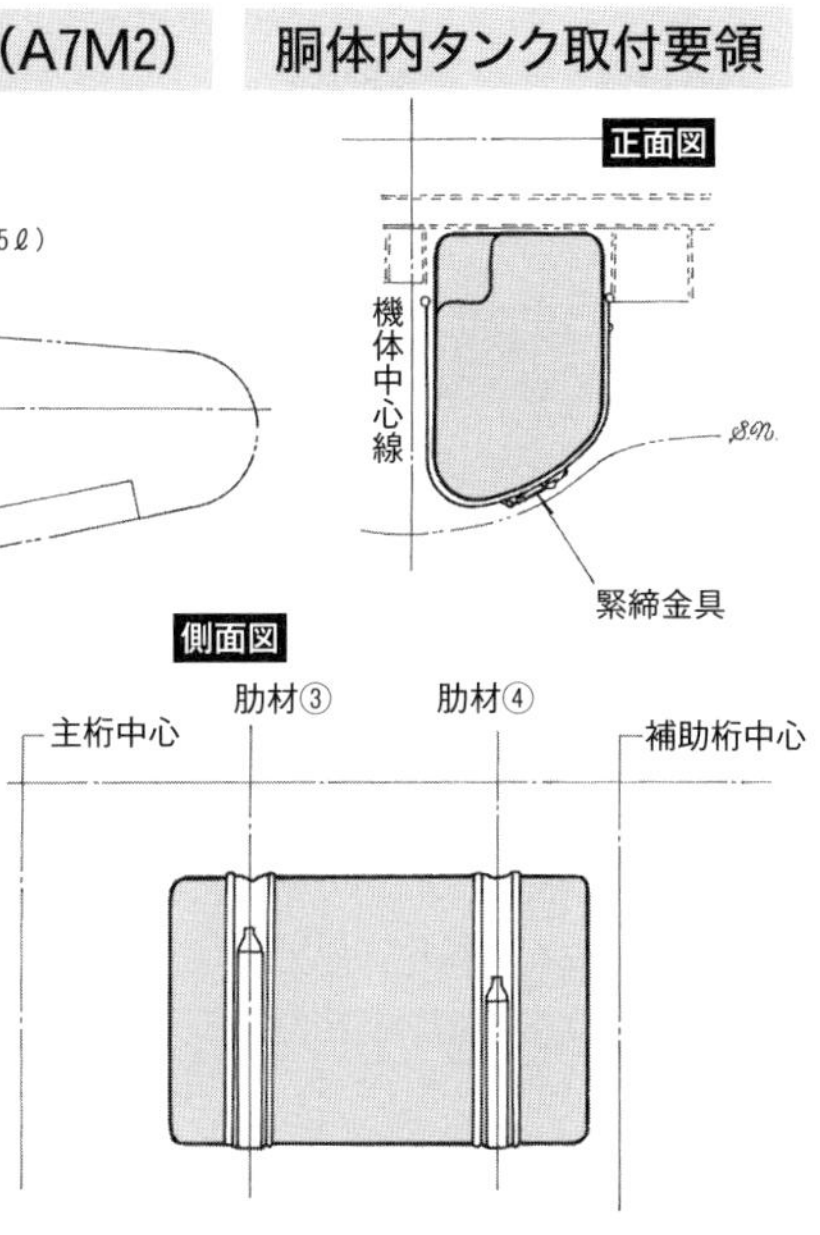

胴体内タンク取付要領

正面図
機体中心線
緊締金具
側面図
主桁中心
肋材③
肋材④
補助桁中心

発動機起動用燃料タンク取付要領

後方正面図
胴体外鈑

↑起動用燃料タンクとは、発動機を始動する際にのみ使用する燃料を入れておくもので、プロペラ防氷液としても流用した。胴体第6~7肋材間の左側に固定される。容量は少なくわずか5ℓである。

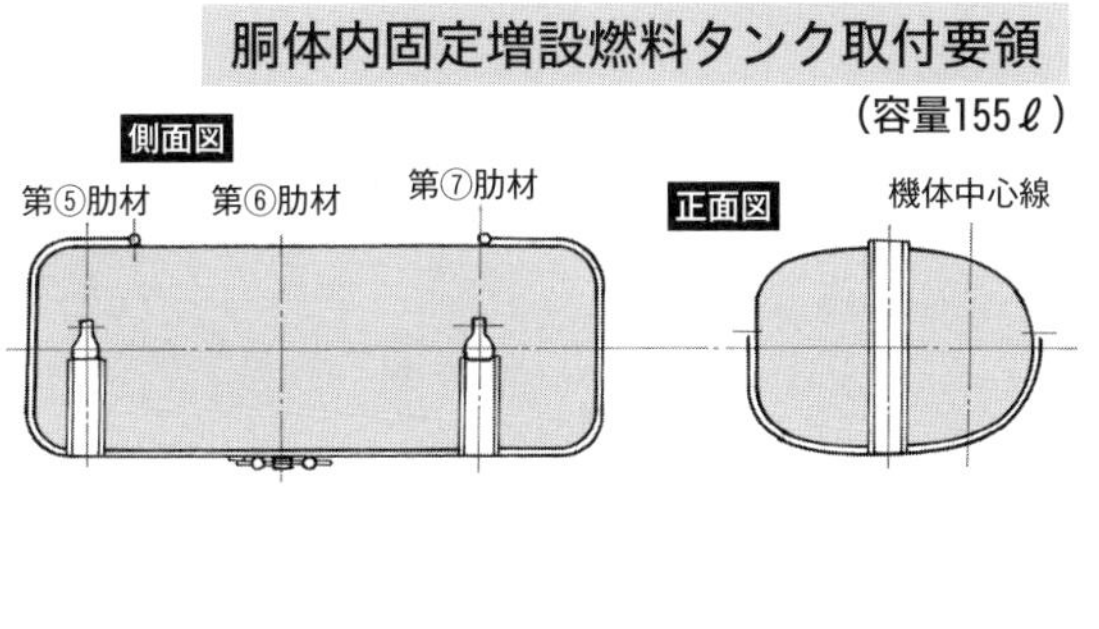

胴体内固定増設燃料タンク取付要領

（容量155ℓ）

側面図
第⑤肋材
第⑥肋材
第⑦肋材
正面図
機体中心線

４５）秋以降と予測された現状で、烈風の燃料タンクには何らかの防漏／防火措置が講じられて然るべきだった。しかし、零戦五二丙型以降が予定した人造樹脂「カネビアン」被覆の内袋式防弾タンクは、結局カネビアン自体の調達目途が立たずに実現せず、「紫電改」などが実施したゴム被膜の防弾タンクも考慮されず、烈風もまた零戦と同様に被弾に弱い欠点を〝継承〟していた。

Ａ７Ｍ２が搭載した、自社製「ハ四三」一一型発動機は零戦二一型の中島「栄」一二型に比べれば燃費も相応に高い。Ａ７Ｍ２の性能テストが実施されたのは、昭和19（１９４４）年末から20（１９４５）年にかけてであり、すでに本土防空戦たけなわの時期故に、落下増槽を懸吊した過荷状態での航続力測定は行なわれず、データも残っていない。

機体内燃料タンクのみの、いわゆる正規状態のテストでは、Ａ７Ｍ２の航続力は全力運転30分＋巡航速度にて２

主翼内燃料タンク

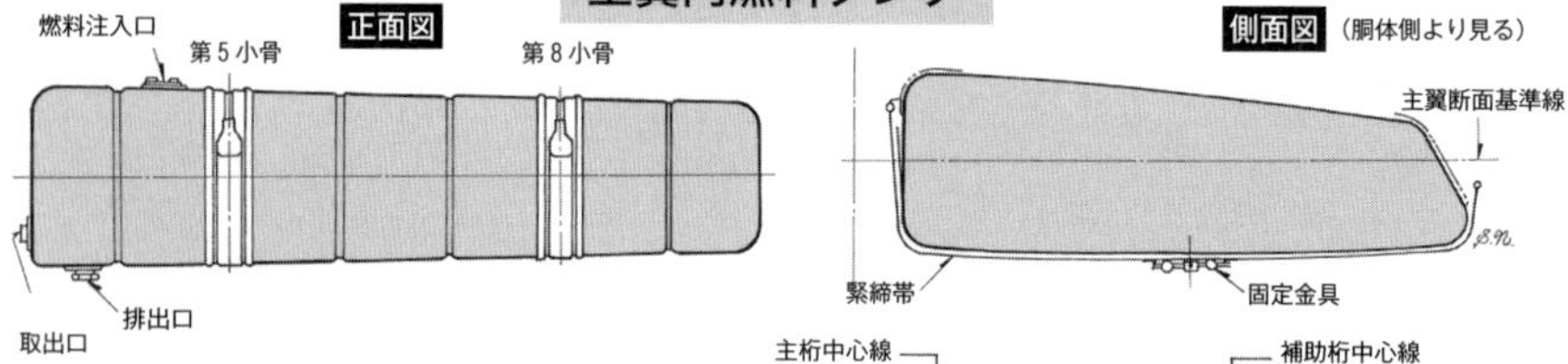

落下増槽懸吊要領

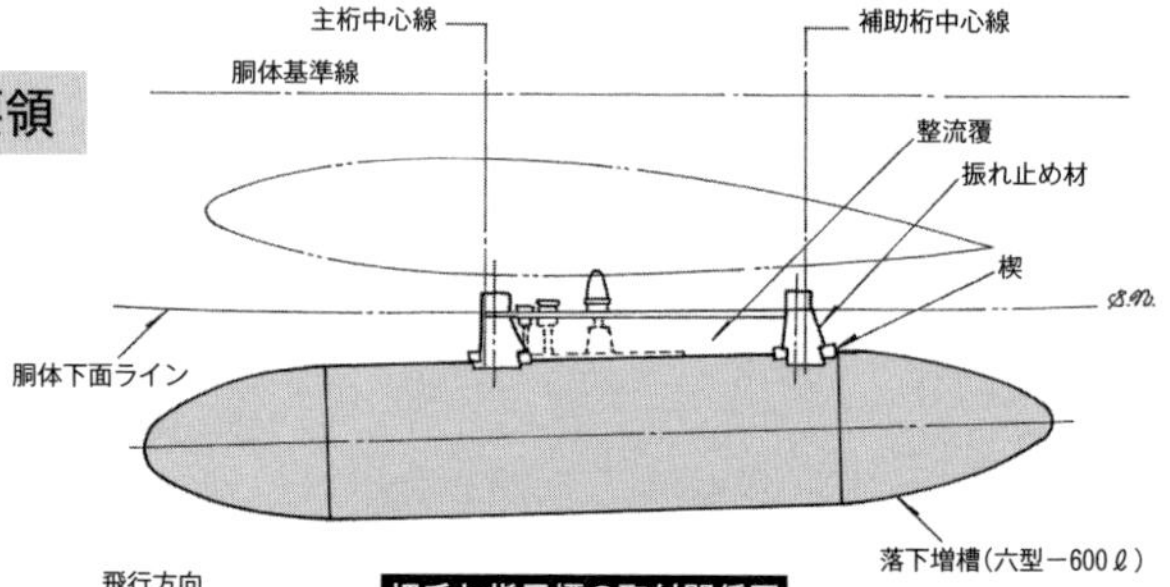

燃料コック操作装置

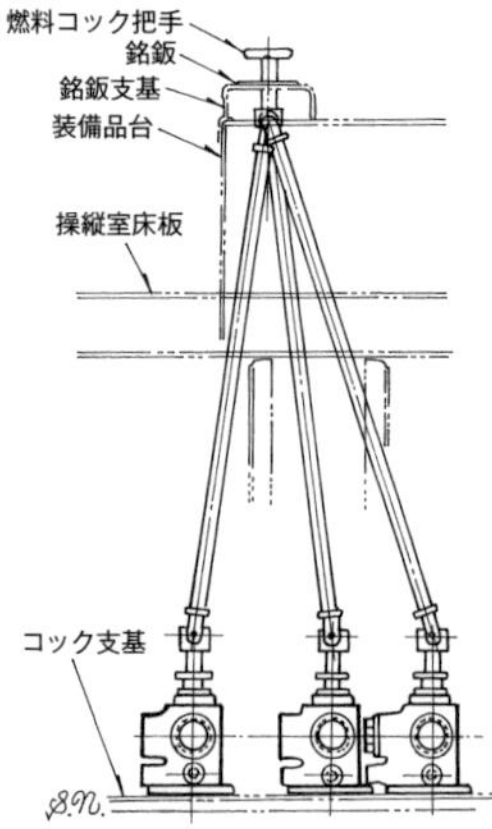

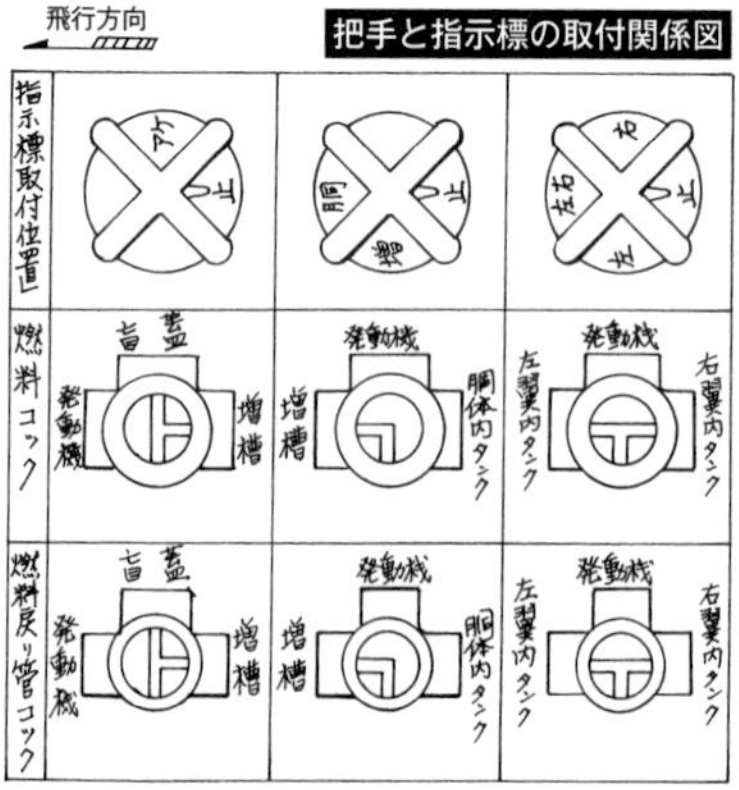

←燃料コック装置とは、各燃料タンクからの流路を選択する装置のことで、操縦席左側の装備品台に設置された３つの把手（レバー）を、任意の位置に廻して行なう。各把手の位置と、それに該当するコック（栓）の状態を示したのが、左の表組みである。

・６時間とされており、当初の「誉」発動機搭載を前提とした計画性能値に比べ、相応に低下している。

なお、烈風が使用するはずだった、容量６００ℓの落下増槽は、昭和19年に入って零戦の「爆・戦」仕様が使い始めた、陸海軍共用の「統一型」と呼ばれたものの一種で、ジュラルミン材料節約のため木製、竹製の2種あった。容量別に二型（２００ℓ）、三型（３００ℓ）、四型（４００ℓ）、六型（６００ℓ）、七型（７００ℓ）があったが、竹製は二型のみに限られた。

「ハ四三」一一型発動機は水噴射装置を併用するので、その水メタノール液を入れておくタンクが、操縦室の床下右側に設置されていた。ちょうど胴体内燃料タンクの反対側の位置である。容量はかなり大きく２２０ℓもあった。

潤滑油タンクは、零戦と同じく防火壁の前面に金属バンドで固定され、容量は零戦五二型の52ℓの2倍に相当する１１０ℓだった。

水噴射装置

←水噴射装置とは、過給器によって密度を高められ、高温にもなった吸入空気に、水を霧状に吹き付けて温度を下げ、シリンダー内で混合気が異常燃焼するのを防ぎ、発動機出力を短時間に限りアップさせる装置。低温下で水が凍らぬように、メタノールを混入するため、水／メタノール液噴射装置と表記する場合もある。

①水圧計測部 ②噴射口 ③水ポンプ湧油 ④フィルター ⑤溢油口 ⑥水メタノール液タンク ⑦空気抜き口 ⑧水圧計 ⑨水メタノール液注入口

潤滑油系統図

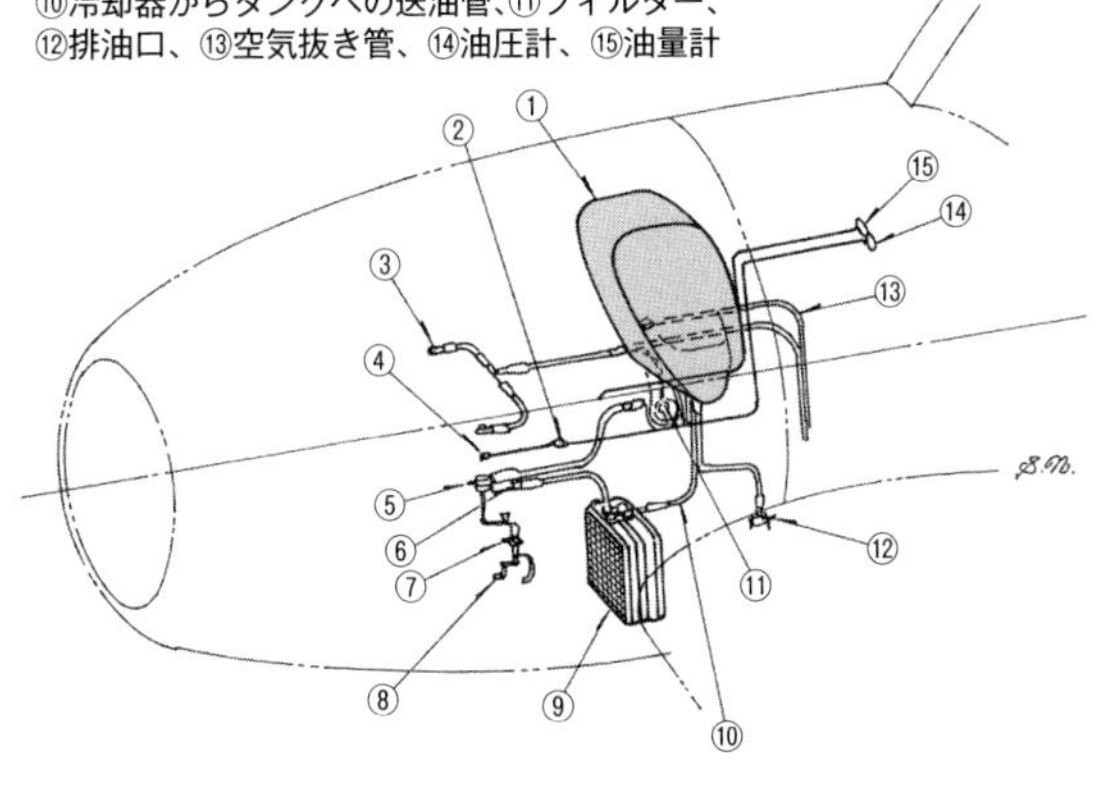

①潤滑油タンク、②バルブ、③上方油抜き取り口、④油圧計測口、⑤発動機への油入口、⑥発動機からの油出口、⑦発動機起動前注油ポンプ、⑧レバー(プロペラ手廻し)、⑨潤滑油冷却器、⑩冷却器からタンクへの送油管、⑪フィルター、⑫排油口、⑬空気抜き管、⑭油圧計、⑮油量計

潤滑油タンク取付要領

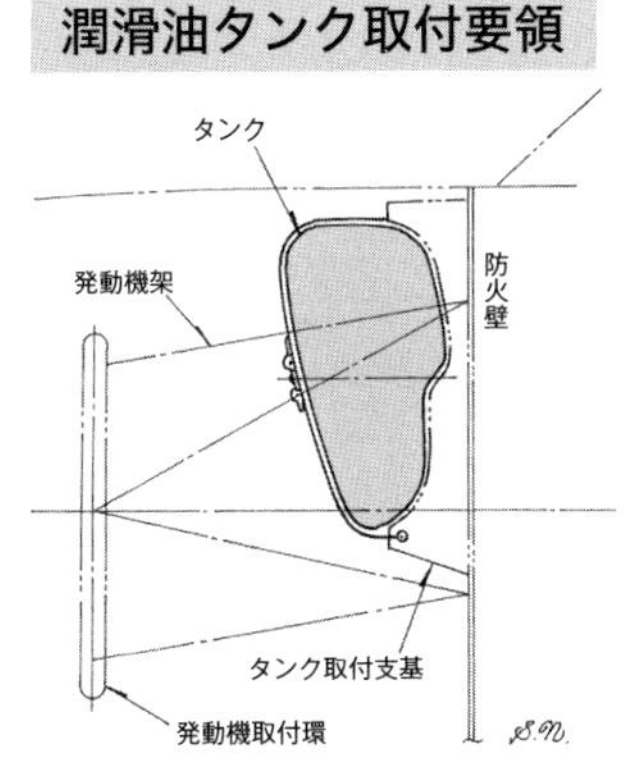

F6Fの燃料システム

F4Fは胴体内に2個の燃料タンクを備えるだけだったが、主翼構成が変わり、中央翼と称した部分が胴体前方を貫通する設計になったF6Fは、この中央翼の前、後桁間に左右各1個の主タンク（容量87 1／2U.S.ガロン—331・17ℓ）、操縦室床下の胴体内に補助タンク1個（同75U.S.ガロン——283・87ℓ）という配置に変わった。

3個あわせた容量は250U.S.ガロン（946・25ℓ）となり、これに大型落下タンクの150U.S.ガロン（567・75ℓ）を加えた総容量は400U.S.ガロン（1,514ℓ）となり、F4Fの260U.S.ガロン（984ℓ）の1・5倍強である。2,000hp級R-2800エンジンの燃費増を考えれば、それも当然であろう。この燃料総容量で得られた最大航続力は、F6F-3で2,56

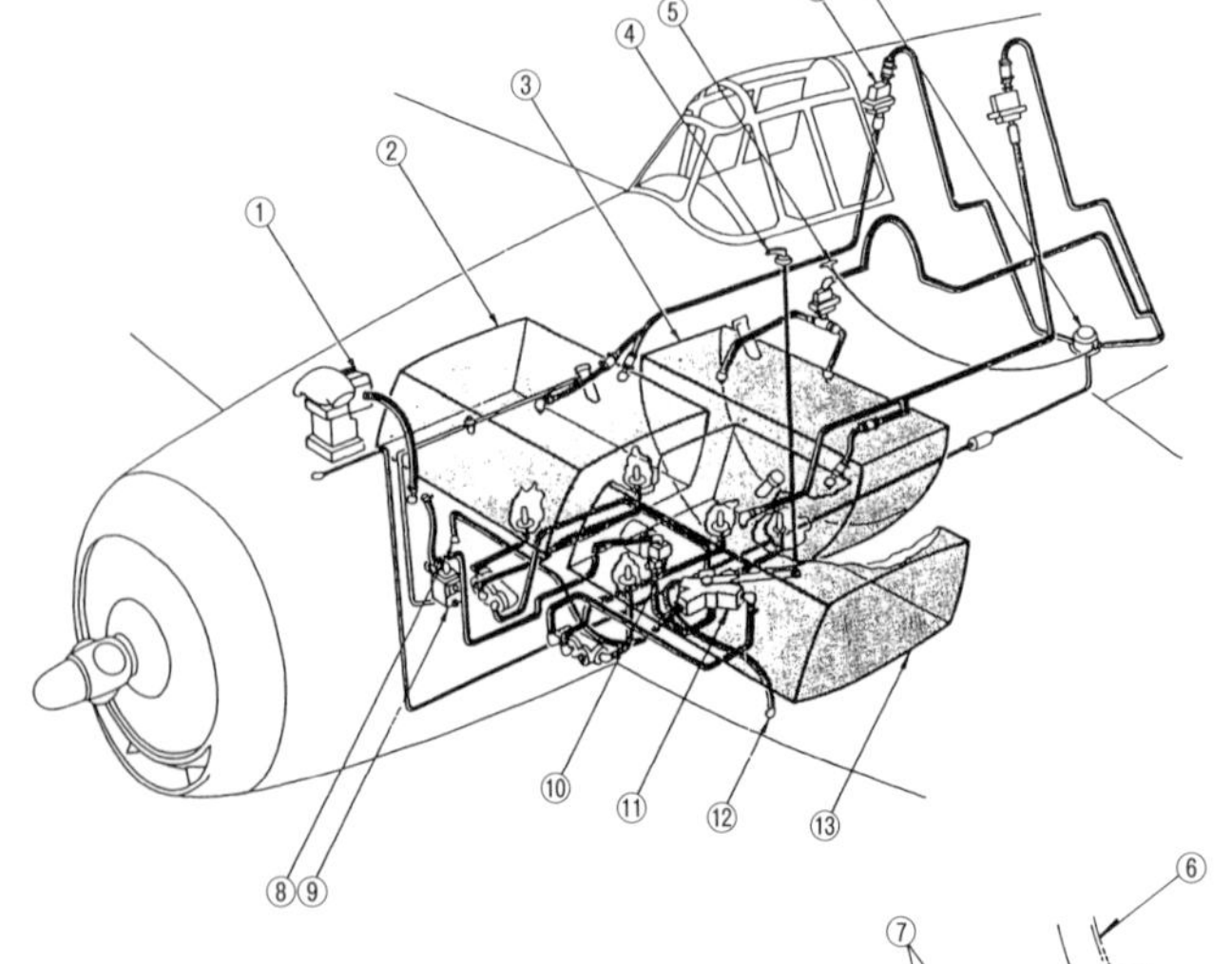

燃料系統図

①気化器頭部②右主燃料タンク（87.5U.Sガロン—331.1ℓ）③予備燃料タンク（75U.Sガロン—283.8ℓ）④切換弁操作ハンドル⑤燃料圧力ドーム操作部⑥射出チェック弁⑦圧力供給ドーム⑧右主翼への落下タンク・ライン⑨エンジン駆動の燃料ポンプ⑩予備燃料ポンプ（電気式）⑪切換弁⑫左主翼への落下タンク・ライン⑬左主燃料タンク（87.5U.Sガロン—331.1ℓ）

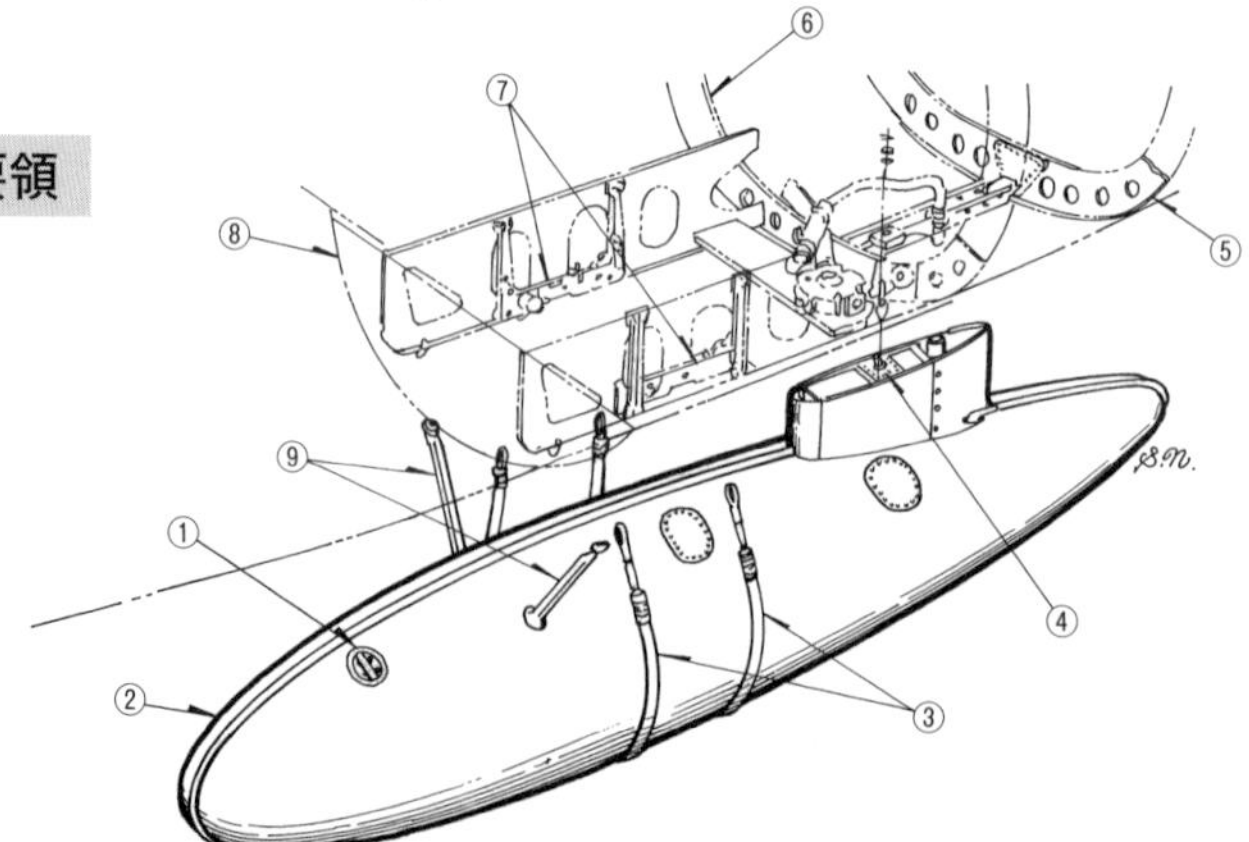

落下タンク懸吊要領

①燃料注入口、②150U. S.ガロン入落下タンク、③タンク固定バンド、④タンク懸吊部、⑤胴体Sta.52½、⑥胴体Sta.29⅛、⑦P4F爆弾架、⑧胴体Sta.000、タンク振れ止め

０km、同－５で２，１８０kmなので、Ｆ４Ｆ－４の２，０１０kmとあまり差はない。

　むろん、各タンクはキャンバスのような強度材、ゴムなどの耐油材、防漏用シーリング材などを積層した「ハンモック」と呼ばれた柔軟な素材で出来ており、被弾時の燃料漏洩、発火を防ぎ、着脱、補修が容易な防弾タンクだった。

　Ｆ６Ｆ－５が搭載したＲ－２８００－10Ｗエンジンは、烈風と同じく水噴射装置の併用を前提としており、その関連装備は下図のようになっていた。タンクの容量は16Ｕ．Ｓ．ガロン（60・56ℓ）で、烈風の２２０ℓの半分以下。当然、その使用可能時間も相応に少なかった。なお、液体の成分配合は、水とメタノール（メチルアルコール）各50％だった。

　潤滑油タンクは、胴体構造前端の防火壁（Ｓｔａ．０００）前面に固定されており、楕円形断面の筒型をしていて容量は21Ｕ．Ｓ．ガロン（79・48ℓ）あった。

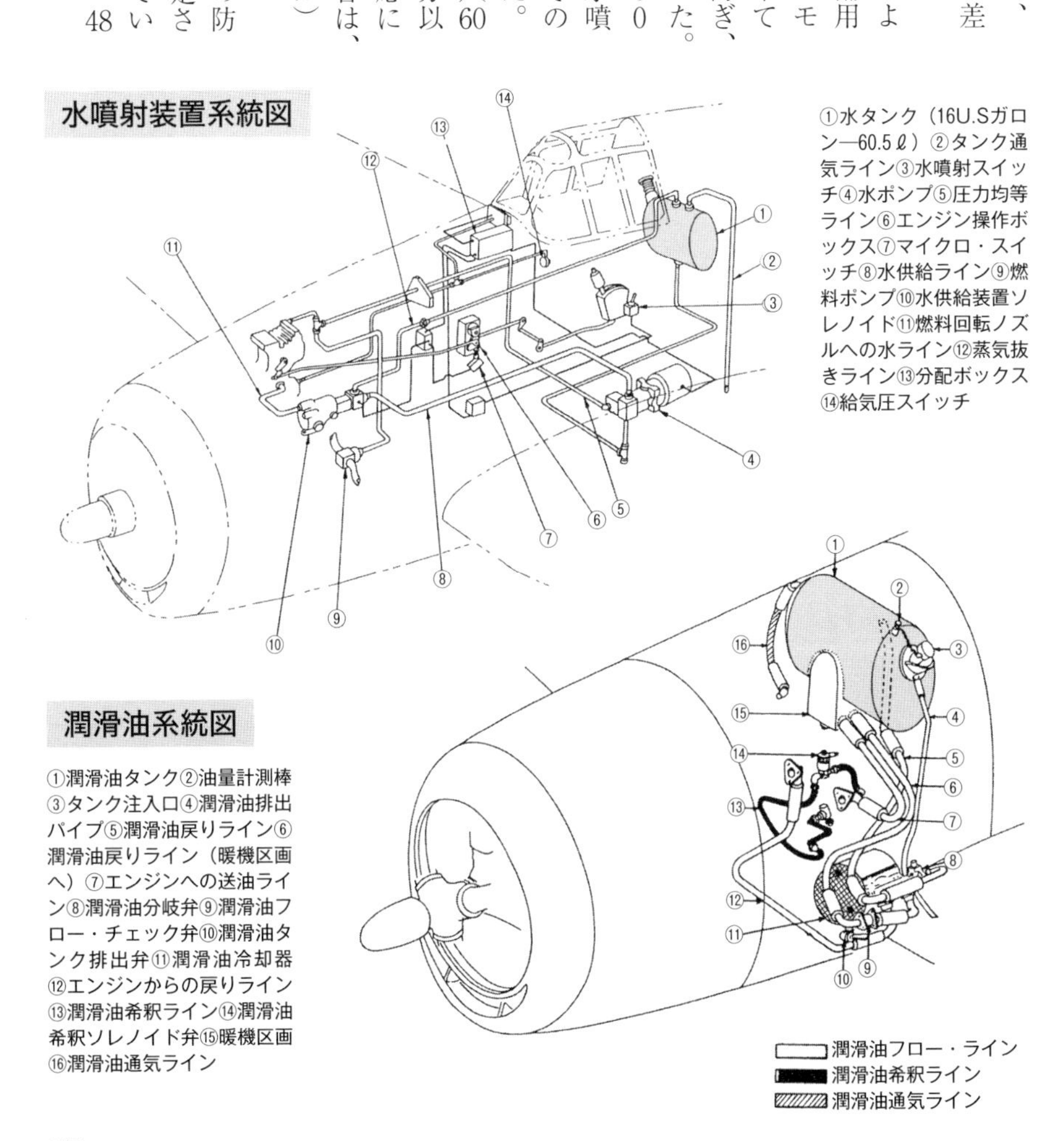

水噴射装置系統図

①水タンク（16U.Sガロン—60.5ℓ）②タンク通気ライン③水噴射スイッチ④水ポンプ⑤圧力均等ライン⑥エンジン操作ボックス⑦マイクロ・スイッチ⑧水供給ライン⑨燃料ポンプ⑩水供給装置ソレノイド⑪燃料回転ノズルへの水ライン⑫蒸気抜きライン⑬分配ボックス⑭給気圧スイッチ

潤滑油系統図

①潤滑油タンク②油量計測棒③タンク注入口④潤滑油排出パイプ⑤潤滑油戻りライン⑥潤滑油戻りライン（暖機区画へ）⑦エンジンへの送油ライン⑧潤滑油分岐弁⑨潤滑油フロー・チェック弁⑩潤滑油タンク排出弁⑪潤滑油冷却器⑫エンジンからの戻りライン⑬潤滑油希釈ライン⑭潤滑油希釈ソレノイド弁⑮暖機区画⑯潤滑油通気ライン

烈風の操縦系統

初飛行後に判明したA7M1の、予想外の低性能はともかくとして、その操縦性は〝3舵（補助翼、昇降舵、方向舵）の効き、及び重さは予想以上に良好で、零戦に近いものと認められる〟という、海軍側試乗搭乗員の所見にあるとおり、2,000hp級大型、大重量機にしてはまずまずの成績だったようだ。このあたりの設計感覚は、九六式艦戦、零戦で培った三菱技術陣の〝遺伝子〟の賜であろうか？

これら3舵の操作系統は、次ページにかけて掲載したそれぞれの図で把握していただけよう。方向舵と昇降舵はそれぞれ直径4㎜、5㎜の鋼索で操作されるが、最も使用頻度が高い補助翼は槓桿を用いている。

方向舵を操作する足桿（フット・バー）は零戦に準じた造りで、中央を支点に左右とも前後に約30度の範囲内で動かせる。方向舵の作動範囲は零戦の

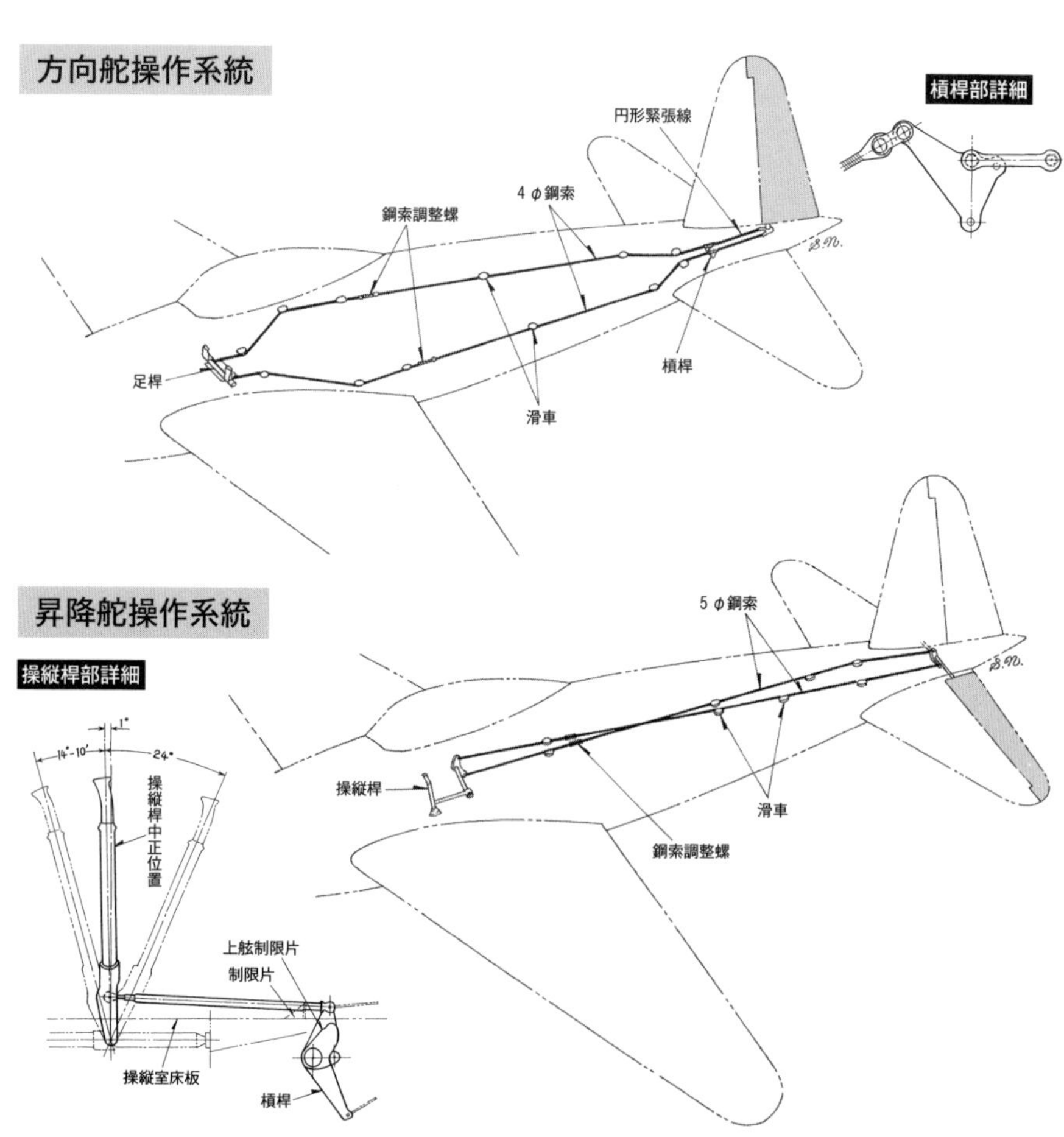

33度より少し大きい、左右に各40度である。

　昇降舵は、操縦桿を中正位置から前方に14度10分、後方に24度の範囲内で動かし、上方に40度、下方に30度の範囲内で操作できる。因みに零戦の操縦桿は前方に15度、後方に19度、昇降舵は上方に27度、下方に21・5度と操作、作動範囲ともに狭かった。

　補助翼の操作槓桿は、零戦の場合直径25㎜（内側）、35㎜（外側）の2本をベル・クランクで繋ぎ伸ばしていたが、烈風では補助翼まで1本の槓桿で済ませている。操縦桿は左右に各20度、補助翼は上方に約35度、下方に約25度の範囲内で動かせた。

　空戦フラップを兼ねる親子式のスロッテッド・フラップは、操縦桿頂部のボタンを押すことで、ピトー管から入る動圧の大小を天秤状のセンサーが感知し、電気信号を油圧作動筒に送り、下図に示した範囲内でフラップを下げる。

操縦桿部詳細（正面図）

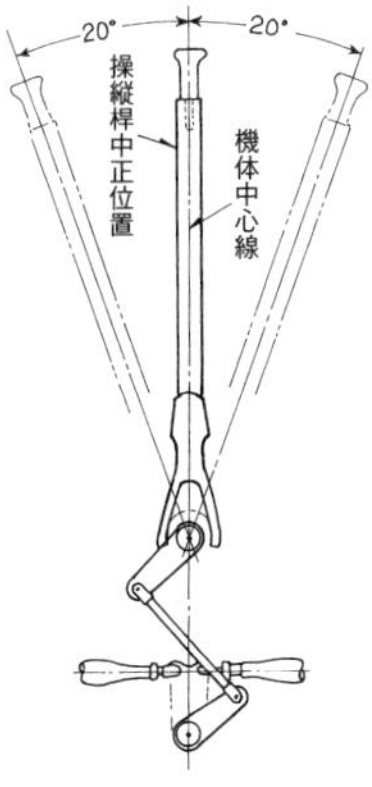

補助翼操作系統

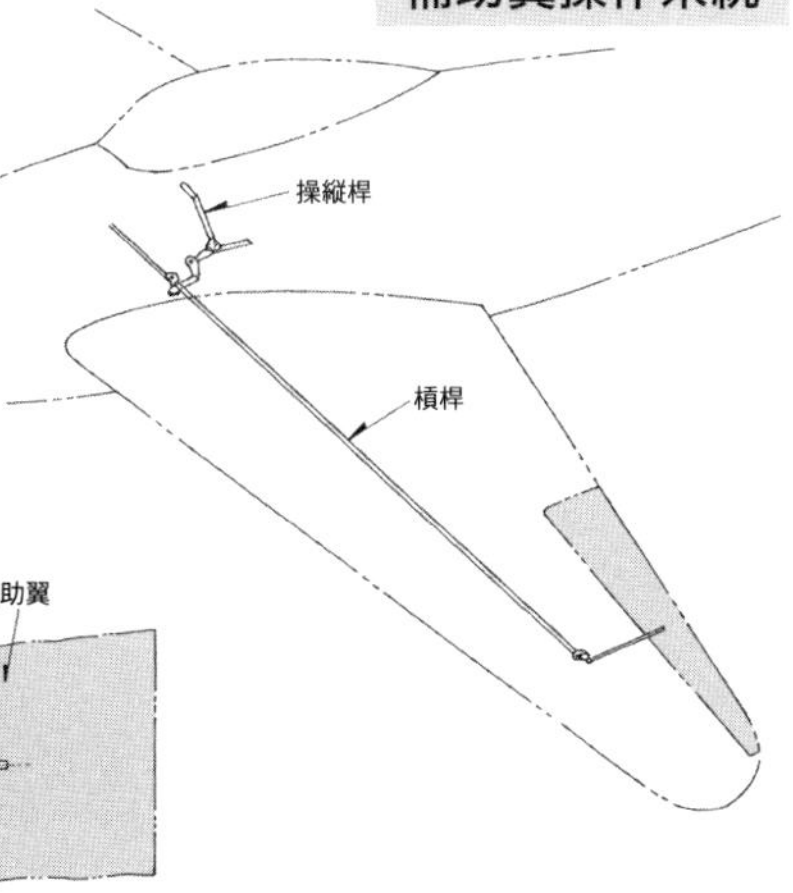

作動槓桿部詳細

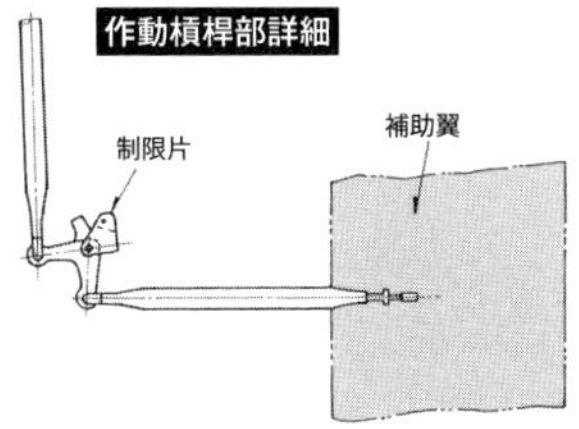

空戦フラップ作動鈕

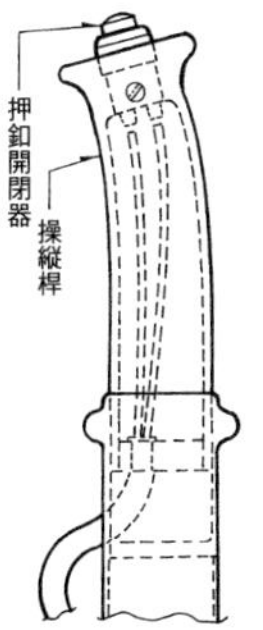

フラップ作動機講

(主翼第3番小骨部を示す)

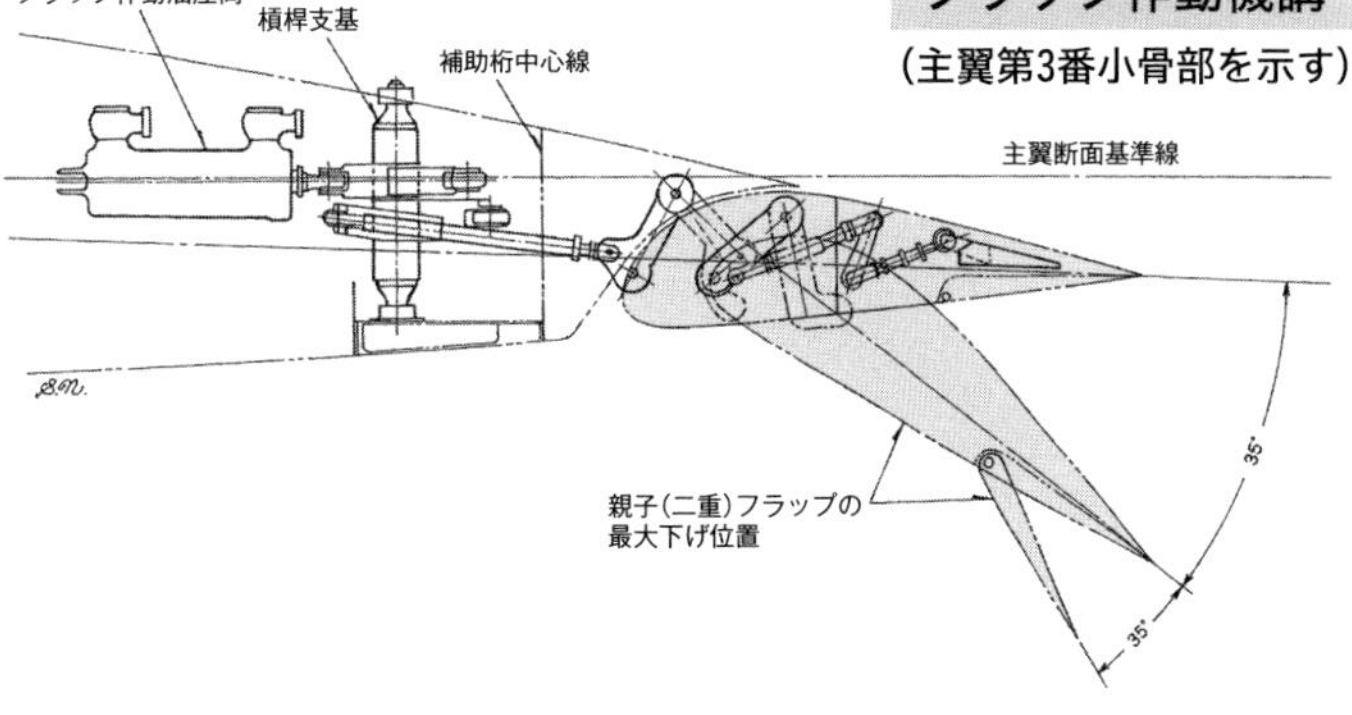

F6Fの操縦系統

F6Fの各舵操作系統も、烈風と同様に方向舵、昇降舵が鋼索、補助翼が横桿によって構成されるが、その内容には違いがある。

まず方向舵であるが、両足を掛ける操作ペダル部分は、下図に示すように、烈風を含めた日本機特有の「あぶみ式」ではなく、左右を取り付ける横桿は動かず、ペダルのみピボット式に前後に動かして操作した。あぶみ式ではペダルを前方に踏み込みながらブレーキを同時に踏むのはやりにくく、ピボット式のほうが操作は容易である。

昇降舵操作鋼索は、安全のために片側2本ずつ計4本で構成されているのがアメリカらしい配慮。戦闘損傷で1本が破損したり、伸びや脱索など不慮の事態への対処だった。方向舵系統も含め、これら鋼索には、烈風のように何箇所かに配置されるプーリー（滑車）やフェアリード（案内片）が前後2箇

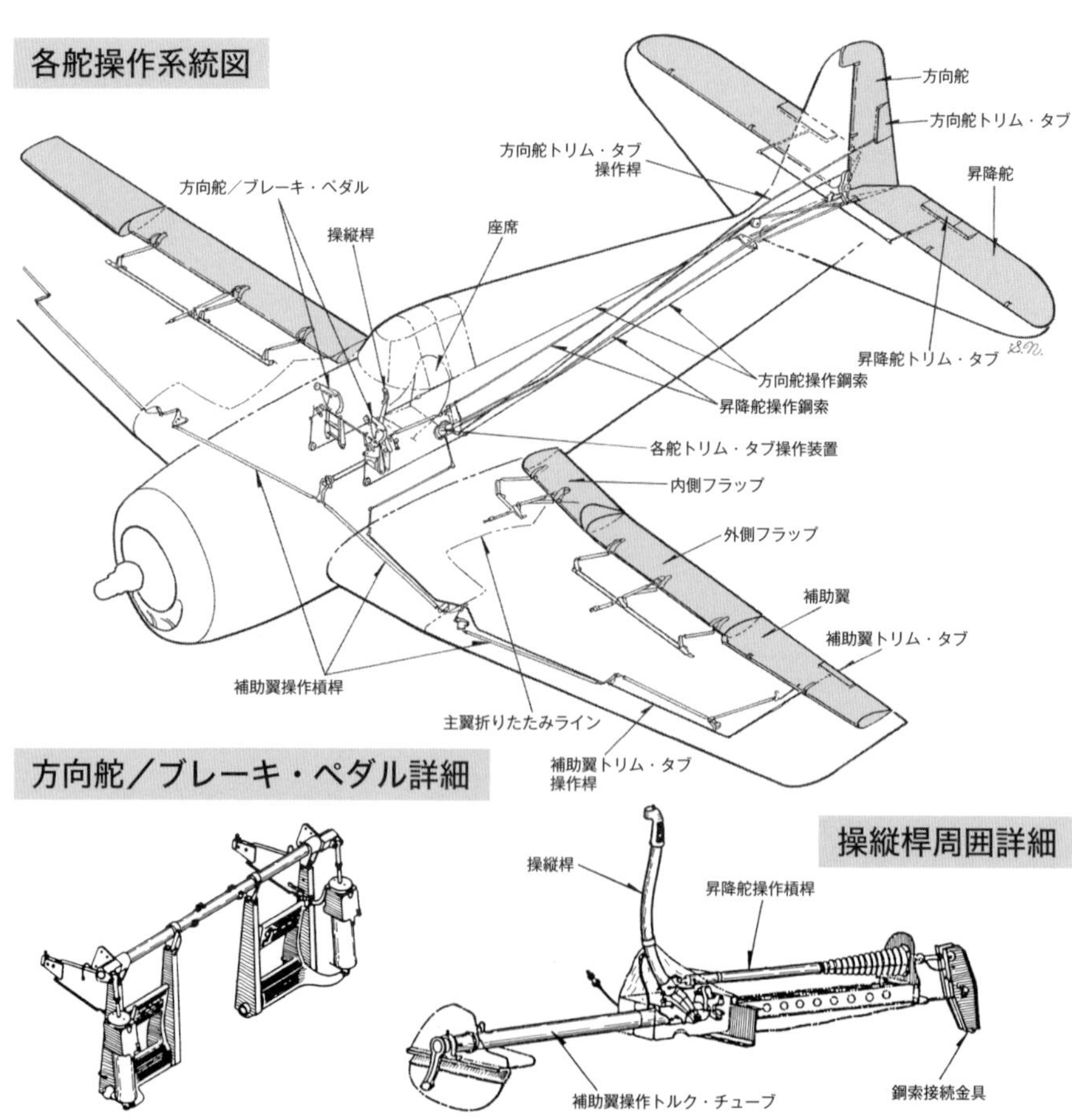

所くらいしかないのも特徴。これは後部胴体内空間が広く、鋼索の多少の伸びやブレがあっても、他の部材と接触する恐れがないためだろう。

　補助翼の操作系統も、烈風のように操縦桿下部からすぐに左右への横桿が接続するのではなく、トルク・チューブによっていったん前方に伸ばし、その前端に左右への横桿を接続し、主翼の前桁に沿って配置した。途中に主翼の折りたたみ部分があるので、ベル・クランクとリンクをその回転軸上に配置して対処した。必然的に系統は長くなり、操舵力が重くなったが、これは止むを得なかった。

　フラップそのものについては、既に主翼の項（Ｐ．１３９〜１４１）で記述したが、その操作系統を下図に示す。自動操作システムは日本に例がないと記したが、空戦フラップとして自動的に操作する方法は烈風も採用していた。ピトー管から入る全圧の大小を電気信号に変換し、油圧作動筒に送って動かすという方法も同じである。

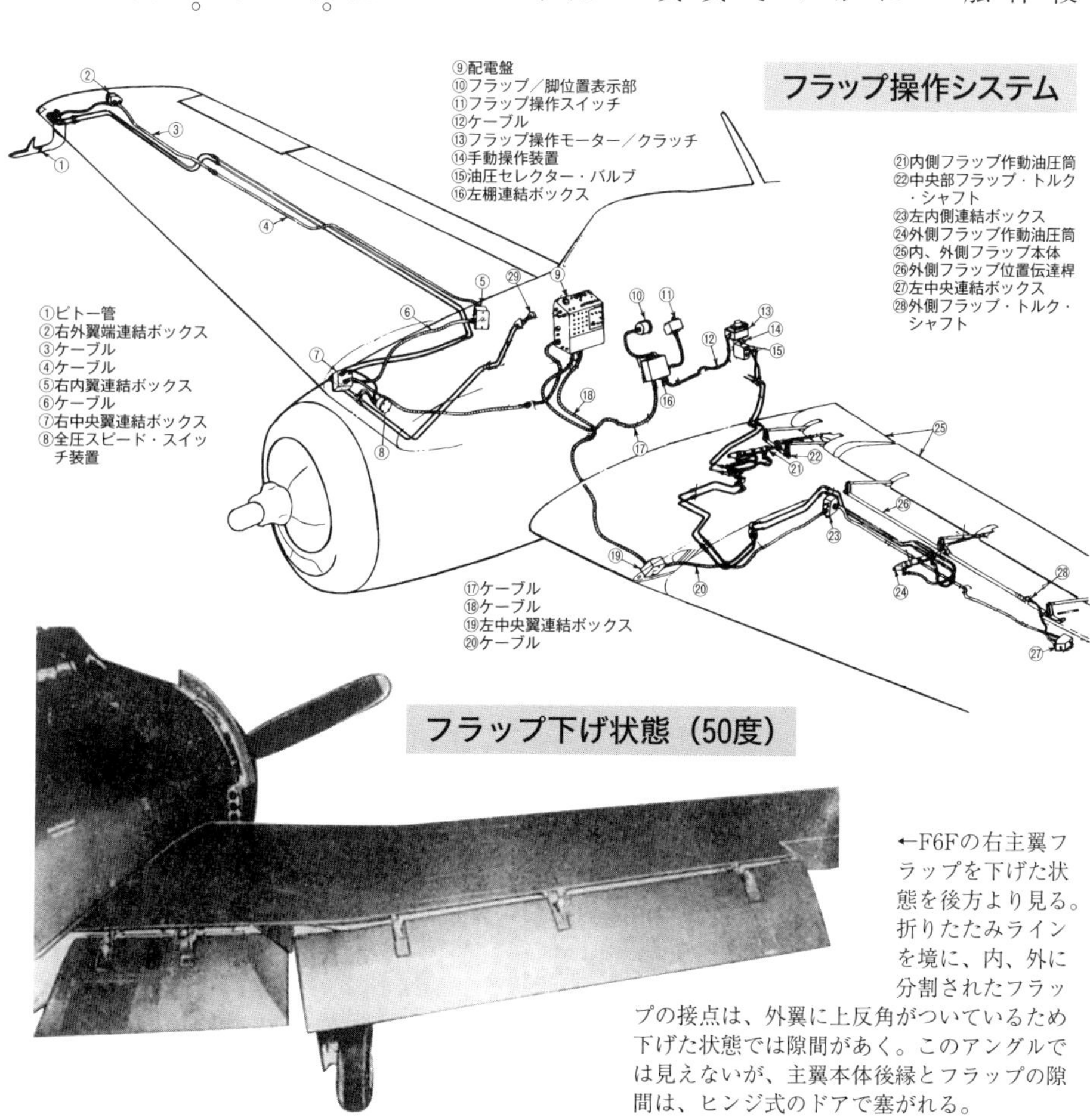

←F6Fの右主翼フラップを下げた状態を後方より見る。折りたたみラインを境に、内、外に分割されたフラップの接点は、外翼に上反角がついているため下げた状態では隙間があく。このアングルでは見えないが、主翼本体後縁とフラップの隙間は、ヒンジ式のドアで塞がれる。

烈風の無線機器装備

生産機が完成する前に敗戦となってしまった烈風には、試作／増加試作機がテストを行なっていた段階ということもあり、無線機器は未装備だったと推測できる。

ただ、昭和20（1945）年8月に三菱が作製したA7M2の仮取扱説明書中には、下図に示した如き三式空一号無線電話機と、一式空二号無線帰投方位測定機の装備要領が記載されている。いずれも零戦五二型や紫電改と同じ機器である。もっとも、烈風はすでに艦上戦闘機としての運用はなくなったので、一式空二号無線帰投方位測定機のほうは非装備となったであろう。

日本の戦闘機用無線機は、電話機能の雑音がひどくて用をなさない場合が多かったが、三式空一号については、昭和20年3月以降、改修の効果で東京～九州間の長距離通話も支障なく出来ていた。

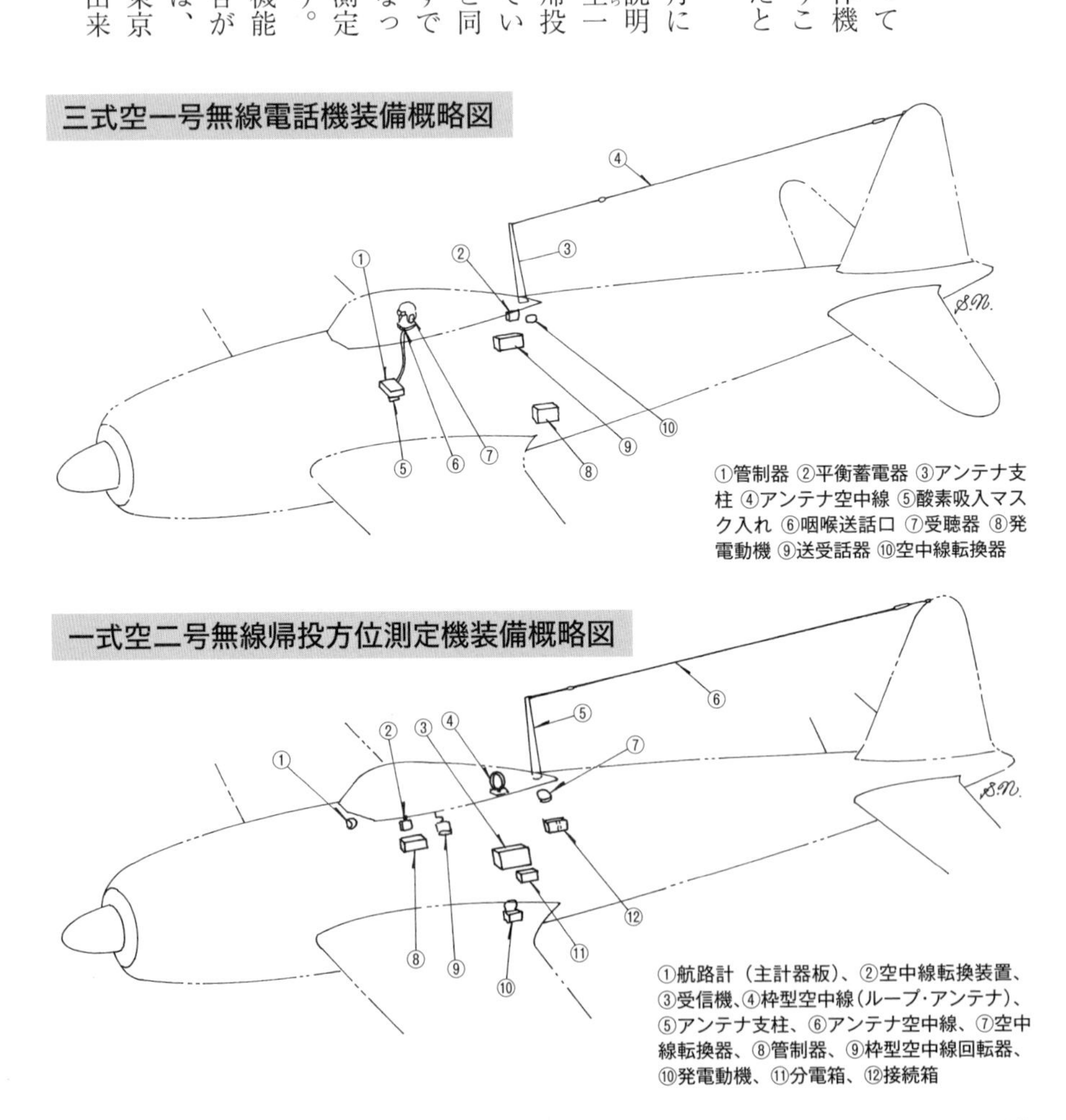

三式空一号無線電話機装備概略図

①管制器 ②平衡蓄電器 ③アンテナ支柱 ④アンテナ空中線 ⑤酸素吸入マスク入れ ⑥咽喉送話口 ⑦受聴器 ⑧発電動機 ⑨送受話器 ⑩空中線転換器

一式空二号無線帰投方位測定機装備概略図

①航路計（主計器板）、②空中線転換装置、③受信機、④枠型空中線（ループ・アンテナ）、⑤アンテナ支柱、⑥アンテナ空中線、⑦空中線転換器、⑧管制器、⑨枠型空中線回転器、⑩発電動機、⑪分電箱、⑫接続箱

Ｆ６Ｆの無線機器装備

Ｆ４Ｆの項でも既述したが、アメリカの航空機用無線機器の優秀さは折り紙つきで、Ｆ６Ｆの装備もきわめて充実していた。Ｆ６Ｆ－３を例にした全体の装備要領を下図に示す。

電信／電話機能については短波（ＨＦ）、超短波（ＶＨＦ）の双方を用い、ＡＮ／ＡＲＣ－５とＡＮ／ＡＲＲ－２、Ｆ６Ｆ－５ではこれにＡＮ／ＡＲＣ－１を加えた機器ユニットを装備した。ＡＮ／ＡＲＲ－２は航法用測距機能を有し、ＡＮ／ＡＲＣ－１に至っては10種類のチャンネル切り替えが可能な〝優れモノ〟だった。

味方識別装置（ＩＦＦ）は、零戦、烈風などの無線機器にはない機能で、固有の周波数の電波を送受信して敵機か味方機かを識別するもの。これら各機器の他、夜戦型のＦ６Ｆ－３Ｎ、－５Ｎは電波高度計、レーダーの両無線機器を装備した。

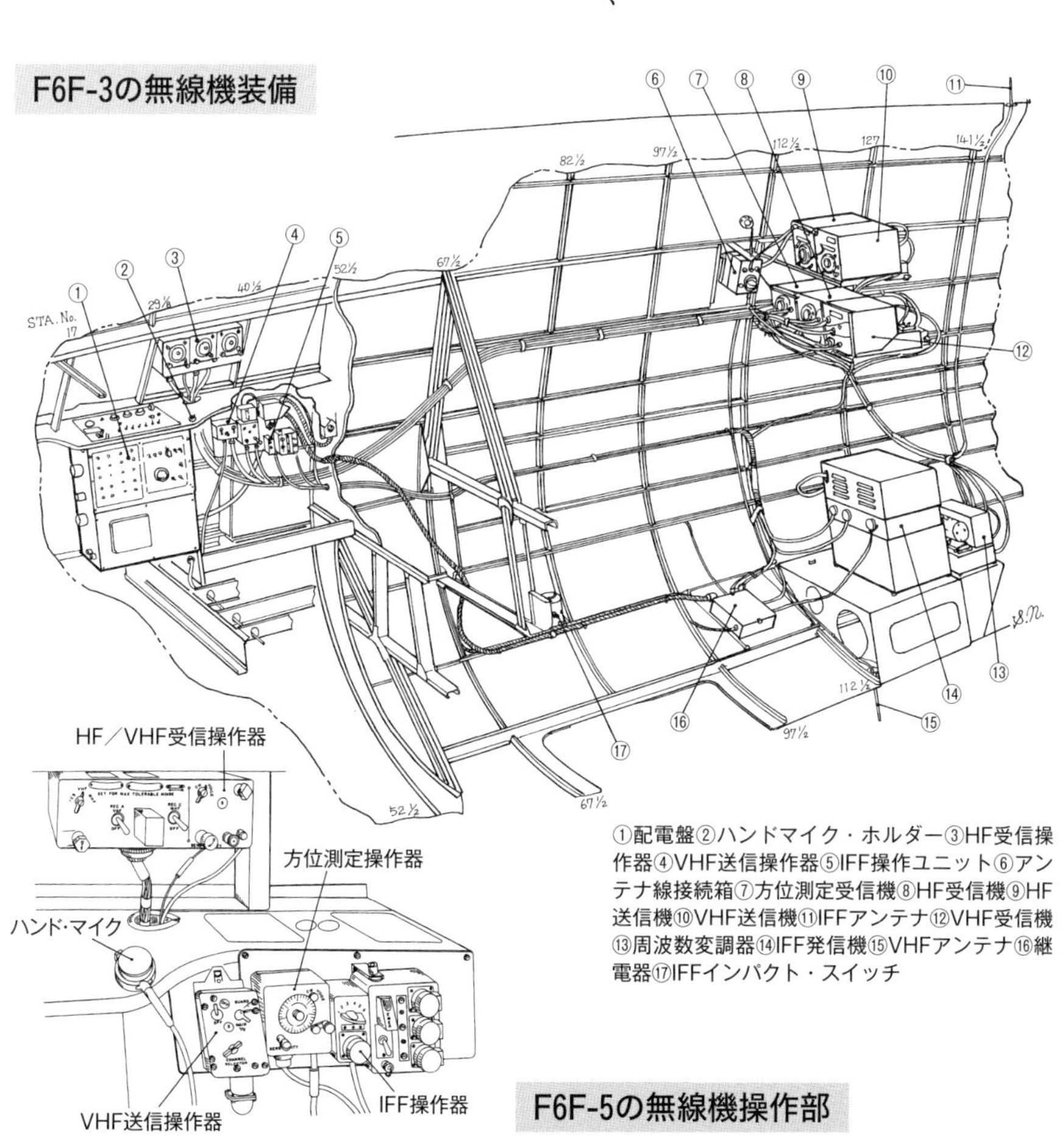

①配電盤②ハンドマイク・ホルダー③HF受信操作器④VHF送信操作器⑤IFF操作ユニット⑥アンテナ線接続箱⑦方位測定受信機⑧HF受信機⑨HF送信機⑩VHF送信機⑪IFFアンテナ⑫VHF受信機⑬周波数変調器⑭IFF発信機⑮VHFアンテナ⑯継電器⑰IFFインパクト・スイッチ

烈風の射撃／爆撃兵装

烈風の試作が進んでいた昭和18（1943）年後半、最前線でアメリカ陸海軍の新型機と戦っている零戦が、機首上部内に装備する九七式七粍七（7・7㎜）機銃2挺の、実効果が薄れたことを身をもって体感していた。

故に、烈風の射撃兵装は左、右主翼内に三式十三粍（13㎜）機銃、九九式二十粍（20㎜）二号四型機銃各1挺ずつという組み合わせに設定された。携行弾数は前者が各銃300発、後者が各銃200発である。

しかし、発動機を自社製のMK9Aに換装したA7M2の量産準備が下令されたのが、昭和20（1945）年に入ってからという背景もあり、もはや十三粍機銃も実効果が薄いということで、A7M2の主翼内射撃兵装4挺は、全て九九式二十粍二号四型機銃に統一された。携行弾数は各銃200発である。

このA7M2が装備する射撃照準器

主翼武装配置図（寸法単位：mm）

※左主翼を上面よりみる

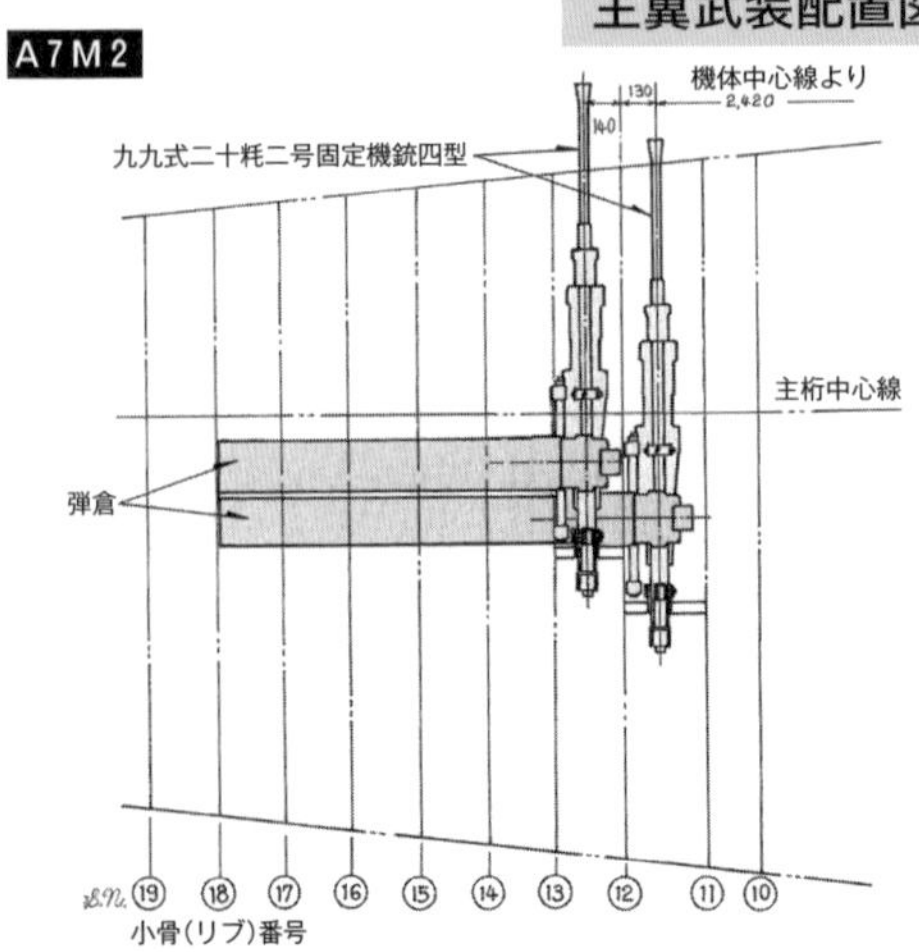

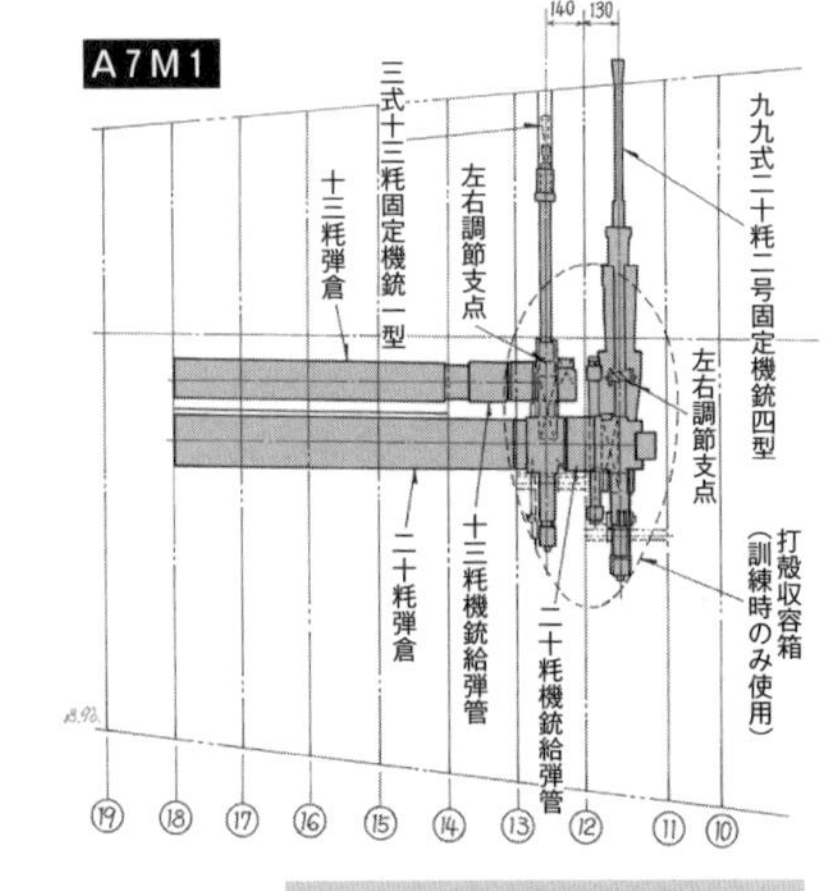

四式射爆照準器

後正面

右側面

レンズ
反射ガラス
フィルター
顔面保護パット
光量調整ダイヤル

二十粍機銃取付要領

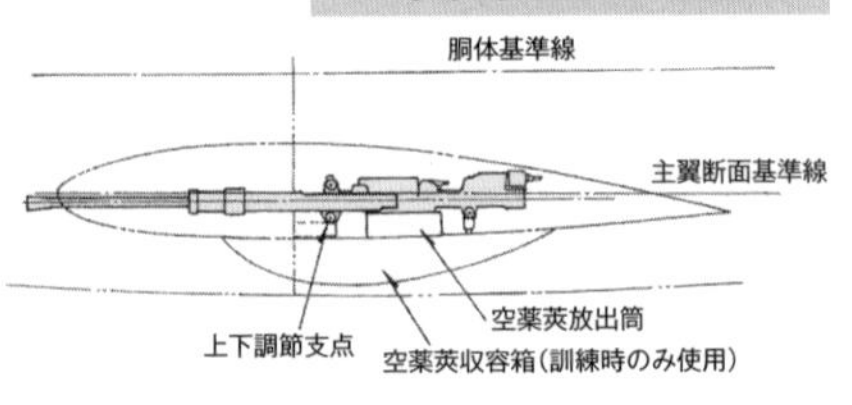

←零戦を含めた海軍戦闘機が装備した九八式射爆照準器は、この種機器の独自開発力が育たなかった日本故に、やや旧式のドイツ製Revi 3をコピー生産して賄ったものだった。左図の四式射爆照準器も然りで、ドイツのRevi C/12Dのコピー生産品である。

は、既に零戦五二丙型、六二型の一部が用いていたのと同じ、光像式の四式射爆照準器になったと思われるが、供給量が十分ではなく、零戦と同様に旧式の九八式射爆照準器で代用する可能性も高かった。

排気タービン過給器を備え、対Ｂ－29迎撃機として試作が進められていた、Ａ７Ｍ３－Ｊ「試製烈風改」高々度戦闘機の射撃兵装は、左、右主翼内に各２挺、胴体後部内に斜め銃として２挺、合計６挺の五式三十粍（30㎜）機銃という、日本の単発戦闘機としては空前の強武装を予定していた。

因みに、この五式三十粍機銃は日本が独自に開発し、制式兵器採用され一定数生産（計２，０００挺余り）までこぎつけた射撃兵装としては、ほとんど唯一のものである。炸薬量は二十粍機銃弾の３・７倍（37ｇ）もあり、初速も二十粍機銃と同等の７５０ｍ／秒と、破壊力、性能ともに満足すべきものだった。しかし、Ａ７Ｍ３－Ｊは原型機完成に至らぬまま終わった。

A7M3－J『烈風改』の射撃兵装図（左主翼を示す）

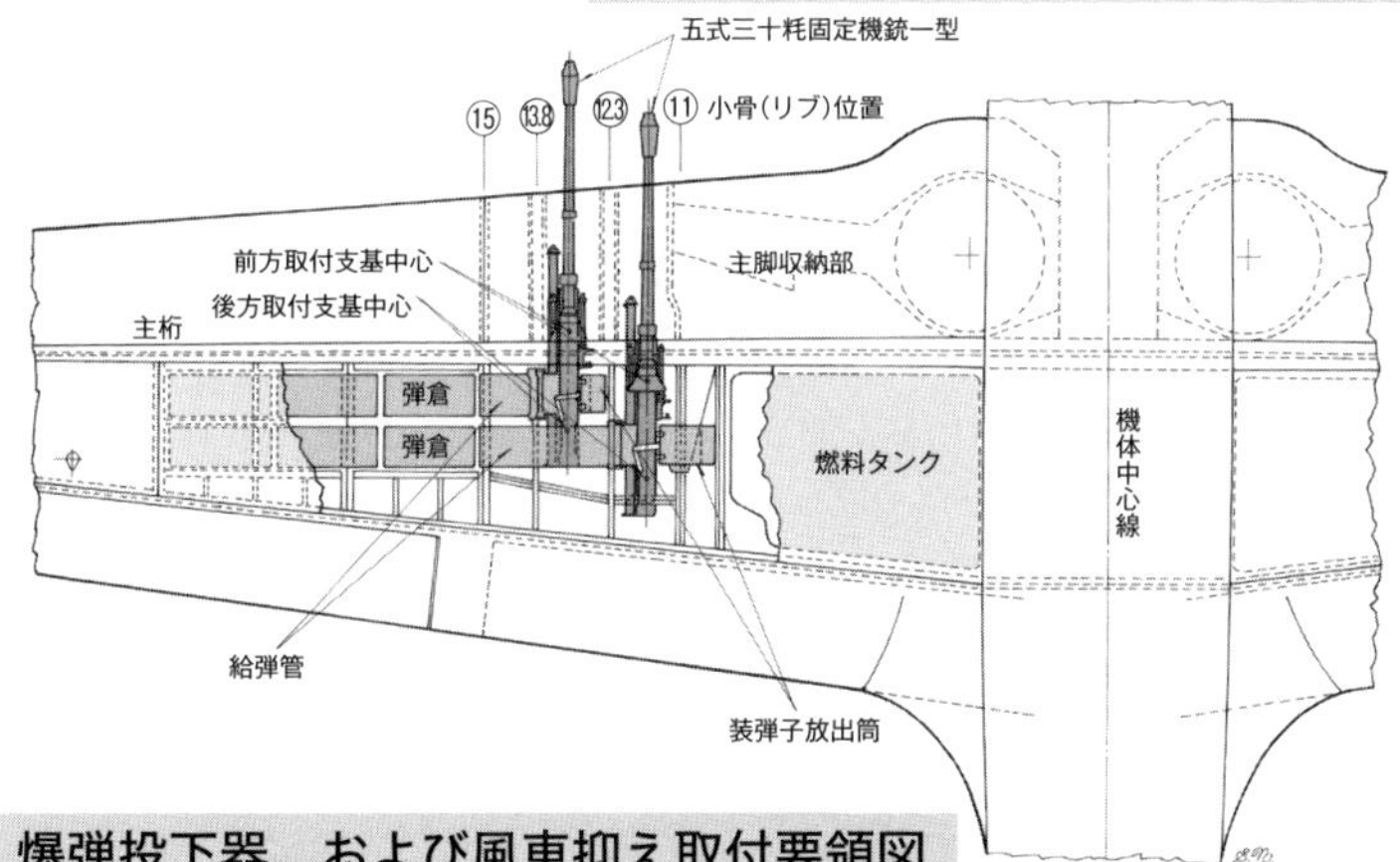

←主翼内装備銃の携行弾数は、正規状態では各銃60発だが、過荷状態にて内側銃73発、外側銃65発まで可能だった。胴体内の斜め銃装備の場合は各銃100発を予定していた。

爆弾投下器、および風車抑え取付要領図

（寸法単位：㎜）

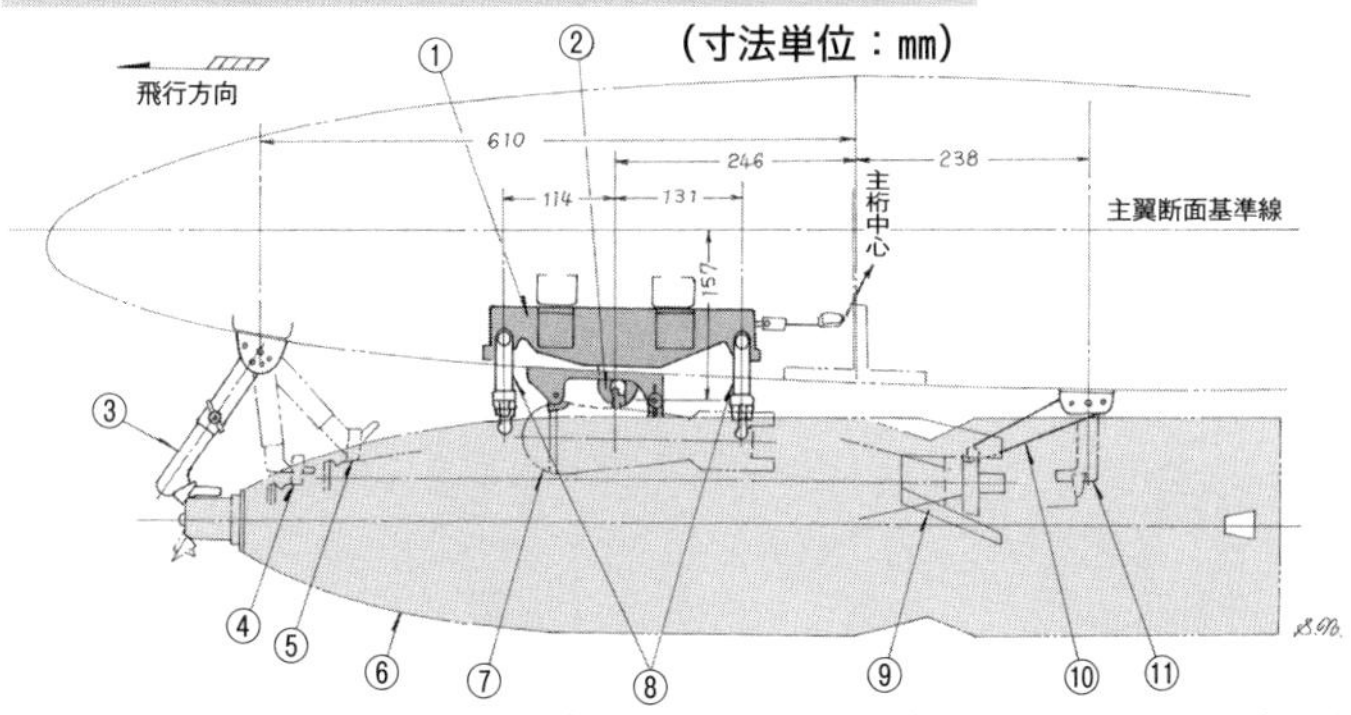

←烈風の爆撃兵装は、左、右主翼下面に三番（30kg）、または六番（60kg）爆弾各1発で、その懸吊要領は左図のとおり。想定された局地戦闘機の運用上、使用爆弾は空対空用の三号に限られたはず。

①投下器 ②懸吊金具 ③前方風車抑え ④三番（30kg）教練爆弾懸吊時の風車抑え位置 ⑤三番（30kg）三号爆弾懸吊時の風車抑え位置 ⑥六番（60kg）各種爆弾 ⑦１kg演習用爆弾 ⑧弾体振れ止め金具 ⑨三番三号爆弾懸吊時の後端 ⑩後方風車抑え ⑪三番演習用爆弾懸吊時の後方風車抑え位置

F6Fの射撃／爆撃兵装

F6Fの射撃兵装は、大戦期のアメリカ陸海軍単発戦闘機の標準でもあった、左、右主翼内にコルト・ブローニングM2・50口径（12・7㎜）機銃各3挺で、戦闘偵察機型、夜間戦闘機型を除き、F6F－3／－5を通して変わらなかった。その装備要領は下図に示したとおり。

携行弾数は各銃あたり400発で、6挺合計すると2,400発にも達した。この6挺による、遠距離からのシャワーの如き一斉射撃は、零戦をはじめ日本陸海軍機すべてにとって大きな脅威だった。テレビの戦争関連番組などでよく放映される、F6Fのガン・カメラ映像はその状況を象徴的に示している。

夜間戦闘機型F6F－5Nは、片翼3挺のうち内側の1挺を、ブローニング20㎜機関砲（イスパノ20㎜機関砲のライセンス生産品で、携行弾数は各1

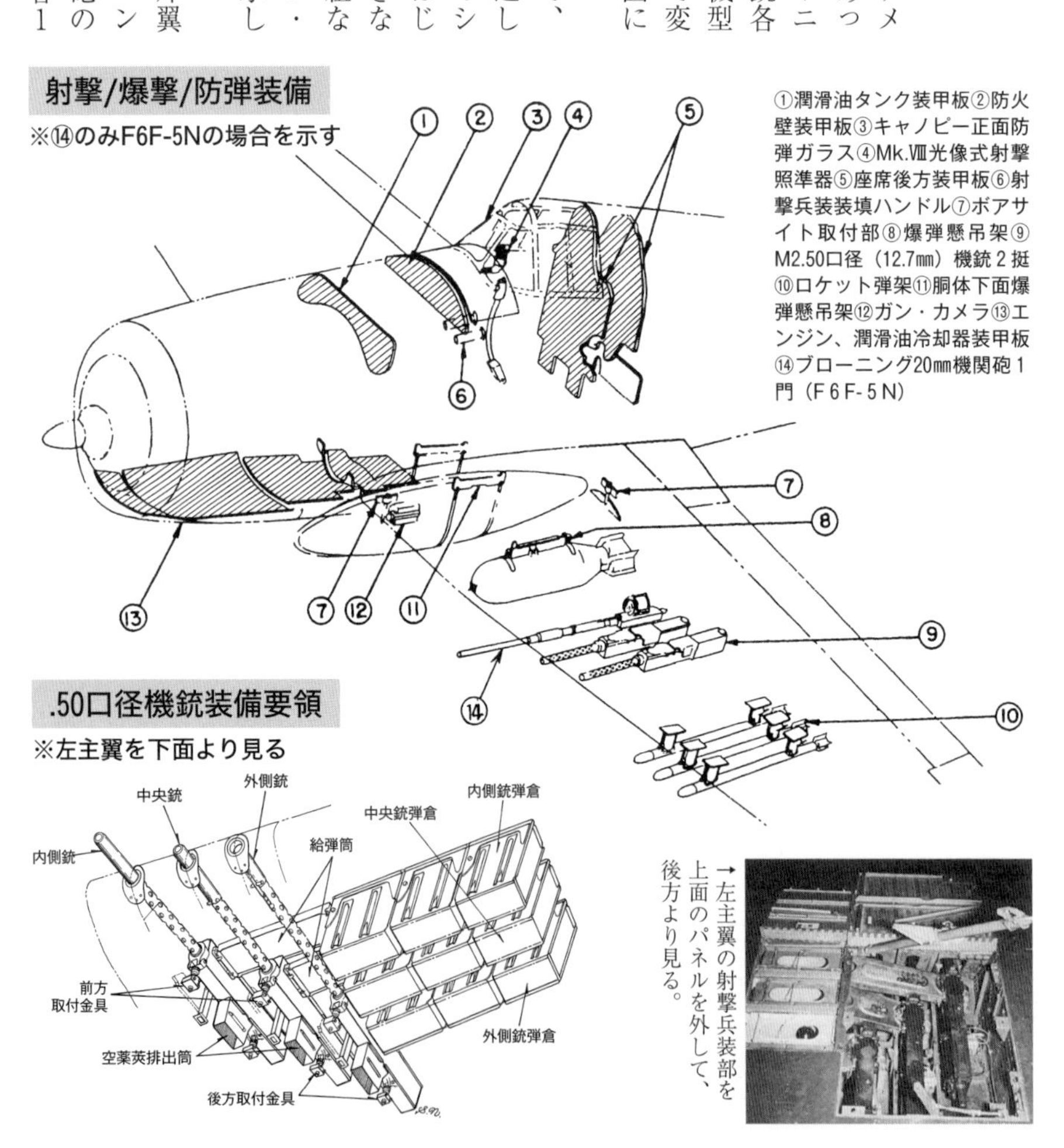

→左主翼の射撃兵装部を上面のパネルを外して、後方より見る。

２５発）に換装した。

これらの射撃兵装の照準には、Ｆ４Ｆ－４なども装備していたＭｋ．Ⅷと称する光像式射撃照準器が用いられ、操縦室正面計器板の上方中央に設置された。太平洋戦争終結直前の１９４５年夏頃には、Ｆ６Ｆ－５にも後継機Ｆ８Ｆが標準装備とした、ジャイロ・コンピューティング方式のＭｋ．Ⅷ Ｍｏｄ．０と称する新型射撃照準器が導入されたと思われる。

Ｆ４Ｕコルセアには及ばないが、Ｆ６Ｆにも生産型－３の早い段階で爆弾携行能力が備えられ、左、右内翼下面にＭｋ．51－７と称する専用懸吊架を介し、５００ポンド（２２７kg）までの爆弾を懸吊可能とした。

これら射撃／爆撃兵装の操作は、油圧により行なう機銃の装填操作を除き、操縦室内右側の配電盤後方に設置されたスイッチ類でいずれを使用するか選択。操縦桿の頂部に設けた引き金、スイッチにより射撃、爆弾投下、ロケット弾（後述）発射を行なった。

←サンジエゴの博物館に展示されている、Ｆ６Ｆ－３の操縦室内計器板上方に取り付けられた、新型のＭｋ．Ⅷ Ｍｏｄ．０ジャイロ・コンピューティング方式射撃照準器。復元に際し、ストック部品を流用したと考えられる。

射撃／爆弾兵装操作パネル

機銃選択スイッチ
兵装主スイッチ
照準器光量加減ダイヤル
爆弾投下選択スイッチ
爆弾安全/信管スイッチ
ロケット弾発射スイッチ
射撃照準器スイッチ
ガン・カメラ・スイッチ
爆弾/ロケット弾選択スイッチ

Mk.51-7　爆弾懸吊架

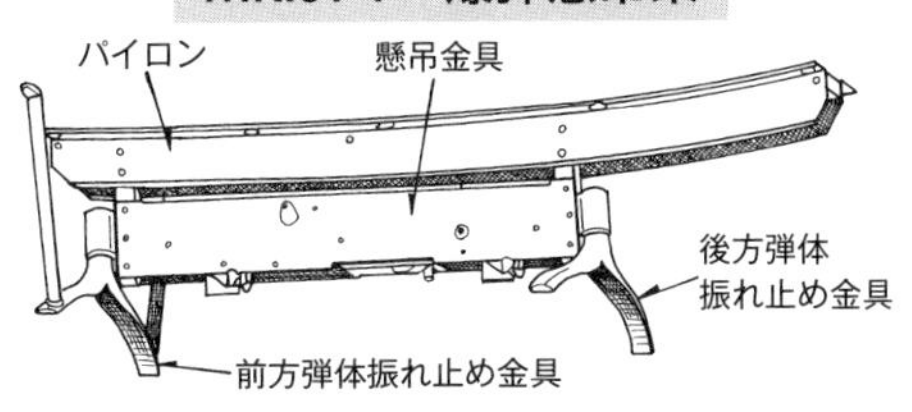

後期仕様の爆弾懸吊架

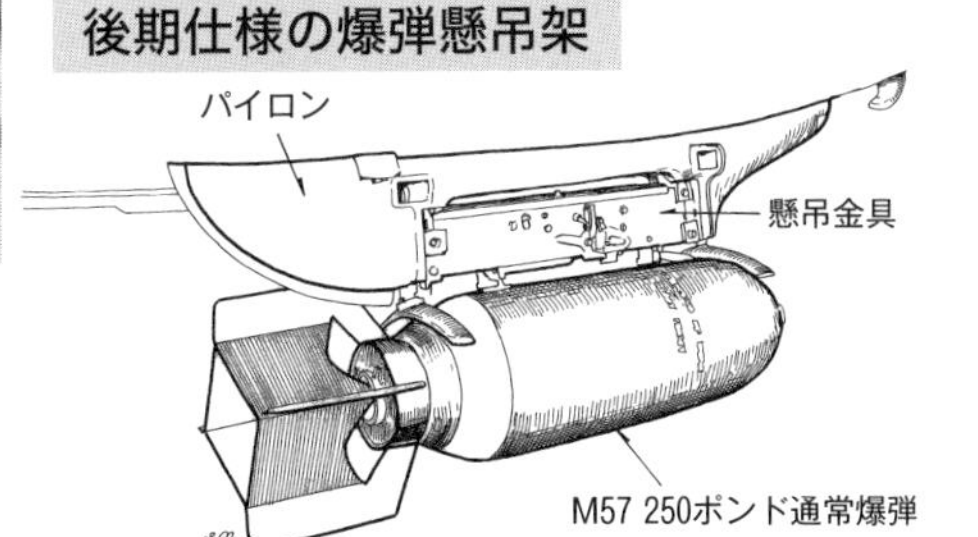

↑F6F－5の右主翼下面、後期仕様の爆弾懸吊架に懸吊された、M29と称する500ポンド破砕集束（クラスター）爆弾。ただし、太平洋戦争におけるF6Fが、この種爆弾を使用する場面は多くなかった。

F6Fの特殊兵装

通常の射撃／爆撃兵装の他、F6Fには1943年の段階で－3の胴体下面に、Mk. XIIIと称した航空魚雷（重量2,000ポンド――907・2kg）1本を懸吊可能とするテストが行なわれていた。戦闘機に魚雷を懸吊するなど、日本海軍では考えられない発想だが、R－2800エンジンの余剰馬力が大きい、F6Fだからこそのトライと言える。しかし、実戦での必要性は高くなく、テストのみで終わった。

F6F－5が、1945年4月の沖縄攻略戦以降、対地攻撃の有効兵器として本格使用したのが、F4Uも用いた5インチHVARロケット弾。左、右外翼下面に各3発懸吊した。

さらに破壊力の大きい11・75インチのロケット弾〝タイニー・ティム〟も、各1発ずつ懸吊可能だったが、こちらは命中精度に難があって多くは使われなかった。

←F6F－3の胴体下面に懸吊された、Mk.XIII航空魚雷を左側より見る。懸吊金具は、本来の落下タンク懸吊金具のスペースを使って取り付けてある。

←〝タイニー・ティム〟11.75インチロケット弾の発射テストを行なうF6F－5。重量が大きい（545kg）こともあり、命中精度は5インチHVARに比べかなり劣った。

←左右主翼下面にタイニー・ティムを2発（内翼）、5インチHVARを6発（外翼）懸吊した状態のF6F－5。この状態だと1トンを超える懸吊重量で、さすがにF6Fでも限界に近かった。

第四章　烈風、Ｆ６Ｆ以降の開発

第一節　烈風以降の三菱重工戦闘機開発

異形の局戦「閃電（せんでん）」

烈風の原型機である十七試艦上戦闘機が試作発注される1ヵ月前の昭和17（1942）年6月、三菱は海軍航空本部から「十七試局地戦闘機」（J4M1）の試作を受注していた。局戦としては、当時原型機の飛行テストが行なわれていた自社の十四試局戦（のちの「雷電」）、川西の一号局戦（のちの「紫電」）に続く3番目の機体だった。

三菱は、かつて零式観測機を手掛けた佐野栄太郎技師を設計主務者に配して作業に着手した。すでに社内では前年から「M－60」の名称で各種設計案を検討しており、海軍の要求性能が極めて高いことから、十七試局戦は、当時開発中の自社製「A－20」発動機（のちのMK9D――2，200hp）を搭載する、異形の単発双胴推進式形態を選択した。

似たような形態の計画機はドイツなどにも存在したが、それらの搭載エンジンはいずれも液冷を前提としており、空冷のA－20を搭載する十七試局戦にとって、その冷却をどうするかが大きな問題だった。というのも、発動機を収める中央ナセルの前方には操縦室があるので、冷却空気取り入れ口はナセルの側面に開口するしかない。

しかし、側面に大きな空気取入口を突出させると、空気抵抗も大きくなり速度性能上のロスを招くうえに、後列シリンダー（実際には前列シリンダー）の冷却も不十分になる。

そこで、技術陣が苦肉の策として採ったのが、発動機前方のナセルに、断面の全周にわたって空気取入口を開け、同後方にも同じ要領で冷却空気の出口を設けるという手法。

試作機整理の対象となる

昭和19（1944）年に入り、前述した冷却方法に基づいた実験用ナセルを製作し、MK9Dの試作品を実際に固定して、その効果を確かめるテストを行なった。結果は概ね実用可能ということだったらしいが、詳しい状況は資料がなくて不明。ただ、MK9D発動機は改修すべき不具合が多々あり、実用化の目途は立たなかった。

　同年なかば頃には、現下の太平洋戦争の戦況が一段と悪化。海軍は各メーカーに対し、現用機の増産と火急対処事を次々に課したことで、新たに「試製閃電」と改称した十七試局戦の開発作業は遅れ気味になった。

　同年7月、佐野技師が束ねる三菱第三設計課は、零戦五二丙型の改修設計を担当することを命じられ、試製閃電の作業は事実上中断せざるを得なくなった。

　そして、3ヵ月後の19年10月、海軍は現状に鑑み、早急に実現不可能な試作機は整理することを決定。試製閃電もその対象となって開発中止が命じられ、日本機らしからぬ異形のフォルムをもつ試製閃電は、整図版上にのみ存在しただけで消え去った。

十七試局地戦闘機『試製閃電』（J4M1）推定三面図

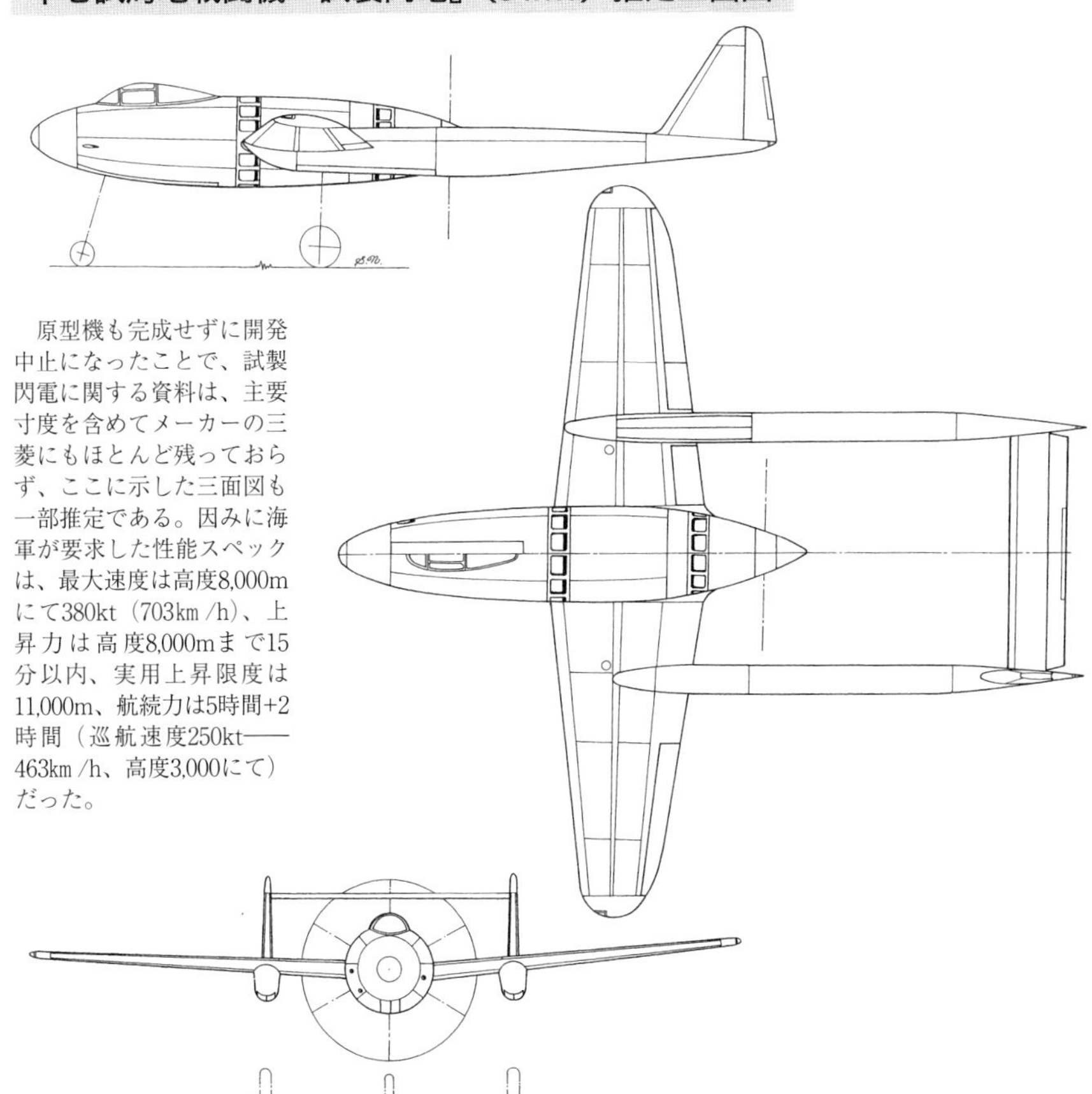

　原型機も完成せずに開発中止になったことで、試製閃電に関する資料は、主要寸度を含めてメーカーの三菱にもほとんど残っておらず、ここに示した三面図も一部推定である。因みに海軍が要求した性能スペックは、最大速度は高度8,000mにて380kt（703km/h）、上昇力は高度8,000mまで15分以内、実用上昇限度は11,000m、航続力は5時間+2時間（巡航速度250kt――463km/h、高度3,000にて）だった。

ドイツ航空技術に縋る

昭和19（1944）年に入り、アメリカ陸軍航空軍の新鋭四発大型爆撃機、ボーイングB－29の日本々土空襲が現実味を帯びたが、その超絶した高性能に太刀打ち出来る、高々度迎撃戦闘機を早急に実現することは、日本陸海軍にとって到底不可能だった。

そこで、当時枢軸同盟国のドイツで、革新的なロケット、ジェットエンジンを動力とする、メッサーシュミット社のMe163、Me262両戦闘機の実用化が進められていることに注目。とりわけ、最大速度900km／h、高度1万メートルまでの上昇時間約3分という、レシプロ（ピストン）エンジン戦闘機では到底実現し得ない性能を持つMe163を、B－29迎撃機に充てるという構想が浮上した。

そして、交渉の末に日・独軍事援助協定に基づき、Me163とMe262の技術資料提供が決まったことを受

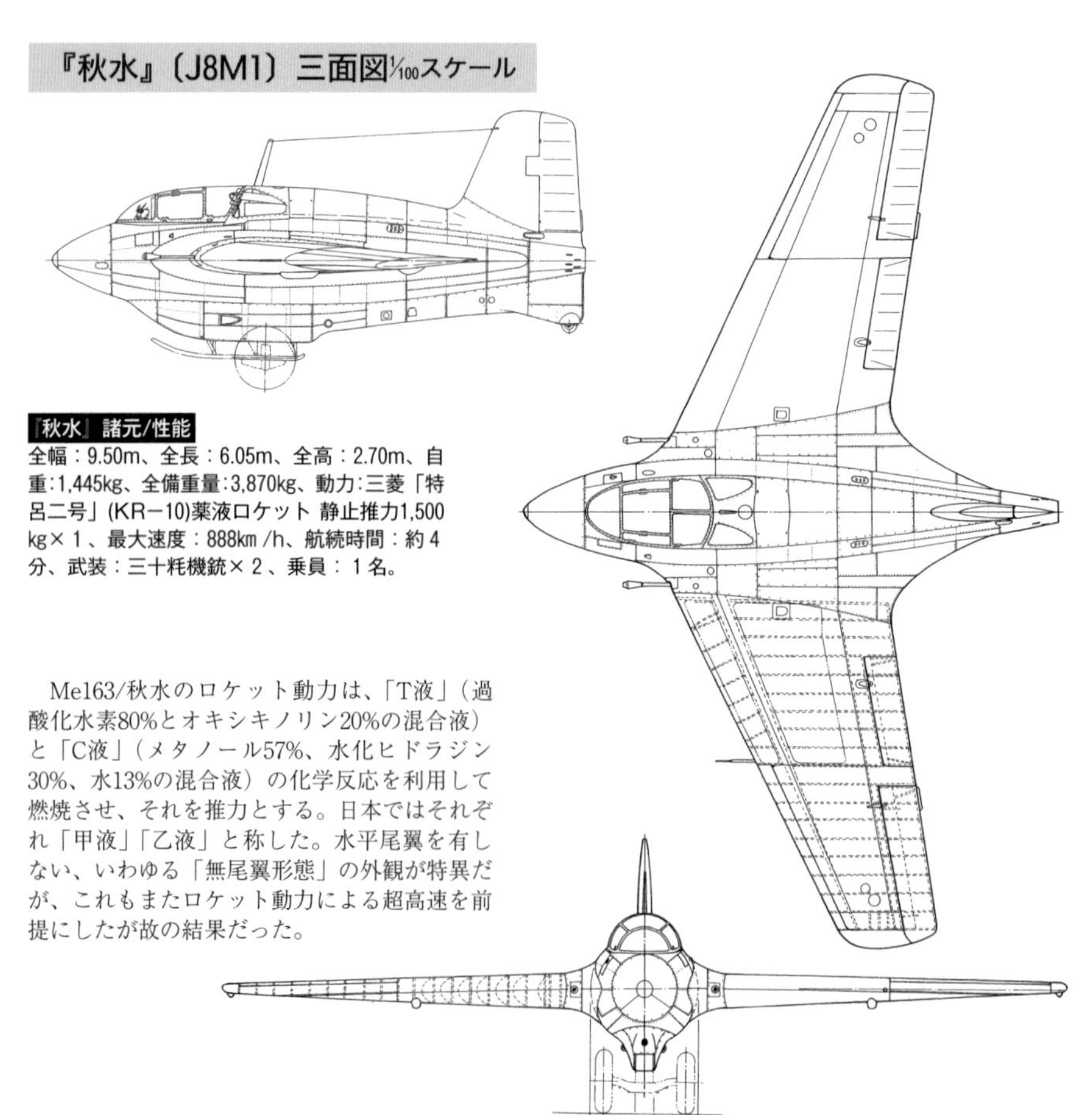

『秋水』（J8M1）三面図1/100スケール

『秋水』諸元/性能
全幅：9.50m、全長：6.05m、全高：2.70m、自重：1,445kg、全備重量：3,870kg、動力：三菱「特呂二号」(KR－10)薬液ロケット 静止推力1,500kg×１、最大速度：888km /h、航続時間：約４分、武装：三十粍機銃×２、乗員：１名。

Me163/秋水のロケット動力は、「T液」（過酸化水素80%とオキシキノリン20%の混合液）と「C液」（メタノール57%、水化ヒドラジン30%、水13%の混合液）の化学反応を利用して燃焼させ、それを推力とする。日本ではそれぞれ「甲液」「乙液」と称した。水平尾翼を有しない、いわゆる「無尾翼形態」の外観が特異だが、これもまたロケット動力による超高速を前提にしたが故の結果だった。

け、日本陸海軍は前例のない協同作業という形で国産化を図ることになった。昭和19年3月のことである。

入手し得た資料は僅か

しかし、この頃になると日本、ドイツともに戦局が悪化し、大西洋、インド洋を経由しての船舶輸送は不可能となっており、限られた資料、部品サンプルなどを潜水艦に積み込んで運ぶしか方法がなかった。

それでも危惧したとおり、ドイツを出港した2隻の日本海軍潜水艦のうち、1隻は大西洋で連合軍艦船によって撃沈され、残り1隻がようやく7月にシンガポールに辿り着いたものの、南シナ海方面も安全ではないとの理由で、手荷物程度の印刷物資料だけを空輸にて東京に運んだ。

この乏しい資料だけでは国産化は無理という意見もあったが、すでに当のＢ－29による本土空襲が始まっているという危機的状況下、Ｍｅ１６３は三菱重工を主契約会社として国産化を進めることにした。機体の統一名称は「秋水」と決まった。

昼夜兼行の突貫作業

国産化を受注した三菱は、乏しい資料にもかかわらず昼夜兼行の突貫作業で、機体のみは年内に1機完成にこぎつけた。しかし、ロケット動力は簡単にはいかず、初号基がようやく連続運転可能な状態になったのは、翌20（１９４５）年6月末のことである。

『秋水』機体内部構造配置図

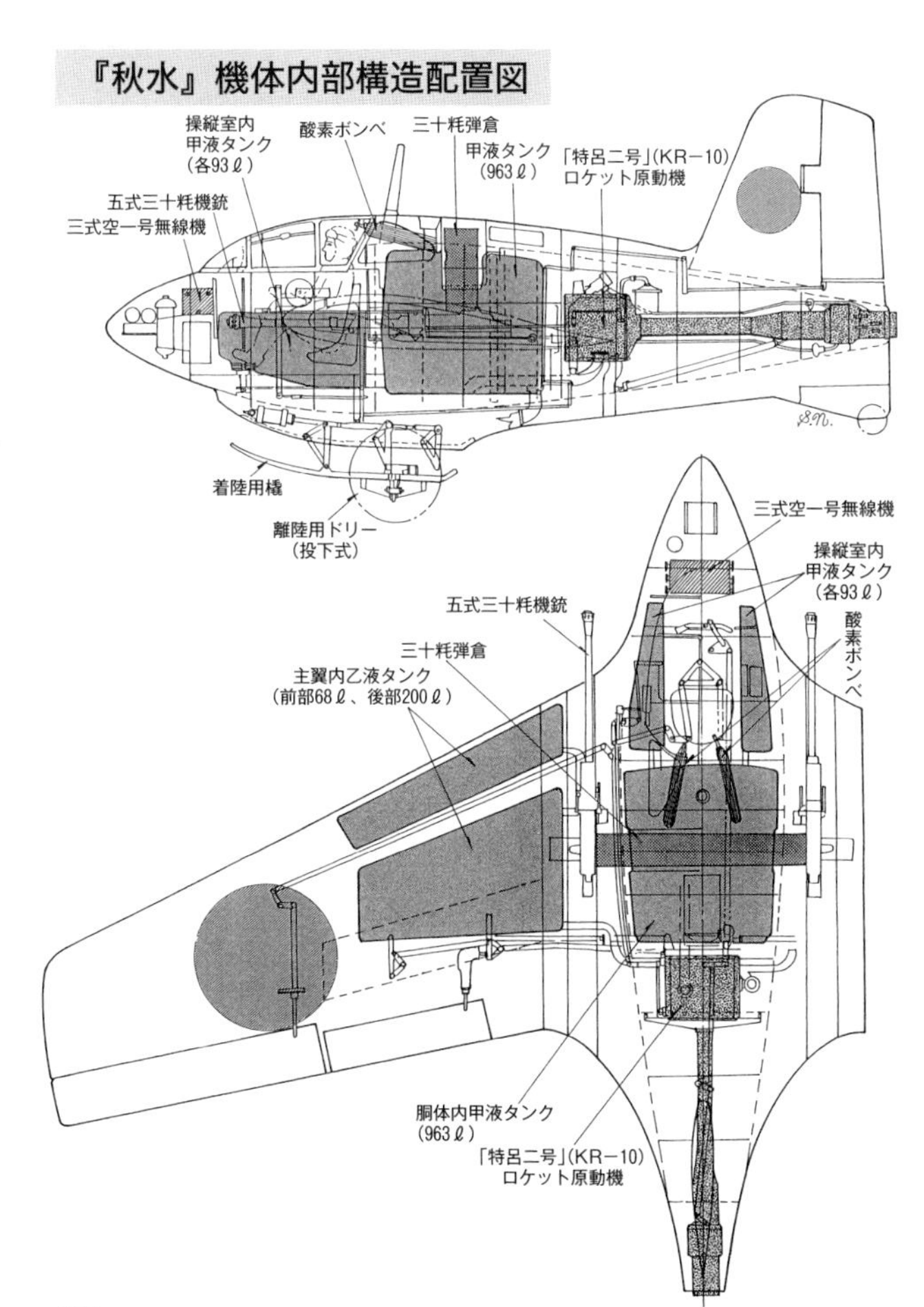

とにかく一刻も早い実用化を図りたい陸海軍は、7月7日に海軍用1号機を使い初飛行を行なったが、燃料移送管の不適切により離陸直後にロケット動力が停止。機体は滑空で不時着を試みたものの墜落、大破してしまった。

急ぎ海軍用2号機、陸軍用1号機を使っての初飛行準備が下令されたが、不具合改修、ロケット動力の不調などにより作業は遅れ、そのうち8月15日の敗戦を迎えてしまった。

結局、陸海軍が総力を挙げた狂気のようなMe163の国産化は、壮大なる徒労に終わったのである。ドイツ本土防空戦におけるMe163の実績を見るまでもなく、本機は超高速はともかく、特殊燃料による極端な航続時間の短さ（数分程度）が致命的で、兵器としては失敗作だった。

←昭和20（1945）年7月7日夕刻、神奈川県・横須賀市の海軍追浜基地にて、初飛行に臨むためロケット動力を始動した直後の、海軍向け「秋水」の1号機。全面黄色の試作（実験）機塗装を施しており、垂直尾翼に描いた白フチどりの日の丸標識が印象的。手前では万一の燃料（薬液）爆発事故に備え、地上員が機体の下にホースで水を撒いている。

↑陸海軍が昭和21（1946）年3月までに計3,600機を生産するという、途方もない計画のために、三菱以外に指定された転換生産メーカーのひとつ、日本飛行機（株）・山形工場で敗戦間際に1機だけが完成した機体。すでに実戦機用迷彩を施し、主翼付根の三十粍機銃も装備している。しかし、敗戦時の完成機数は三菱の4機と合わせ、わずか5機にとどまった。

第二節　Ｆ６Ｆ以降のグラマン社艦戦開発（ＸＦ５Ｆ－１を含む）

悲願の高速艦戦を得るべく

航空母艦という特別な運用環境に適合するため、艦上戦闘機は設計上多くの制約を受けることになり、同時代の陸軍戦闘機に比べ、どうしても速度性能面で劣るというのが通念であった。

この長年にわたる通念をなんとか打破したいと願い、アメリカ海軍航空局が希望を託して、１９３８年6月30日にヴォート社に試作発注したのが、同国最初の2,０００hp級エンジンＰ＆Ｗ　Ｒ－２８００を搭載する、ＸＦ４Ｕ－１コルセアである。

このとき、同じ目的でグラマン社が試作受注したのが、ＸＦ５Ｆ－１であった。本機は単発機しか存在しなかった艦戦市場に、初めて挑んだ双発艦戦でもあった。双発にした理由は言わずもがな、搭載することにした1,２００hpのライトＲ－１８２０空冷9気筒エンジンでも、２基ならば2,４００hpとなり、ＸＦ４Ｕ－１のＲ－２８００の出力を上まわり、より高速を得られると考えたからである。

ただ、双発艦戦とはいえ、あくまで航空母艦で運用するには、単発艦戦とほぼ同サイズにまとめなければならず、この点がグラマン社技術陣にとって、高いハードルになったことは確かである。

↑グラマン社ベスペイジ工場のエプロンに駐機するXF5F－1。初飛行後にプロペラ・ハブ、排気管まわりを改修した状態。胴体に比べて著しく太いエンジンナセルと、艦上機には珍しい双垂直尾翼が目立つ。

理想と現実の違い

グラマン社技術陣は、機体サイズのコンパクト化を図るため、アスペクト比の小さい全幅12・8mの主翼とし、胴体に近接して左右エンジンナセルを配置、機首は主翼前縁から前方に突き出ぬ位置にとどめるなどの工夫を凝らし、全長もF4Fと変わらぬ8・75mに抑えた。

しかし、1940年4月1日に初飛行したXF5F－1は、その約2ヵ月後の5月29日に初飛行したXF4U－1の海面上昇率792m／分を大きく凌ぐ、1，220m／分を記録したものの、最大速度はXF4U－1の640km／hには遠く及ばない616km／hにとどまった。

それにも増してグラマン社技術陣を悩ませたのは、海軍のテストを受けたのちに指示された機体各部の要改修点の

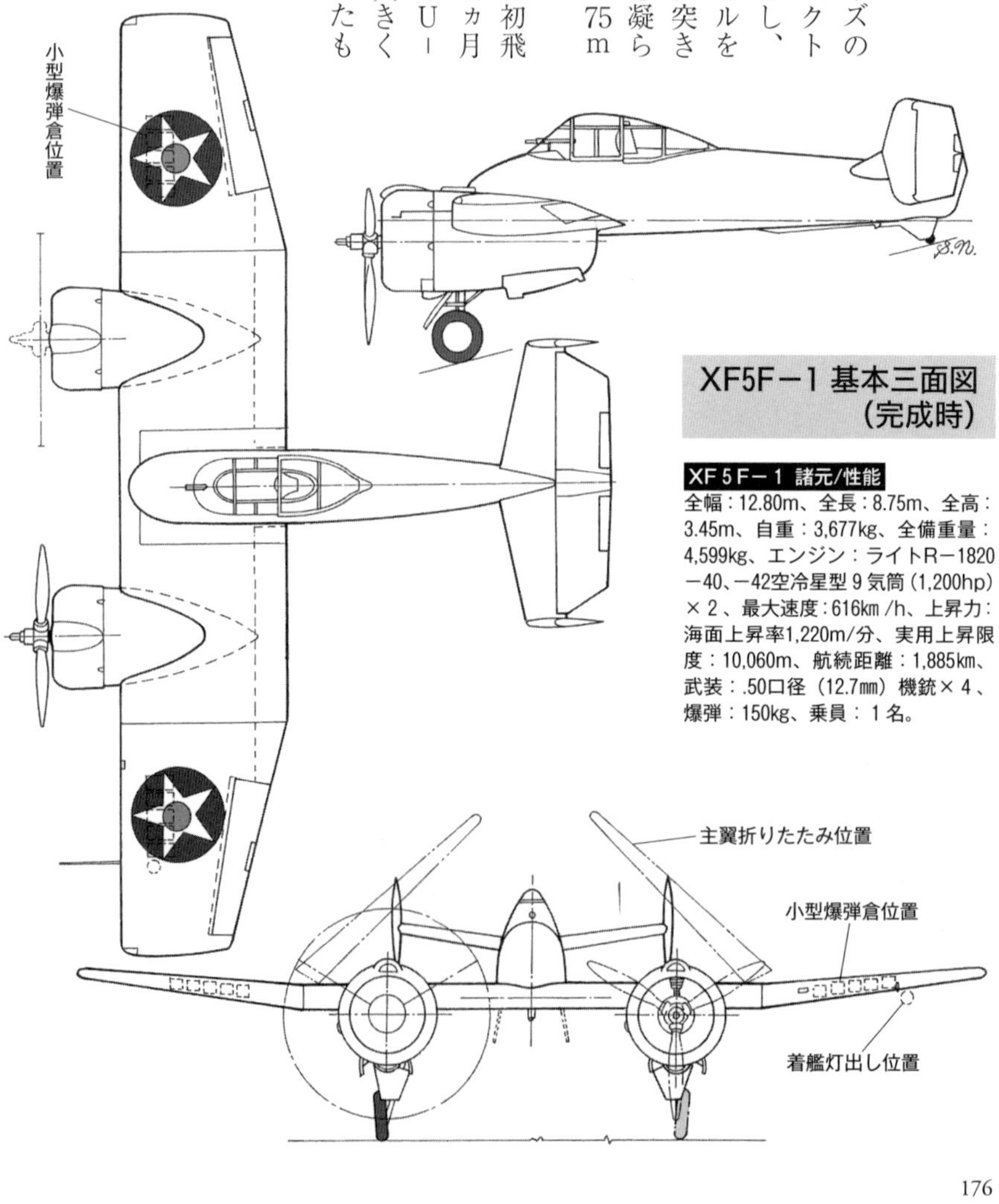

XF5F－1 基本三面図（完成時）

XF５F－１ 諸元/性能

全幅：12.80m、全長：8.75m、全高：3.45m、自重：3,677kg、全備重量：4,599kg、エンジン：ライトR－1820－40、－42空冷星型９気筒（1,200hp）×２、最大速度：616km/h、上昇力：海面上昇率1,220m/分、実用上昇限度：10,060m、航続距離：1,885km、武装：.50口径（12.7mm）機銃×４、爆弾：150kg、乗員：１名。

多さで、その数は大、小合わせて８ヵ所にのぼった。

とくに深刻だったのが、直径の大きな単列９気筒Ｒ－１８２０エンジンを収めたナセルが、近接して配置されていることに加え、操縦室が後方に寄っているため、艦上機にとって重要な、離着艦時の前側方視野が極端に狭いことだった。これが原因なのか、改修が済んだあとの１９４２年２月と５月に、陸上基地への着陸に２回続けて失敗し、機体を損傷している。

こうした現状に、海軍当局はＸＦ５Ｆ－１の実用化は無理と判断。グラマン社もその意向に沿い、１９４２年９月４日に自らＸＦ５Ｆ－１の開発中止を申し入れ、受理された。

その卓越した上昇力に因み、〝スカイロケット〟と命名されたＸＦ５Ｆ－１ではあったが、グラマン社技術陣にとっては、理想と現実の違いを身にしみて味わわされた存在だった。

←ベスペイジ工場が所在する、ニューヨーク州ロングアイランド上空をテスト飛行するXF5F－1。このアングルからは、異様に短い機首と、太いエンジンナセルに遮られて、前側方視野が狭いことがよくわかる。

←開発中止が決まったあとも、グラマン社内で双発艦戦の特性などを調べる目的でテストを続けていた、1943年4月時点のXF5F－1。機首が前方に延長され、キャノピーの背が低くなるなどの改修が加えられている。

再び の双発艦戦F7F

アメリカ海軍／グラマン社にとって、初めての双発艦戦への挑戦となったXF5F－1スカイロケットは、難しい制約のなかで設計に苦労し、初飛行から1年が経過した1941年なかばになっても、まだ機体の改修に追われる日々が続いていた。

そんなさなかの同年6月30日、海軍当局はグラマン社がXF5F－1に代わる、新たな双発艦戦の設計案として提案した社内名称「G－51」を、XF7F－1として試作発注した。

本機は、社内テスト・パイロットに加え、当時、著名なエアレーサーのゴードン・イスラエル氏をアドバイザーとして設計陣に招き、徹底した空気力学的洗練を追究し、XF5F－1で果たせなかった、単発艦戦を凌ぐ高性能を目指した。

エンジンは、当初同じ日に試作発注された単発艦戦、XF6F－1と同様

←2機発注された原型機XF7F－1の1号機、Bu. No.03549が、ロングアイランド上空をテスト飛行中のショット。スピナー付きのプロペラ・ハブ、キャノピー後方の小窓、短いアンテナ支柱などが生産型F7F－1と異なる。

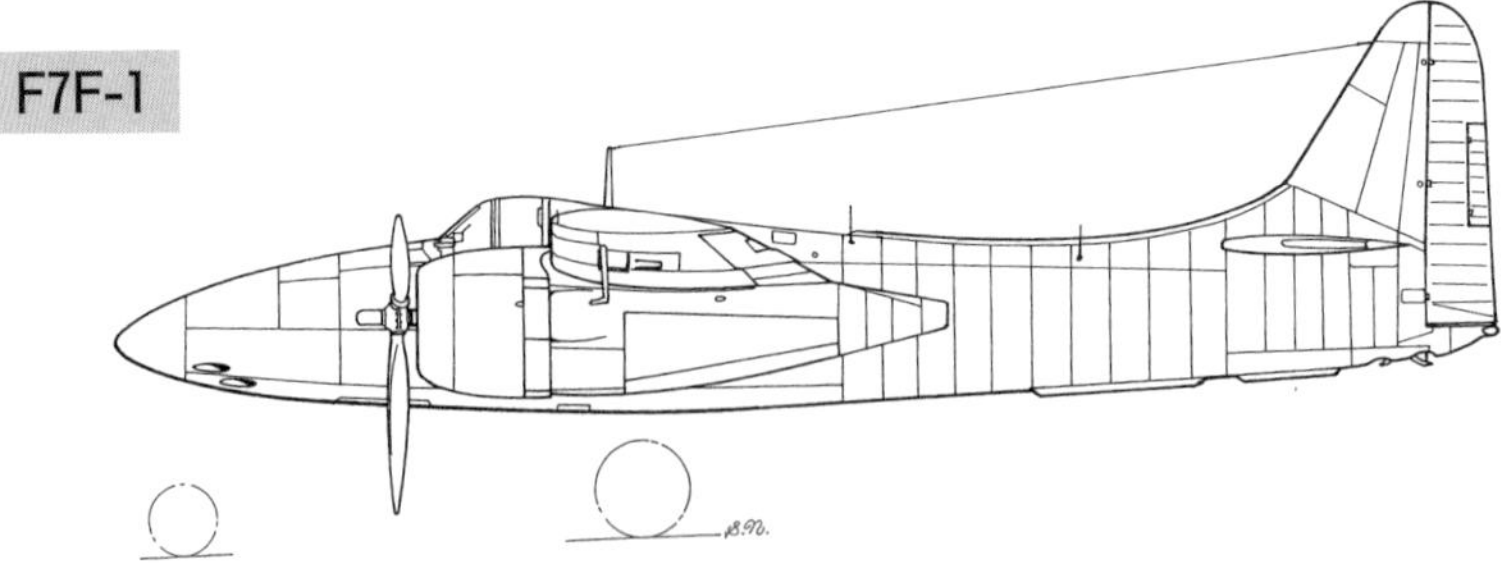

←ノースカロライナ州のチェリーポイント基地に駐留した、第911海兵戦闘飛行隊（VMF－911）に配備され、訓練飛行中のF7F－1。わずか34機しかつくられなかったF7F－1は、この訓練部隊のVMF－911と、実戦部隊のVMF（N）－531に配備された程度だった。写真は1945年3月の撮影。

にライトＲ－２６００（１，８００hp）を予定したが、ほどなくＸＦ６Ｆ－１と同じ理由でＰ＆ＷＲ－２８００（２，１００hp）に変更された。

このＲ－２８００エンジンは、前後の長さ、重量とも、ＸＦ５Ｆ－１が搭載したＲ－１８２０に比べてはるかに大きいので当然だが、機体サイズは全幅15・７ｍ、全長13・８ｍとふたまわりも大きく、当時建造中の最新鋭大型空母「エセックス」級でも、その運用には不安があった。

海兵隊向けの陸上戦闘機に

試作発注から2年4ヵ月余り後の１９４３年11月3日、ＸＦ７Ｆ－１は初飛行に成功し、その大パワーと洗練された外観がマッチした結果、最大速度６９０km／h、海面上昇率１，２８０ｍ／分という、自社のＦ６Ｆは言うに及ばず、Ｆ４Ｕ－１をも大きく凌ぐ高性能を示して当局を喜ばせた。

だが、危惧されたとおり空母上での

←1944年11月、エセックス級空母の1隻「シャングリ・ラ」(CV－38)で運用テストを受けるF7F－1の生産第32号機(Bu.No.80291)。飛行甲板に着艦した直後で、胴体尾部下面のフックに制動ワイヤーが引っ掛かっている。結局、これらのテストで空母運用は不可と判定された。

←グラマン社ベスペイジ工場で完成後、社内テスト飛行中のF7F－3(Bu.No.80462)。細く滑らかな外形の胴体、各空気取入口を主翼前縁に設け、突起物が一切ないエンジンナセルなど、洗練され尽くしたスタイルが高性能を実感させる。

F7F−3 三面図 1/150スケール

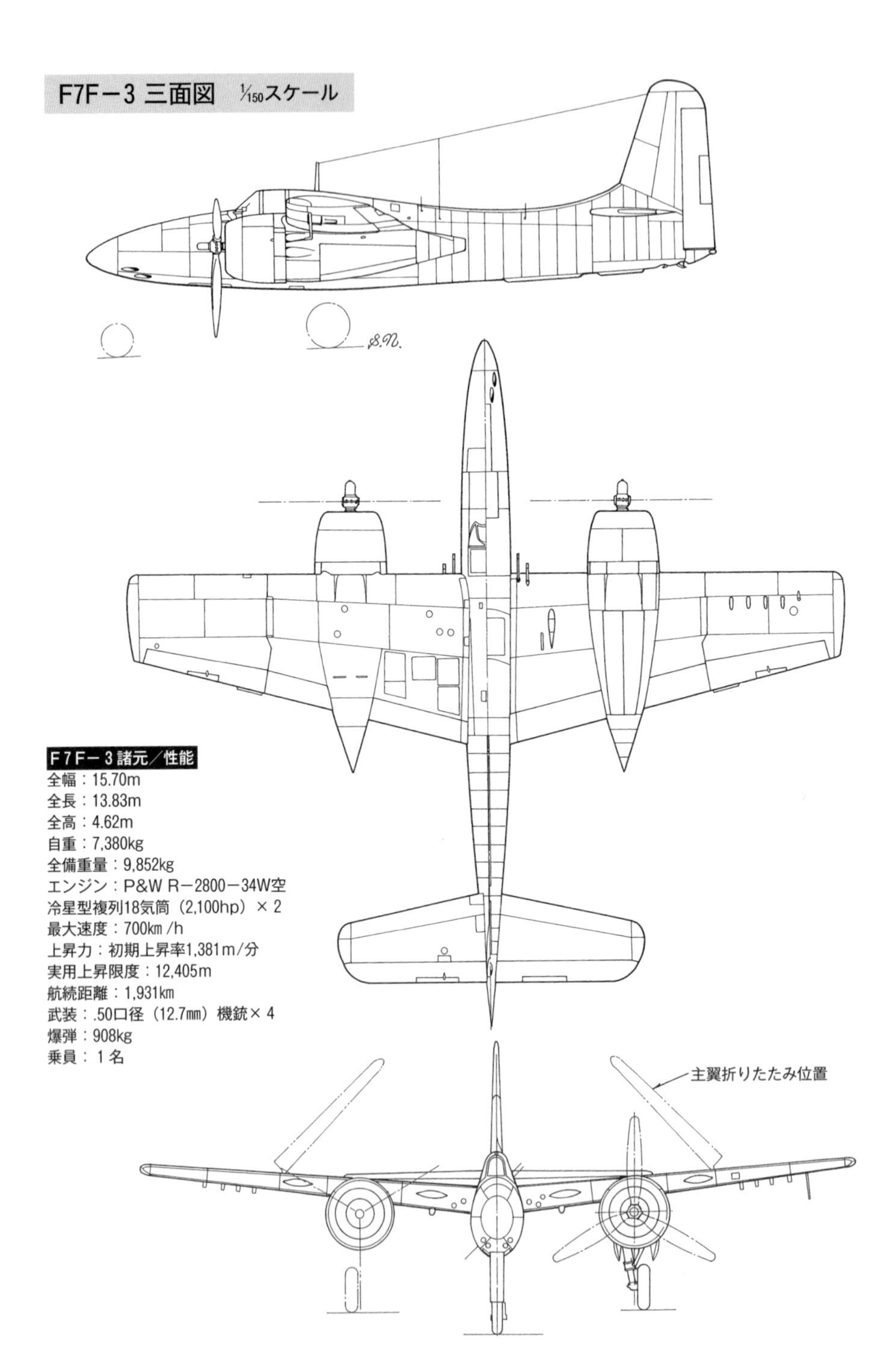

F7F−3諸元／性能

全幅：15.70m
全長：13.83m
全高：4.62m
自重：7,380kg
全備重量：9,852kg
エンジン：P&W R−2800−34W空冷星型複列18気筒（2,100hp）×2
最大速度：700km/h
上昇力：初期上昇率1,381m/分
実用上昇限度：12,405m
航続距離：1,931km
武装：.50口径（12.7mm）機銃×4
爆弾：908kg
乗員：1名

運用は大型、大重量すぎて困難と判定され、すでに５００機量産発注されていた生産型Ｆ７Ｆ－１は、海兵隊向けの陸上戦闘機として配備されることになった。

しかし、そのＦ７Ｆ－１も需要の少なさから34機つくったところで生産を打ち切られ、残りのうち65機は複座の夜戦型Ｆ７Ｆ－２Ｎとして完成。さらに単座に戻したＦ７Ｆ－３と、その複座夜戦型－３Ｎが合わせて計２５０機、－４Ｎが12機、戦後にかけて生産された。戦争終結にともなうキャンセルもあり、これらを合わせても最初の発注分５００機にとどかない、計３６１機生産にとどまった。

Ｆ７Ｆ－１の海兵戦闘飛行隊への配備が始まったのは、１９４４年４月。そのＦ７Ｆ－１と－２Ｎを装備した最初の部隊が、沖縄に到着したのは太平洋戦争終結前日の１９４５年８月14日のことで、日本機相手の空中戦で高性能を発揮する機会がないまま終わった。

←延長された機首内部に、SCR－720レーダーを収めた夜間戦闘機型のF7F－3N。1945年5月から翌年6月までの間に、計106機が引き渡された。当時、陸軍のP－61とともに世界最強のレシプロ夜戦だったと言っても過言ではない。

←戦後の1947年1月、ハワイのホノルル付近上空を編隊飛行する、第533海兵戦闘飛行隊（夜間）所属のF7F－3N。太平洋戦争での実戦参加機会を逃したF7Fは、1950年6月に勃発した朝鮮戦争に－2N、－3Nが参加して夜間哨戒、地上攻撃などに活躍した。

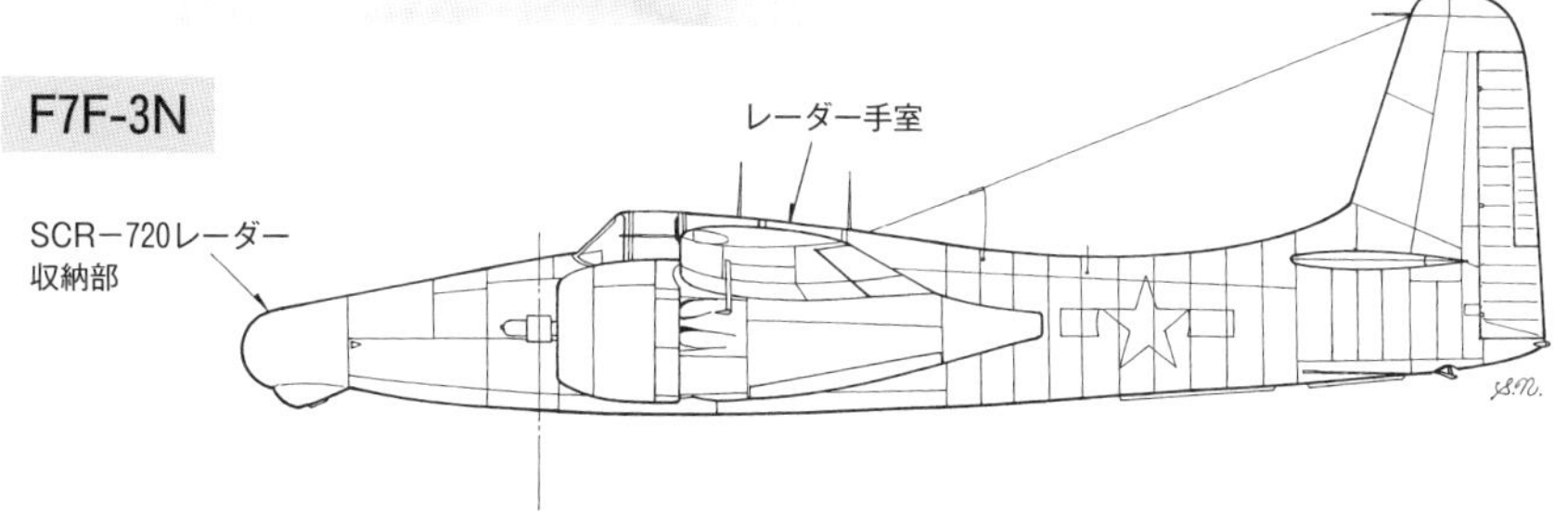

究極のレシプロ艦戦F8F

〝保険機〟という位置づけで設計したF6Fが、図らずも主力艦戦に祭り上げられ、空前の量産発注を得て、活況を呈していたグラマン社工場だが、技術陣にとっては快心の作とは言い難い機体故に、複雑な心境だったろう。

折しも、イギリスに派遣され同空軍が鹵獲した、ドイツ空軍のFw190戦闘機に試乗する機会を得た、グラマン社テスト・パイロット、ボブ・ホールは、その軽量、小柄な機体に大出力エンジンを組み合わせたが故の、俊敏、且つ軽快な運動性能に深い感銘を受けた。

彼の報告を受けた社長のレロイ・グラマンは、早速主任設計技師ビル・シユウェンドラーに、同様の構想に基づいた次期新型艦戦の検討を指示した。1943年7月のことである。

社内名称「G－58」と称した機体は、搭載エンジンはF6Fと同じR－2800とし、機体サイズをひと廻り小さくF4F並みにし、全備重量は3，856kg以内に抑えたうえで、完全な水滴状キャノピーを採用し、外形の空気力学的洗練を徹底。広いトレッドの内側引込式の主脚、十分な防弾装備を施すなどの基本仕様に基づいて設計を進めた。

グラマン社から提示されたG－58案に納得した海軍航空局は、同年11月27

F6FとF8Fの同率縮尺比較（1/150スケール）

※アミかけ部分がF8F

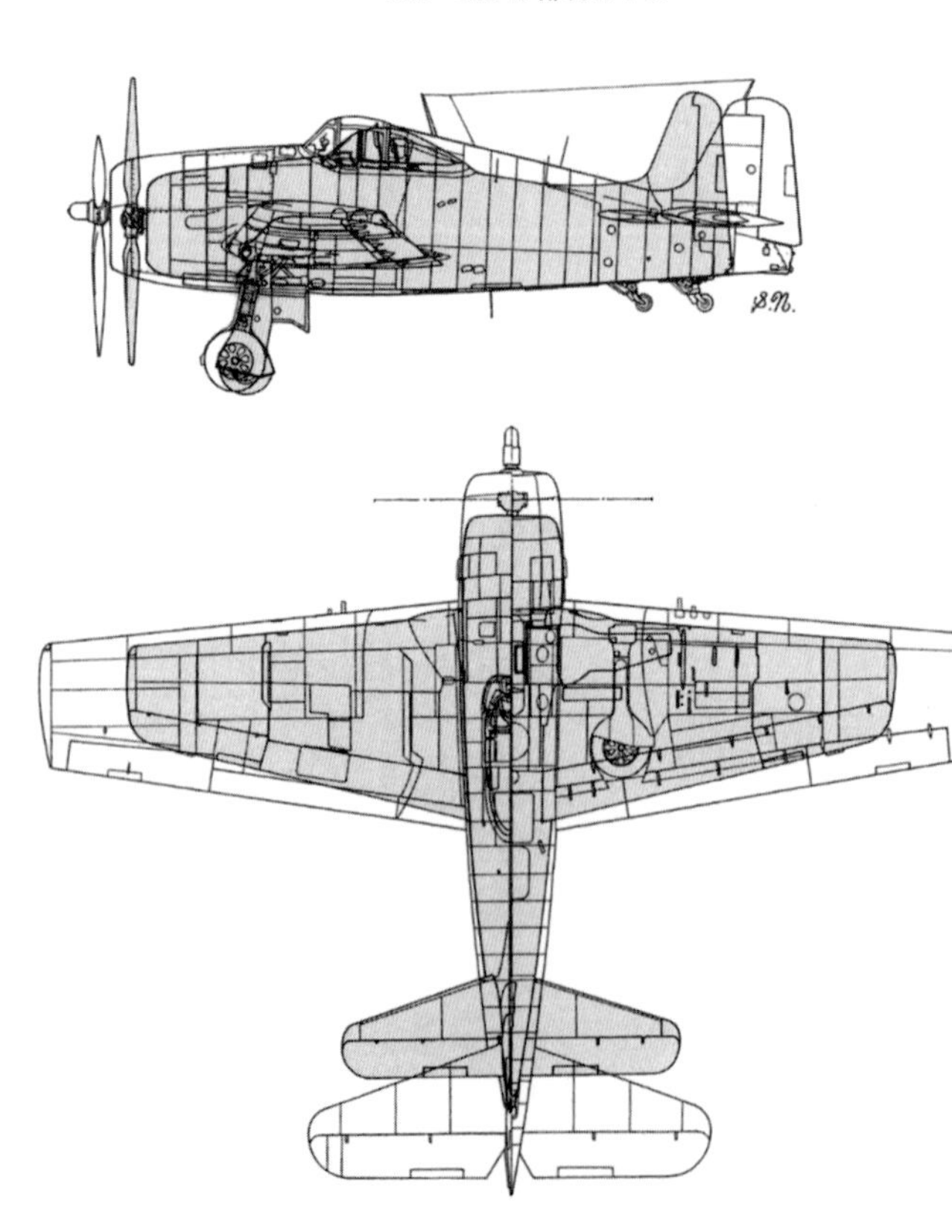

←グラマン社ベスペイジ工場で完成して間もないF8F−1。まったく無駄のない引き締まった小柄な機体に、大直径の4翅プロペラの組み合わせが、見るからに高性能を思わせる。零戦から烈風への変化と真逆の構想で設計された機体、それがF8Fだった。

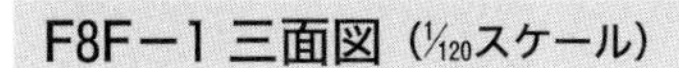

F8F−1 三面図（1/120スケール）

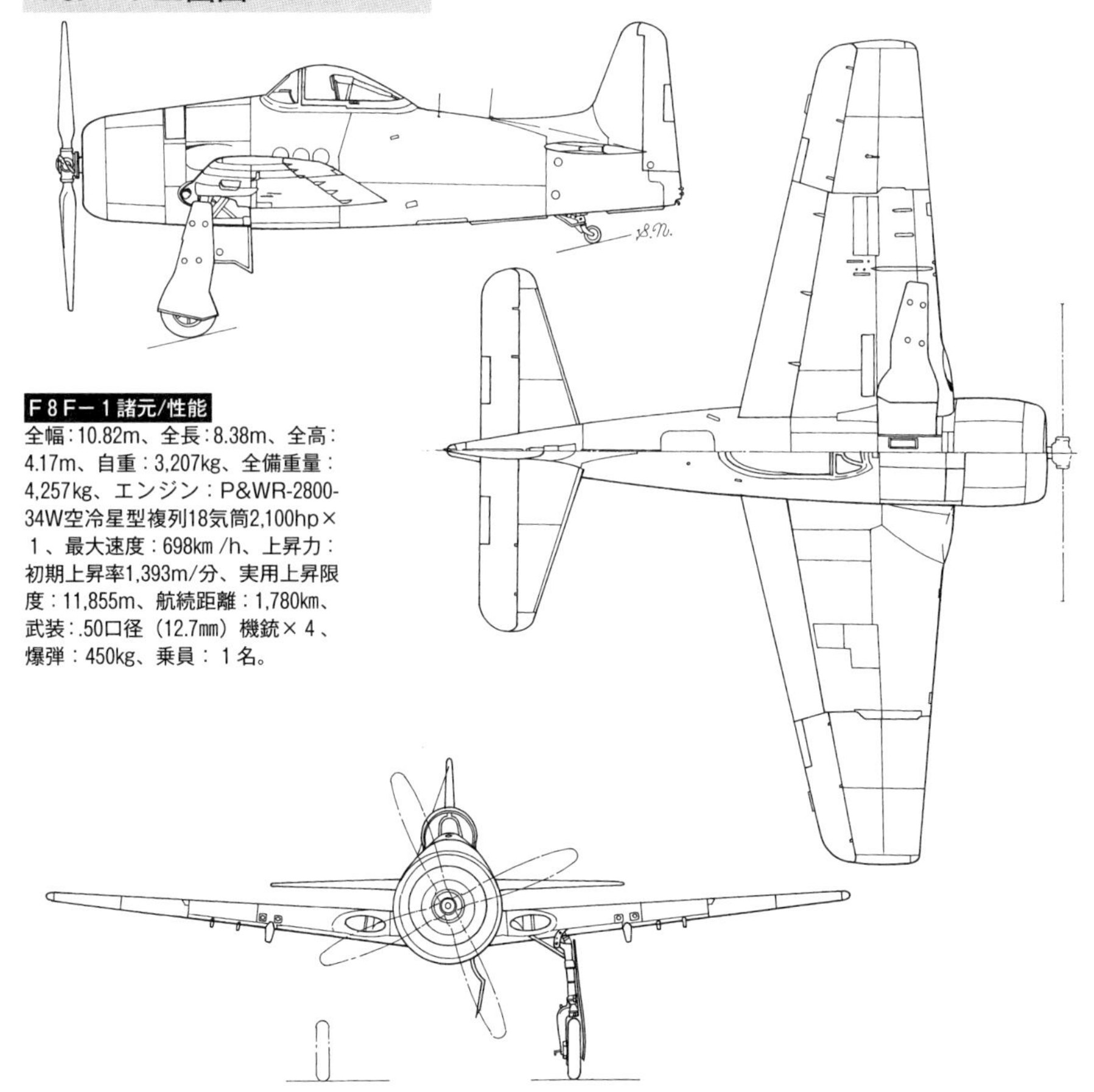

Ｆ８Ｆ－１諸元/性能

全幅：10.82m、全長：8.38m、全高：4.17m、自重：3,207kg、全備重量：4,257kg、エンジン：P&WR-2800-34W空冷星型複列18気筒2,100hp×１、最大速度：698km/h、上昇力：初期上昇率1,393m/分、実用上昇限度：11,855m、航続距離：1,780km、武装：.50口径（12.7mm）機銃×４、爆弾：450kg、乗員：１名。

F8F−1 機体構造内部配置図

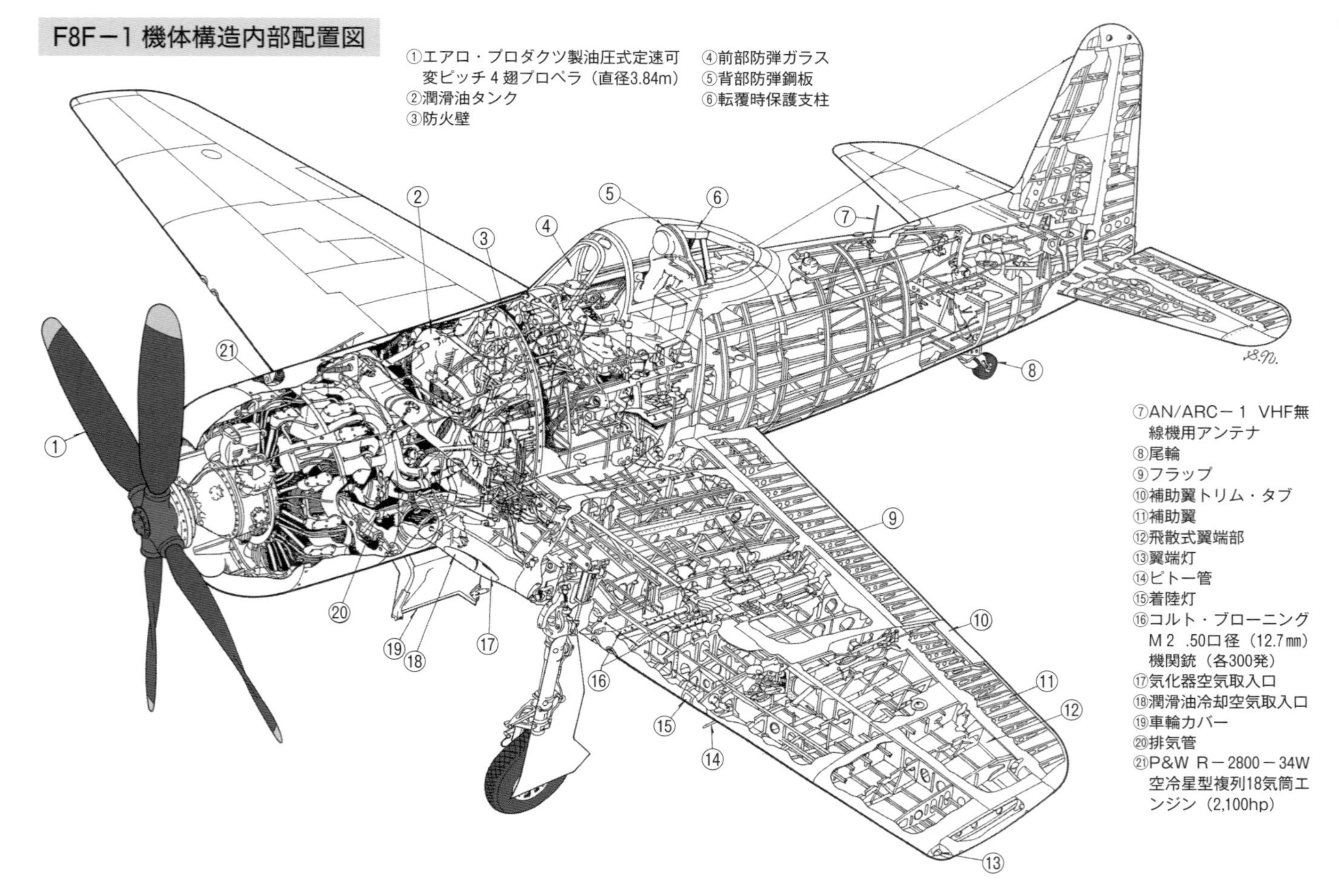

日にXF8F－1の名称で、原型機2機の製作を発注する。

群を抜く高性能

現下の太平洋戦争航空戦が、F6Fの活躍でアメリカ海軍優勢に傾いていくなか、XF8F－1の試作はスピーディに進捗し、発注からわずか9ヵ月余り後の1944年8月31日に、1号機が初飛行するという快挙を演じた。

テストの結果、最大速度は682km/h、海面上昇率は1,463m/分という素晴しい値を示して当局を歓喜させ、ただちに先行生産型23機につづく、計1,977機の緊急量産が発注された。F6Fでは見せられなかった、グラマン社技術陣の英知の全てをF8Fで具現したと言える。

惜しくも大戦に間に合わず

1945年2月に小型空母で実施された、運用テストも難なくパスしたF8F－1は、4月から第19戦闘飛行隊〔VF－19〕を皮切りに部隊配備を開始。8月末には実戦投入と予定されたが、その直前の同月15日に日本が降伏して太平洋戦争は終結。F8Fが日本機を相手に、空中戦でその傑出した高性能を示す機会は失われた。

終戦により、GM社も含め総計5,253機に達していた量産発注の大部分がキャンセルとなり、戦後の194

F8F－1B、F8F－2の主翼（1/120スケール）

20mm機関砲
左翼上面
20mm機関砲
右翼下面

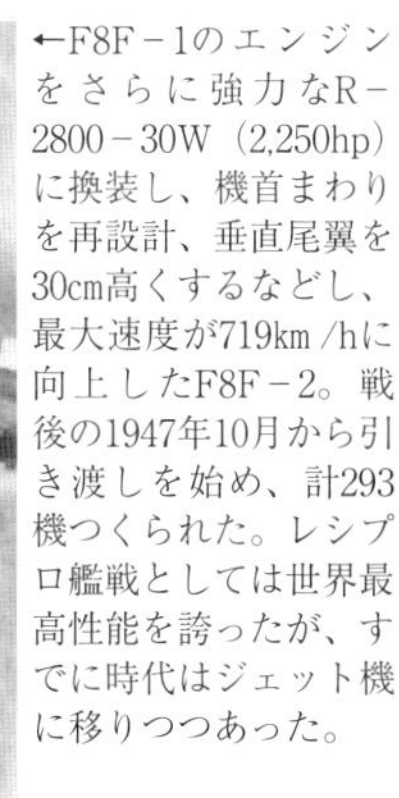

←F8F－1のエンジンをさらに強力なR－2800－30W（2,250hp）に換装し、機首まわりを再設計、垂直尾翼を30cm高くするなどし、最大速度が719km/hに向上したF8F－2。戦後の1947年10月から引き渡しを始め、計293機つくられた。レシプロ艦戦としては世界最高性能を誇ったが、すでに時代はジェット機に移りつつあった。

9年5月までに各型計1，265機の生産にとどまった。配備数のピークは1948年末で、計24個飛行隊が装備していた。その後ジェット化の波に押されて急速に退役し、朝鮮戦争への参加もなく終わった。

1950年代に入り、軍事防衛援助計画に基づきフランス、南ベトナム、タイ各空軍に余剰のF8F－1が供与され、フランス空軍機がインドシナ紛争に投入されて実戦経験したものの、空中戦の機会はなく、専ら地上攻撃のみに終始した。

アメリカ海軍／海兵隊機としては、実戦経験なしに生涯を終えたF8Fだったが、戦後は海軍の曲技飛行チーム「ブルーエンゼルス」の使用機として一般にも広く知られ、また、民間に払い下げられた機が、各地のエア・レースで活躍。その1機が1969年にレシプロ機の世界速度記録を樹立したとき、大戦機ファンの間でF8Fの高性能が再認識された。

アメリカ海軍曲技飛行チーム「ブルーエンゼルス」のF8F－1 1949年

現在もF－18を使用して華麗な曲技飛行を演じているブルーエンゼルスが、チーム創設2カ月後の1946年8月から、1949年8月までの3年間にわたり使用したのがF8F－1だった。

レシプロ機の世界速度記録を樹立したF8F－2改造機〝コンクェストⅠ〟

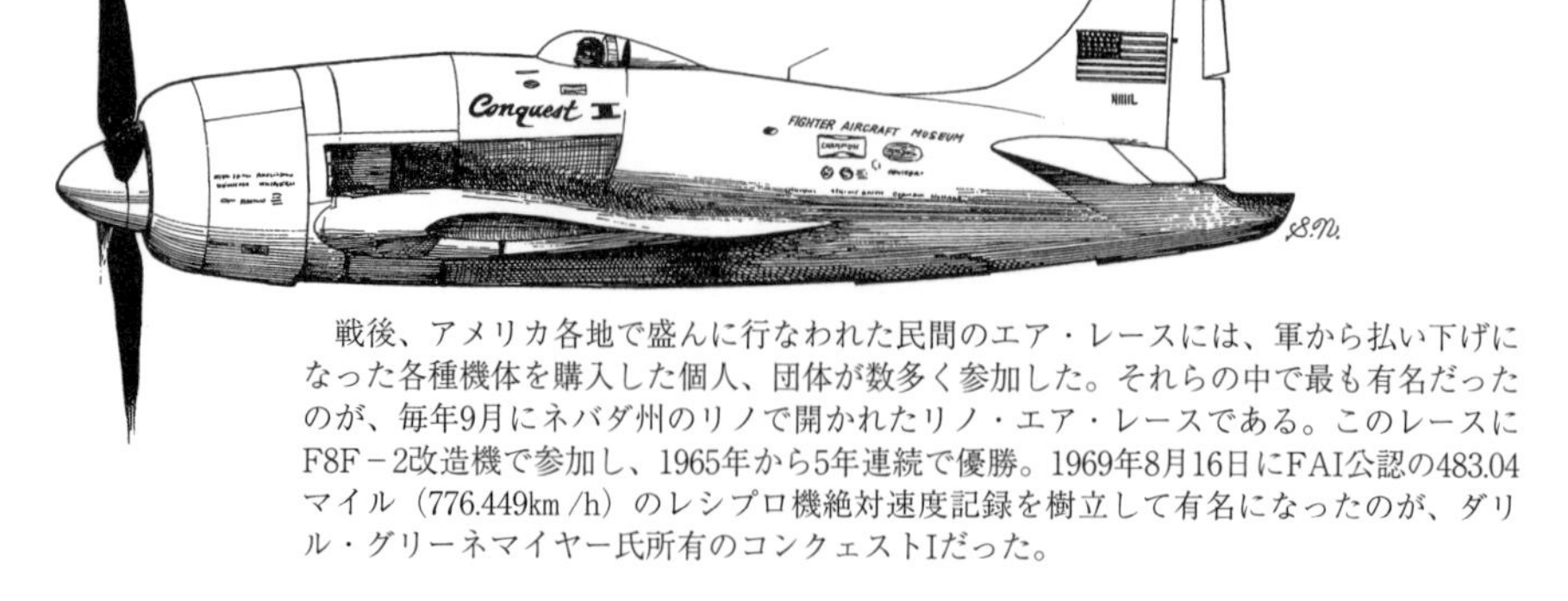

戦後、アメリカ各地で盛んに行なわれた民間のエア・レースには、軍から払い下げになった各種機体を購入した個人、団体が数多く参加した。それらの中で最も有名だったのが、毎年9月にネバダ州のリノで開かれたリノ・エア・レースである。このレースにF8F－2改造機で参加し、1965年から5年連続で優勝。1969年8月16日にFAI公認の483.04マイル（776.449km/h）のレシプロ機絶対速度記録を樹立して有名になったのが、ダリル・グリーネマイヤー氏所有のコンクェストⅠだった。

第五章　零戦とＦ４Ｆ／Ｆ６Ｆの戦い

第一節　零戦とF4Fの戦い

ウエーク島での初交戦

昭和16（1941）年12月8日、日本海軍機動部隊艦上機によるハワイ・真珠湾攻撃で太平洋戦争が勃発したとき、零戦はその6隻の空母に計126機、台湾と仏印の陸上基地部隊に計117機、あわせて243機が就役していた。

いっぽう、アメリカ海軍／海兵隊には、空母6隻を含む実戦部隊にF4Fが計186機就役していたが、戦力としての劣勢は明らかだった。

ハワイ・真珠湾攻撃の当日、オアフ島には第211海兵戦闘飛行隊（VMF－211）所属の11機が展開していたものの、奇襲攻撃により9機が地上で破壊されて迎撃は叶わず、空母も不在だったことで、零戦との空中戦は生起しなかった。

両機が初めて空中戦を交えたのは、日本海軍が開戦と同時に攻略を目指した、アメリカ海軍／海兵隊の中部太平洋の拠点、ウエーク島であった。アメリカ側の予想外の激しい抵抗で、最初の上陸作戦に失敗した日本海軍は、ハワイ攻撃から帰還途上の空母6隻のうち、「蒼龍」「飛龍」の2隻をウエーク島攻略作戦支援に派遣。

12月22日、前日につづきこの2隻から6機の零戦と33機の九七式艦攻が発艦してウエーク島を空襲。ハワイから

↑南シナ海上空を飛行する第二十二航空戦隊司令部付属戦闘機隊の零式一号艦戦二型（のちの二一型）。この1個小隊3機が、戦争中期までの零戦隊の最小基本編隊構成だった。先頭が小隊長機、その左後方が二番機、画面左端が三番機のポジションとなる。

分遣隊として送られていたＶＭＦ－２１１の12機のＦ４Ｆのうち、空襲被害を免れていた２機が迎撃し、九七式艦攻２機を撃墜したのち、零戦との空中戦で２機とも撃墜されてしまい、分遣隊は壊滅。そして翌23日、ウエーク島は日本側の手に落ちた。

最初のＦ４Ｆエース

南東方面戦域における日本海軍の新たな根拠基地となった、ニューブリテン島のラバウルを空襲する任務を帯びた、アメリカ海軍空母「レキシントン」（ＣＶ－２）は、昭和17（１９４２）年２月20日、そのラバウルから発進した日本海軍 一式陸攻 17機の攻撃を受けた。

しかし、長距離進攻のため零戦隊を護衛に付かせることが出来なかったため、母艦の周辺をＣＡＰ（戦闘空中哨戒）中の第３戦闘飛行隊（ＶＦ－３）のＦ４Ｆに捕捉され、一方的に13機が撃墜され、２機は帰途に不時着、ラバウルに帰着できたのはわずか２機という悲惨な結果に終わった。

この迎撃戦で単機よく５機を撃墜し、１日にしてエースの称号を獲得したのが、エドワード・Ｈ・オヘア大尉。彼はＦ４Ｆパイロットとして最初のエースでもあり、その功績によりのちに議会名誉勲章を授与される。

空母同士の戦い

日本軍のニューギニア島ポートモレスビー攻略作戦（ＭＯ作戦）を支援するために出動した第五航空戦隊の空母「翔鶴」「瑞鶴」と、これを阻もうとしたアメリカ海軍空母「レキシントン」「ヨークタウン」が、珊瑚海にて史上初めての空母同士の海空戦を演じたのが、昭和17（１９４２）年５月８日の珊瑚海海戦である。

互いに相手空母を攻撃する艦爆、艦攻隊の護衛、また味方空母部隊の防空を担った零戦とＦ４Ｆは、初めての大規模空戦を展開し、零戦隊（計42機）は

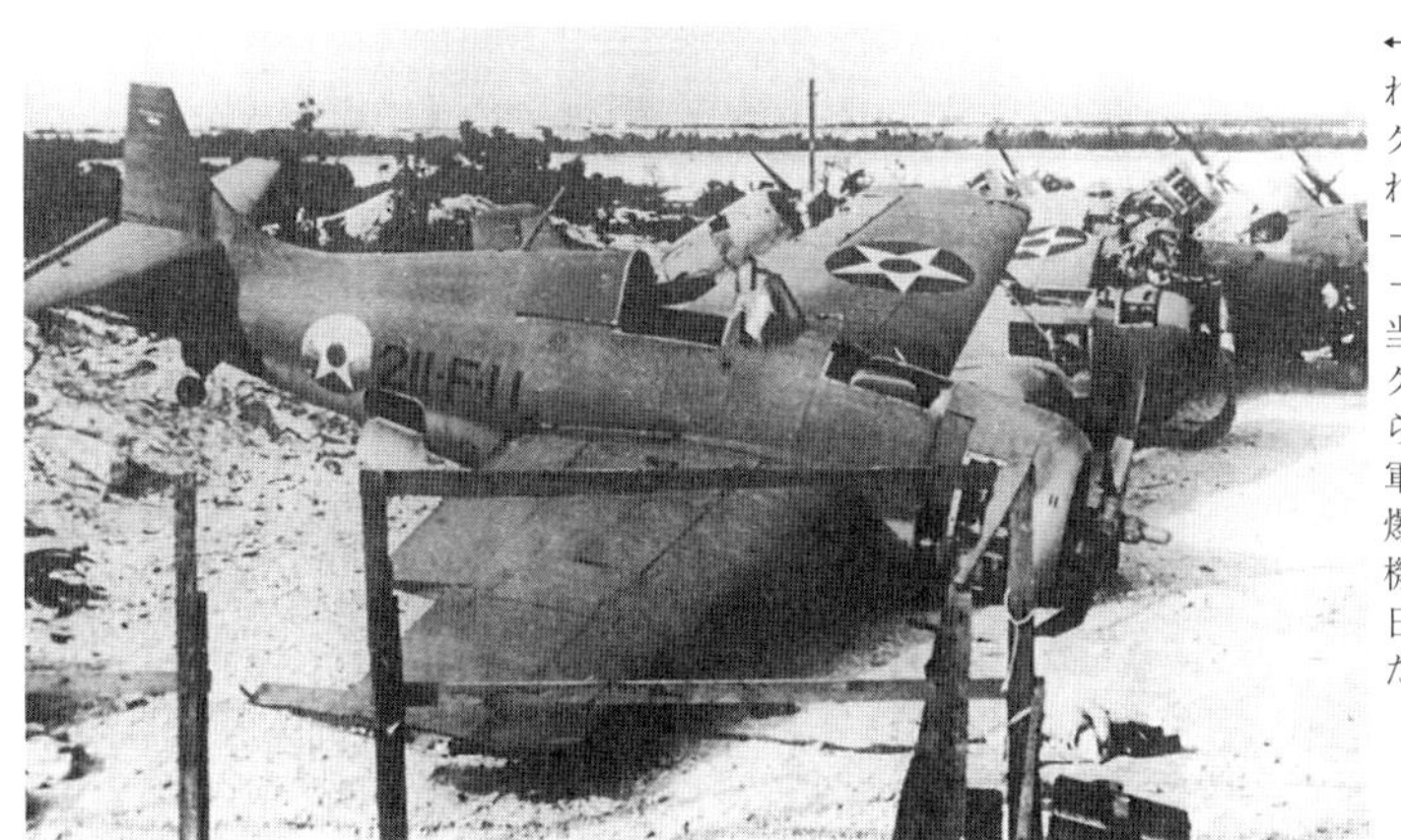

←日本軍に占領された後の、ウエーク島飛行場で見られた、もとVMF－211所属のF4F－3の残骸。開戦当日の12月8日に、クェゼリン環礁から飛来した日本海軍九六式陸攻隊の爆撃で破壊された機体が多い。この日は7機が損傷した。

太平洋戦域要図

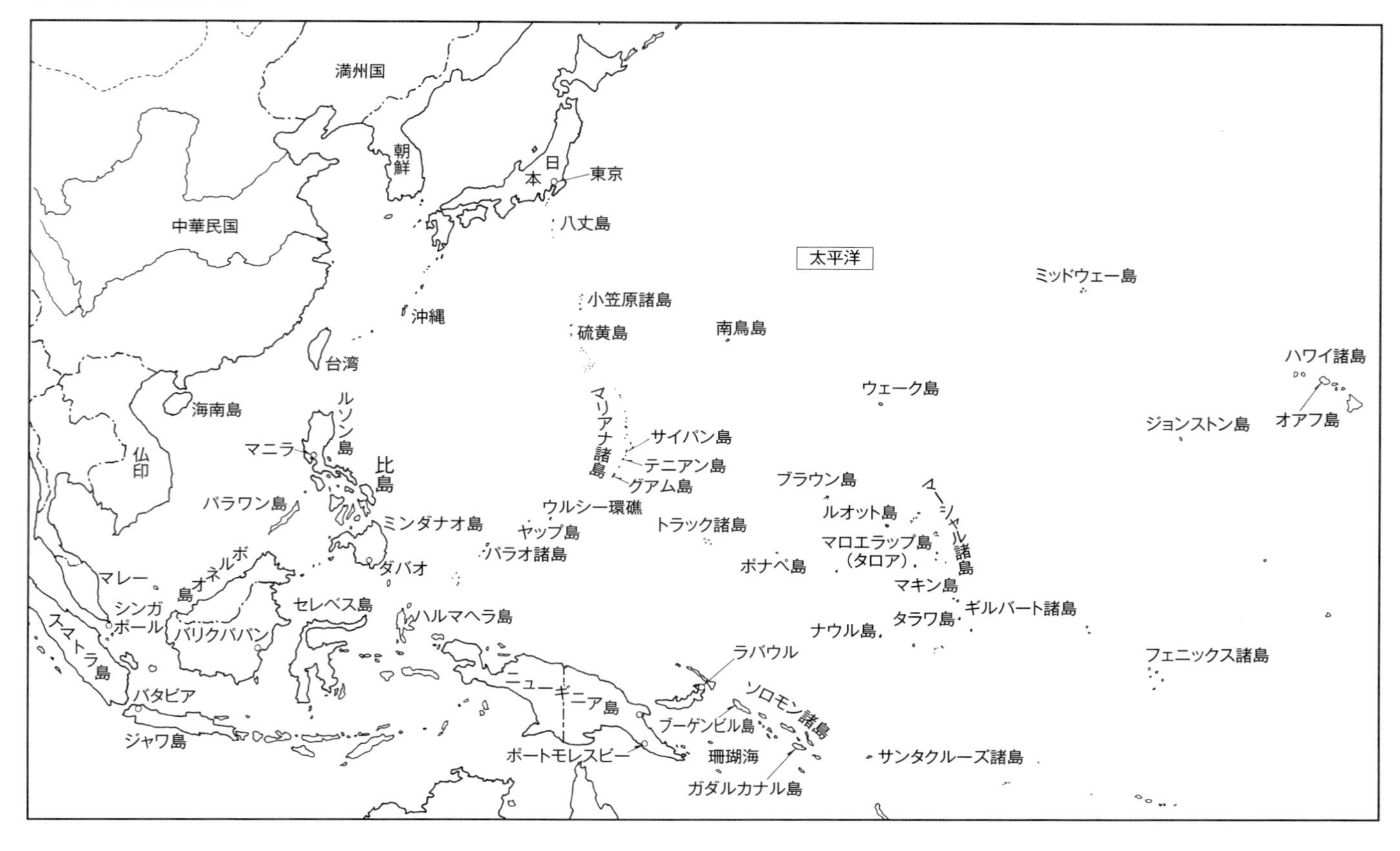
満州国
朝鮮
日本
東京
中華民国
八丈島
太平洋
ミッドウェー島
小笠原諸島
沖縄
硫黄島
南鳥島
台湾
ハワイ諸島
海南島
ウェーク島
ルソン島
ジョンストン島
オアフ島
マリアナ諸島
サイパン島
マニラ
テニアン島
比島
仏印
グアム島
ブラウン島
パラワン島
ウルシー環礁
トラック諸島
ルオット島
マーシャル諸島
ミンダナオ島
ヤップ島
マロエラップ島
（タロア）
パラオ諸島
ボルネオ島
ポナペ島
ダバオ
マレー
マキン島
シンガポール
セレベス島
ギルバート諸島
ハルマヘラ島
バリクパパン
タラワ島
ナウル島
スマトラ島
ラバウル
フェニックス諸島
ニューギニア島
ソロモン諸島
バタビア
ブーゲンビル島
ジャワ島
ポートモレスビー
珊瑚海
サンタクルーズ諸島
ガダルカナル島

Ｆ４Ｆを含めて計56機撃墜を、いっぽうＦ４Ｆ隊(計42機)も零戦４機を含む35機撃墜を報じた。しかし、双方の戦果報告は誤認が多く、零戦に限った損失は２機、Ｆ４Ｆのそれは７機だった。

戦局の転換点

日本海軍はハワイ・真珠湾攻撃時に討ち漏らした、アメリカ海軍空母群の撃滅を企図し、ミッドウェー島攻略作戦（ＭＩ作戦）を発動。「赤城」以下の主力空母４隻を前衛にして、連合艦隊の総力が同島付近海面を目指した。これを阻むべく、アメリカ海軍も３隻の空母をハワイから出撃させた。この双方空母群が、昭和17年6月5日（日本時間）に鉾を交えたのがミッドウェー海戦である。

結果は、日本側の作戦指揮のまずさもあって、主力空母４隻を失なう大敗を喫し、アメリカ側をして〝信じられぬ勝利〟に至らしめた。４隻に搭載していた計２８５機の艦上機も全て喪失

←1942年4月10日、ハワイ・オアフ島の東方沖合上空を編隊飛行する、空母「サラトガ」(CV－3) 搭載第3戦闘飛行隊（VF－3）所属のF4F－3。手前の〝F－1〟号機は、VF－3飛行隊長ジョン・S・サッチ少佐、奥の〝F－13〟号機はエドワード・H・オヘア大尉が操縦している。両人とも別途記述の如く、著名なF4Fパイロットである。

→愛機F4F－3〝F－3〟号機の操縦室から、笑顔で降りようとするオヘア大尉。1942年2月20日に一式陸攻5機を撃墜し、アメリカ海軍/海兵隊を通じて最初のエースとなったことで知られる。そのときのスコア・マークが日本海軍の軍艦旗を形どったデザインで、操縦室横に描かれている。

する大打撃だったが、零戦隊はミッドウェー島攻撃隊の護衛、味方空母群の上空直衛任務に奮闘し、敵機撃墜150機以上を報告していた。

なかでも白眉だったのが、空母「蒼龍」艦戦隊の藤田怡与蔵（いよぞう）大尉で、上空直衛任務を担い、ミッドウェー島から飛来したB－26双発爆撃機3機、TBD艦攻4機、F4F 3機の撃墜（うち列機との協同撃墜が7機）を報じ、一日あたりの最高撃墜戦果となった。

ただ、この藤田大尉も含めた前述の総合戦果には誤認も多く含まれ、実際のアメリカ側損失は海戦にて95機、ミッドウェー島にて35機の計130機であり、このうち空中戦によるものは41機だった。

いっぽう、F4Fのほうも空母3隻に搭載されていた計79機が、日本艦隊攻撃と味方空母上空での直衛任務を通じ、VF－3の50・5機を筆頭に日本機計113機撃墜と報告したが、誤認が多く含まれ実数は半分以下と推定される。

↑アメリカ海軍が公式記録として残すために、1945年に制作したミッドウェー海戦の顛末ジオラマの1シーン。味方艦隊の上空で、来襲した日本海軍艦上機をCAP中のF4Fが迎撃し、空中戦を行なっている情景。当然ではあるが、焔と黒煙を曳いて墜落しているのは、全て日本機である。

←ミッドウェー海戦にて空母「蒼龍」の上空直衛に任じ、来襲したアメリカ陸、海軍機10機撃墜（うち7機は列機との協同撃墜）を報じた、藤田怡与蔵大尉。だが、空戦中に味方の対空砲火に被弾して愛機が火災を発生。辛くも脱出、落下傘降下し、味方駆逐艦に救助されて生還した。

零戦とＦ４Ｆの直接対戦に限ると、撃墜／被撃墜数がそれぞれ13機前後で拮抗しており、これまで巷間よく言われたような、〝空中戦においては零戦隊の一方的勝利〟という状態ではなかったようだ。

いずれにしろ、ミッドウェー海戦での日本海軍敗北は、太平洋戦争の戦局の一大転機となり、以降の日本軍は攻勢から守勢に転じざるを得なくなったのである。それは同時に、開戦以来の零戦隊優勢に陰りが見え始めたこととも一致する。

ガダルカナル島上空での死闘

ミッドウェー海戦での〝信じられぬ勝利〟に勢いを得たアメリカは、それから2ヵ月後の１９４２年８月７日、南太平洋ソロモン諸島の南東端に近いガダルカナル島（以下「ガ島」と略記）に上陸作戦を敢行。本格的な対日反攻に打って出た。

開戦以来、支配地へのアメリカ軍来

→P.191の上段写真解説にも記した、ジョン・S・サッチ少佐のプロフィール。零戦の軽快、且つ俊敏な空戦性能に苦しめられたF4Fが、なんとかそれに対抗しようとサッチ少佐を中心に発案したのが、常に2機1組みで互いが交差するようにジグザグに飛行し、零戦の動きを封じて得意の旋回戦に持ち込ませないようにする戦術。その動きが、布を織る（ウィーブ）様に似ていることから命名した。1942年6月のミッドウェー海戦で、サッチ少佐（この時は空母「ヨークタウン」に乗り組み）自らが初めて実践。4機確実撃墜、1機不確実撃墜が認められ、エースの称号を手にした。

「サッチ・ウィーブ」戦術

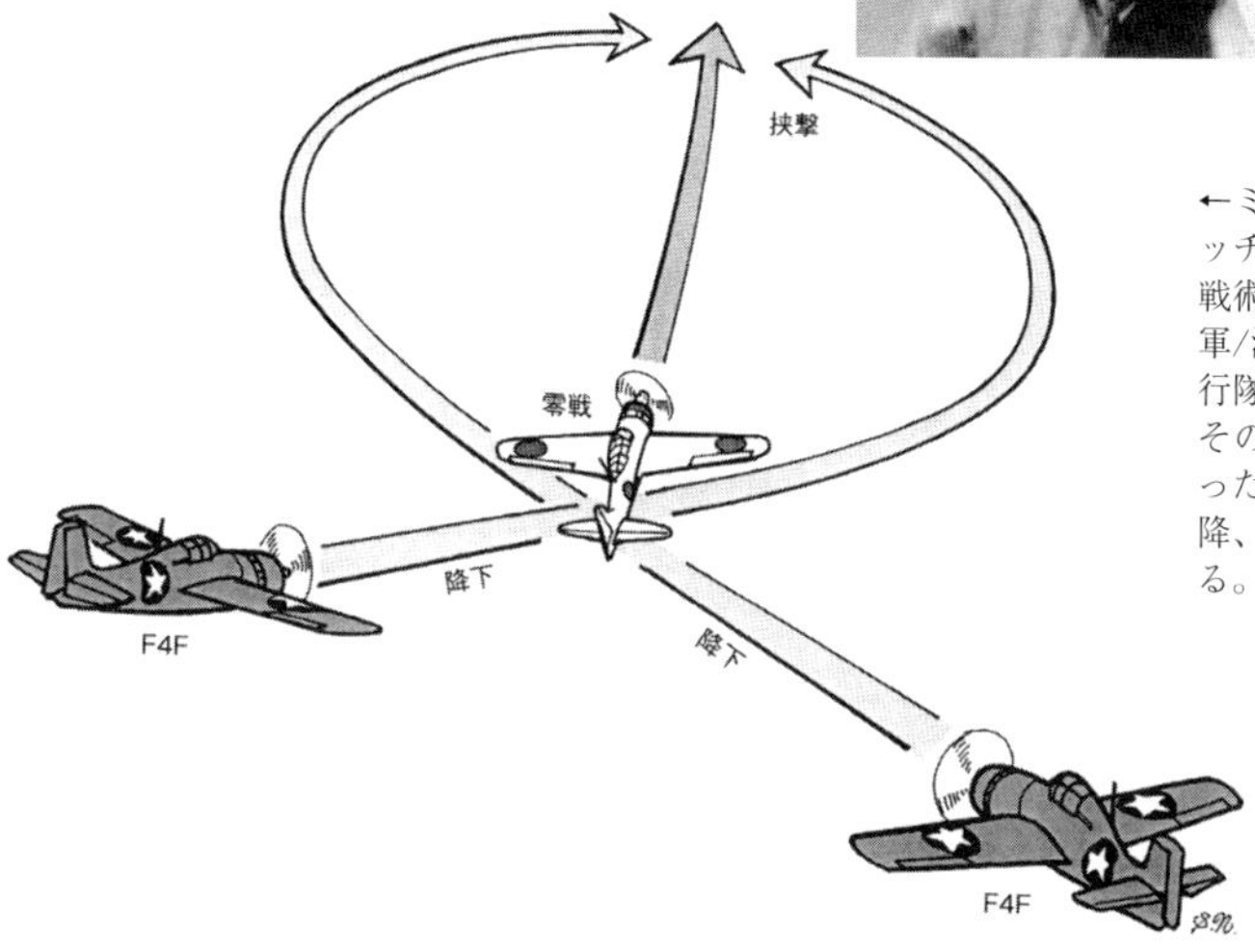

←ミッドウェー海戦にて「サッチ・ウィーブ」が対零戦空戦術として有効と確認した海軍/海兵隊は、ただちに各飛行隊に同戦術の徹底を指示。その効果は、2ヵ月後に始まったガダルカナル島攻防戦以降、顕著に現われることになる。

攻は初めてのことであり、衝撃を受けた日本は、ただちに在ラバウルの海軍航空部隊に対し、上陸軍、および支援艦船への攻撃を命じるとともに、陸軍部隊を増援して同島の死守を図る。

以降、連日のように繰り返された海軍航空部隊によるガ島進攻で、零戦隊の中核的存在を担ったのが台南(たいなん)航空隊である。台南空は開戦以来、南西戦域、東部ニューギニア島方面を転戦して大きな戦果をあげ、〝最精鋭戦闘機隊〟を自負していた。

しかし、ガ島上空で初めて相まみえたＦ４Ｆには、それまでにない手強さを感じた。とりわけ8月20日以降、ガ島にローテーション方式で配備された、海兵戦闘飛行隊（ＶＭＦ）のＦ４Ｆは、前述した「サッチ・ウィーブ」戦術の徹底が図られており、早期警戒レーダーによる有利な迎撃態勢がとれたことと相俟って、零戦隊に相応の出血を強いた。

台南空士官搭乗員のなかで最多撃墜数を誇っていた笹井醇一中尉（公認で

↑ガ島進攻を続ける中で、台南空きっての撃墜数を誇った太田敏夫一飛曹。昭和17年10月21日、F4Fとの空戦後に行方不明となり、戦死と認定された。公認撃墜数は34機だった。

↑台南空に在籍してガ島進攻に参加した、わずか2ヵ月弱の間に14機撃墜を報じた、奥村武雄一飛曹。翌18年5月、二〇一空に転じたが、9月22日の空戦で行方不明となり戦死と認定された。

↑台南空の士官搭乗員のなかで、最も多い撃墜数（公認で27機）を誇った笹井醇一中尉。〝ラバウルのリヒトホーヘン〟と称されたが、昭和17年8月26日、ガ島上空のF4Fとの空戦で未帰還となった。

←ラバウル東飛行場にて、愛機零戦に搭乗するべく歩を進める、台南空の高塚寅一飛曹長の後ろ姿。公認で16機撃墜の勇者だったが、17年9月13日ガ島上空の空戦後に行方不明となり、戦死と認定された。

27機）も、８月26日にＦ４Ｆ 15機と交戦した後に未帰還となり、９月13日には公認撃墜数16機の高塚寅一飛曹長が、10月21日には台南空きっての多数機撃墜者とされていた太田敏夫一飛曹（公認で34機）も、Ｆ４Ｆを１機撃墜したのち行方不明となり、それぞれ戦死と認定された。

ＶＭＦ－２２３の奮戦

上陸作戦開始から３日目の８月９日に、支援任務の空母３隻が撤退したのち、ガ島の防空は一刻手薄になったが、同月20日ハワイから第２２３海兵戦闘飛行隊（ＶＭＦ－２２３）が19機のＦ４Ｆとともに到着。翌21日より、ラバウル、およびブカ島より飛来する台南空、空母部隊の零戦と連日のように空戦を交えた。

ＶＭＦ－２２３の飛行隊長はジョン・Ｌ・スミス少佐で、それまで実戦経験はなかったが、すぐに現状を把握し、その優れた指揮統率力と空戦術で実績

←ガ島に展開した最初のアメリカ海兵戦闘飛行隊（VMF)、且つ最も精強を誇った、VMF－223の幹部パイロット。ハワイにて編制（1942年5月）後、訓練中の撮影で、左端が飛行隊長のジョン・L・スミス少佐（のち19機撃墜のトップ・エースとなる)、右端がマリオン・E・カール大尉（のち16.5機撃墜でNo.2エースとなる)。カール大尉は、台南空の笹井醇一中尉が行方不明になった当日、その撃墜者でもあるとされている。

←編隊飛行するF4F－4。1942年後半の撮影で、サッチ・ウィーブ戦術に適合した、2機1組みを2組にした4機で1個小隊という構成がよくわかる。因みに、日本海軍が4機編隊制を導入し始めたのは、翌18（1943）年なかば頃のことだった。

をあげ、部下のマリオン・E・カール大尉とともに、8月末までに5機撃墜以上を記録してエースとなった。

スミス少佐が部下に徹底させたのは、サッチ・ウィーブ戦術を基本にしつつ、一式陸攻や九九式艦爆を攻撃する際は、全てのF4Fが一方向からのみ行ない、零戦と格闘戦に入りそうになった場合は急降下で空戦域から逃れ、再度有利な位置に占位できるまで待つというもの。

この、一見弱腰に思える戦法が零戦に対して極めて有効であり、精鋭を自負していた台南空も、前述したように櫛の歯が欠けるように、練達搭乗員がF4Fとの空戦でガ島上空に散っていった。

ただ、VMF-223も相応の被害は出、10月11日に前線服務期間を満了してガ島から離れるまでに、パイロット7名が戦死、負傷4名を数えた。この間の部隊戦果は、零戦を含めた日本機各種計134・5機撃墜を報じ、スミス少佐の19機を筆頭に、カール大尉

←ガ島に上陸したアメリカ軍が、占領後に整備したヘンダーソン飛行場の隣に、新たに造成した戦闘機専用飛行場、通称〝ファイター・ワン〟の駐機エリアに置かれた、海兵戦闘飛行隊のF4F－4。VMF－223も、1942年8月末にこの飛行場を使用し始めた。

←〝日本機編隊接近!!〟の報をうけ、ファイター・ワンから土煙を巻き上げて緊急発進してゆく、VMFのF4F－4。ガ島沿岸部に配置された対空監視員に加え、1942年9月はじめには早期警戒レーダーも配備され、F4F隊は高度の優位を確保するのに必要な45分が得られるようになり、対日本機迎撃効果がより高まった。

の16・５機、コンガー中尉、エヴァートン大尉の各10機など、十数名のエースを輩出した。

ＶＭＦ－２２３に続き、ガ島には年末までに計６個のＶＭＦが派遣されたが、ＶＭＦ－２２３を凌ぐ撃墜戦果を報じる部隊は出なかった。

ガ島は、アメリカ軍の秘匿コード・ネームで「カクタス」（サボテンの意）と呼ばれており、同島展開のＦ４Ｆ部隊は〝カクタス空軍〟と総称されていた。

零戦とＦ４Ｆの戦いに幕

空母搭載機の他、二空、三空、六空などもガ島進攻に加わったが、８月７日以来、終始零戦隊の中核を担ってきたのは台南空である。10月末までに敵機撃墜２０１機の大戦果（ただし、実数は１／３程度と推定）を報じたものの、その一方で搭乗員32名が戦死するなど損害も多く、11月中旬には戦力再建のため内地帰還を余儀なくされた。

←ファイター・ワンに駐機する、VMF－223のF4F－4、機番号〝白の2〟。操縦室の横に、日本海軍の軍艦旗を形どった19個の撃墜マークが記入されており、その数からして飛行隊長で隊内のトップ・エースでもあった、ジョン・L・スミス少佐の搭乗機とされている。

→1942年10月9日、ガ島に進出してきたVMF－121の副隊長、ジョセフ・J・フォス大尉。のちに26機撃墜を果たし、海兵隊のトップ・エースとなった。

←14機撃墜のスコアをあげ、海兵隊4位のエースとなった、VMF－224のロバート・E・ゲイラー少佐。

この台南空の内地帰還と符合するかのように、日本海軍機によるガ島進攻は低調となり、同島をめぐる地上攻防戦も、アメリカ側の圧倒的優勢に傾いていった。

10月26日、ソロモン諸島東方海上で日・米空母同士が四たび相まみえた「南太平洋海戦」が生起。日本側は空母1隻撃沈、1隻中破の戦果をあげ戦術的には勝利した。零戦隊も奮戦し、F4Fを含めた敵艦上機75機撃墜を報じたが、一方で九九式艦爆、九七式艦攻を含め99機（うち零戦15機）を失う大打撃をうけ、一時期作戦遂行能力を喪失してしまう。

ガ島での地上戦に勝利の見込みがないと判断した日本軍は、昭和18（1943）年2月上旬に同島から撤退。ソロモン諸島をめぐる航空戦もいっときの小康状態に入る。

日本軍がガ島から撤退した直後の2月12日、同島のヘンダーソン飛行場に、2,000hp級エンジン搭載の新鋭ヴォートF4Uコルセアを装備する、第214海兵戦闘飛行隊（VMF－214）が到着。アメリカ海兵隊戦闘機の世代交代が始まった。

ただ、F4U装備飛行隊がソロモン方面に一定数進出するまでには4ヵ月程を要し、それまではF4F飛行隊との混成という状態が続いた。

4月7日に始まった日本海軍の航空撃滅戦「い号」作戦と、6月7日に始まった「ソ」、および「セ号」作戦が、零戦とF4Fの交戦のフィナーレとなった大きな戦いで、それぞれが100機以上の撃墜戦果を報じた。

7月25日、ソロモン諸島のニュージョージア島ムンダ付近上空で、海軍の第21戦闘飛行隊（VF－21）のF4Fが零戦と空戦を交え、8機撃墜を報じたのが最後の戦果だった。

太平洋戦争勃発から1943年7月までに、海軍／海兵隊のF4Fが記録した撃墜戦果は603機、被撃墜は178機とされており、その比率は3・3対1。零戦に対しても明らかな勝利ということになるが……。

←昭和18（1943）年1月末、ガ島からの日本軍撤退作戦を支援するため、ラバウル東飛行場に進出してきた、第一航空戦隊・空母「瑞鶴」艦戦隊の零戦二一型群。2月17日までの展開期間中、これら零戦隊は計40機撃墜の戦果を報じた（実数は1/4程度と推定）。

第二節　零戦とＦ６Ｆの戦い

ヘルキャット参戦

　アメリカ海軍が待望したＦ４Ｆの後継機Ｆ６Ｆヘルキャットは、１９４３年1月、新鋭大型空母「エセックス」（ＣＶ－９）への搭載が決まっていた、第９戦闘飛行隊（ＶＦ－９）を皮切りに配備を開始。実戦参加に向けた錬成訓練も始まった。

　そして同年8月31日、エセックス以下3隻の空母に搭載されたＶＦ－９、ＶＦ－５、ＶＦ－６ｄｅｔ．、ＶＦ－22各飛行隊が参加した、中部太平洋のマーカス島（日本側名称は南鳥島）への空襲で実戦デビューを果たす。

　しかし、この日は空中戦が生起せず、Ｆ６Ｆにとっての最初の撃墜戦果は、翌9月1日、ＶＦ－６ｄｅｔ．のリチャード・Ｌ・ローシュ中尉が、ハウランド島付近上空を飛行中の、日本海軍九七式飛行艇を仕留めて記録した。

　零戦と初めて相まみえたのは、ソロモン諸島のニュージョージア島ムンダ飛行場に展開していたＶＦ－33のＦ６Ｆ－３で、５日後の同月6日にＪ・Ａ・ウォーレン少尉がマーグシアイ島付近上空で交戦。１機を撃墜して対零戦戦果第1号を記録した。

　2，０００hp級エンジン搭載機にしては平凡な飛行性能とはいえ、Ｆ４Ｆ－4に比べ90㎞／ｈも優速で、海面上昇率も３７６ｍ／分向上したＦ６Ｆ－３は、低高度域での旋回性能を除くあらゆる面で零戦を凌駕。これにパイロットの平均技倆向上、最前線への配備機数増加、サッチ・ウィーブのさらなる浸透も加味され、零戦が空中戦でＦ６Ｆに勝利する確率は、限りなく低かった。

中部太平洋での戦い

　そうした現実を日本海軍に初めて知らしめたのが、１９４３年10月5日、6日（日本時間では6日、7日）の両日にわたって実施された、日本側占領下のウエーク島に対しての空母艦上機による空襲。

　5日は、エセックス以下6隻の空母から2波に分けて延べ４００機以上が参加（うちF6F－3の搭載機数は144機）。同島駐留の第二五二海軍航空隊の24機の零戦が邀撃し、14機撃墜を報じた（アメリカ側記録では損失6機）ものの、昼までに全て撃墜・破され、搭乗員15名が戦死した。

この日は、マーシャル諸島・タロア島駐留の二五二空の1個分隊7機も増援としてウエーク島に向かったが、途中でF6F約30機と遭遇。空戦で3機撃墜を報じたが、2機が行方不明、1機不時着の損害を出した。

翌7日も空襲は続いたが空戦は生起しなかった。アメリカ側記録では、両日を通し日本機41機撃墜（一式陸攻3機を含む）としており、やや誇張はあるものの、F6Fが零戦隊を圧倒したのは確実だった。

F6Fと零戦の本格的対戦の第2ラウンドは、中部太平洋の南東端に位置するギルバート、およびマーシャル諸島で生起した。対日反攻のための島嶼攻略を加速させたいアメリカ軍は、1943年11月21日ギルバート諸島のマ

←1943年5~6月頃、実戦参加に備え空母「ヨークタウン」（二代目、CV－10）に搭載されて訓練に励む、第5戦闘飛行隊（VF－5）所属のF6F－3初期生産機。カタパルトを使わずに、滑走発艦を行なうべく艦橋横で待機中である。ヨークタウンは、F6Fにとって実戦デビューとなった、8月31日のマーカス島攻撃に加わった3隻の空母のうちの1隻。

←「ガルバニック作戦」と呼称された、1943年11月の中部太平洋ギルバート諸島攻略作戦に、支援空母の1隻として参加した「レキシントン」（二代目、CV－16）の飛行甲板より、滑走発艦する直前の、VF－16所属F6F－3。画面右遠方には、僚艦「ヨークタウン」が写っている。11月23日の撮影で、この日VF－16はマキン島上空で、零戦24機編隊と空戦を交え、17機撃墜を報じた。

キン、タラワ両島に上陸作戦を敢行。その北方に位置するマーシャル諸島のルオット島に本部を置いていた、二五二空の零戦も、小型爆弾を懸吊して両島の上陸部隊に対する爆撃、支援任務の空母搭載Ｆ６Ｆとの空戦などに奮闘した。

　日本海軍は事態の容易ならざることを悟り、マーシャル諸島の3島に分散配置されていた、二五二空の46機に加え、25日には空母部隊から30機、さらに12月に入り、北東方面から二八一空の39機を増援隊としてルオット島に派遣した。

　しかし、圧倒的な敵兵力に加え、零戦のＦ６Ｆに対する性能上の劣勢もあり、翌19（１９４４）年1月末までに全ての機材を失った。二五二空、空母部隊の生存搭乗員は後方のトラック島に退いたが、最後まで残っていた二八一空の隊員は、２月２日アメリカ軍のルオット島上陸をうけ、陸戦隊員となって応戦したが、守備隊とともに全員玉砕した。

←ガルバニック作戦中、上陸部隊の直接支援に任じた護衛空母「ナッソー」(CVE－16)、および「バーンズ」(CVE－20) 搭載のVF－1所属F6F－3が、占領直後のベティオ島飛行場に着陸したところ（画面左奥）。手前はアメリカ空母艦上機の銃・爆撃で破壊された、もと二五二空所属の零戦二一型で、勝者と敗者を象徴的に捉えたシーン。

←昭和18（1943）年なかば頃、ソロモン諸島に展開中の二〇四空が初めて採り入れた、零戦隊の4機で1個小隊とする編隊構成。アメリカ海軍/海兵隊のサッチ・ウィーブ戦術に対抗する措置でもあったのだが、搭乗員練度の問題も絡み、実戦で明確な効果として現われるまでには至らなかった。

トラック島大空襲

ギルバート、マーシャル諸島を制圧したアメリカは、1944年2月17、18日の両日、空母部隊艦上機により中部太平洋における日本海軍最大の根拠基地、トラック諸島を空襲した。

17日夜明け前に、制空隊として各空母から発艦した計70機のF6Fは、夜明けと同時にトラック島上空に侵入。完全な奇襲となり、慌てて発進してくる零戦隊を、有利な位置から次々に捕捉して撃墜していった。

このとき、トラック諸島に駐留していた実施部隊の零戦は、二〇四空、二〇一空派遣隊、五〇一空派遣隊あわせて計64機。これらは、以後夕刻までに9波延べ450機に及んだ空襲が終わったとき、可動機はわずか1機となり、1日で壊滅してしまった。

日本側は、敵機30機撃墜と報じたものの、アメリカ側は対空破火により13機、事故で8機を失い、空中戦での被

←アメリカ軍の来攻が予測されるようになった昭和19（1944）年2月以降、マリアナ諸島防衛のために同地へ進出した第一航空艦隊隷下零戦部隊のうち、同年3月27日から5月1日にかけてテニアン島に展開した、第三四三航空隊（初代・隼）所属と推定される零戦五二型。

←〝敵機来襲!!〟の報を受け、迎撃に緊急発進する零戦五二型。マリアナ諸島に展開した一航艦隷下部隊は、いずれ生起するであろう彼我空母部隊同士の決戦に備え、敵兵力を叩いて味方空母部隊を間接支援するはずだった。しかし、19年5月以降防空戦、敵機動部隊攻撃などで兵力の大半を失い、6月19~20日のマリアナ沖海戦には何の貢献も出来ずに終わった。

撃墜はわずかに3機のみと記録している。これら被害のなかにF6Fが何機含まれるのか不明だが、いずれにしろ零戦に対し一方的な勝利となったのは間違いない。翌18日にも空襲が実施されたが、空中戦は生起しなかった。

日本側は、空戦による被害の他、各島にプールしてあった補充用機材約200機の他、諸施設、停泊中の艦船40隻以上が銃・爆撃により破壊、沈没し、トラック諸島は根拠基地としての機能を喪失した。

〝マリアナの七面鳥射ち〟

トラック諸島を無力化したアメリカは、1944年6月、マリアナ諸島の主要3島（サイパン、テニアン、グアム）攻略作戦に打って出た。その目的は、日本本土空襲を行なう陸軍航空軍の四発重爆撃機、ボーイングB－29スーパーフォートレスの発進基地を確保するためだった。

上陸作戦を行なう前に、マリアナ諸

←空母「ヨークタウン」（二代目、CV－10）の飛行甲板上で、滑走発艦する直前のVF－1所属F6F－3〝白の88〟号機。マリアナ沖海戦直前頃の撮影と思われる。この当時、ヨークタウンにはVF－1も含めた第1空母航空群（CVG－1）の3個飛行隊、プラス夜間戦闘飛行隊のVF（N）－77分遣隊が乗艦しており、F6F－3 41機、F6F－3N 4機を擁していた。

←これも、マリアナ沖海戦直前の1944年6月13日、空母「レキシントン」（二代目、CV－16）からカタパルト発艦する直前の、VF－16所属F6F－3〝白の26〟号機。VF－16は、19日のマリアナ沖海戦初日だけで、計46機の日本機撃墜を報じており、これはVF－15の68.5機撃墜に次ぐ戦果だった。写真の機体は、すでに6個のスコア・マークを記入しており、凄腕のエース乗機であることを示している。

島や周辺の各島に展開している、日本海軍陸上基地航空部隊を叩くために、空母艦上機による空襲が6月11日に始まった。

このとき、マリアナ諸島をはじめ、ヤップ、ペリリュー、トラック各島に展開していた陸上基地部隊の零戦は各航空隊あわせて２２４機。これらは18日まで迎撃戦、敵空母攻撃隊の掩護任務などに奮闘し、数十機撃墜を報じたものの、Ｆ６Ｆとの空戦も含めてその大半を喪失。彼我空母部隊同士の決戦の前に、敵兵力を漸減するという目論見も潰えた。

その彼我空母部隊は、6月19日マリアナ諸島西方海上で相まみえ、日本側空母9隻、艦上機計４５０機（うち零戦は爆・戦を除き１８０機）、アメリカ側空母15隻、艦上機計８９６機（うちＦ６Ｆは４６３機）が激突した、史上最大規模の空母同士の決戦「マリアナ沖海戦」が生起する。

しかし、先制攻撃を仕掛けた日本側の攻撃隊は、警戒レーダーと完璧な誘

←F6Fの.50口径（12.7㎜）機銃6挺の斉射を浴び、主翼内燃料タンクから発火、焔と煙を曳きながら墜落してゆく零戦五二型。画面左の2条の光跡は、.50口径機銃の曳光弾によるもの。〝マリアナの七面鳥射ち〟の状況を彷彿させるシーンで、多くのF6Fパイロットの証言でも、零戦は被弾するとたちまち爆発するか、火災を発生して主翼などがちぎれ飛んだとしている。防弾装備が皆無という重大欠陥故の悲劇だった。

←マリアナ沖海戦初日の1944年6月19日、日本海軍空母が放った第一、二次攻撃隊の双方を、最初に迎撃する栄誉に浴した、空母「エセックス」（CV－9）搭載VF－15のF6F－3群。写真の先頭で発艦を待つのは、VF－15の飛行隊長兼、第15空母航空群（CVG－15）の司令官デイヴィット・マッキャンベル中佐の搭乗機〝Minsi〟号。

導システムで待ち構えていたＦ６Ｆ群に次々と捕捉、撃墜され、敵空母に何ら損害を与えられぬまま壊滅した。

攻撃隊を掩護するべき零戦隊も、Ｆ６Ｆに対する性能上の劣勢、パイロット技倆の差などもあって自身の空戦で精一杯。それでも次々と撃ち墜とされてしまった。艦爆、艦攻は言わずもがな、零戦もＦ６Ｆのパイロットの多くにとっては射的の的のように映ったらしく、彼らをして〝マリアナの七面鳥射ち〟とすら言わしめた。

この19日の戦闘で、アメリカ空母のＦ６Ｆ装備15個ＶＦが報告した撃墜機数は合計３７１機に達したが、実際の日本側の損失機数は１７６機（対空砲火によるものを含む）だった。

いっぽう、零戦隊のほうは少なくとも60機以上が未帰還となり、戦果確認のしようもないが、Ｆ６Ｆ隊はパイロット14名損失と記録している。いずれにせよ、零戦隊の一方的敗北には違いなかった。

翌20日には、アメリカ空母群が反撃

→前頁下写真の先頭機に搭乗していたマッキャンベル中佐が、マリアナ沖海戦直後に新たに受領した新型のF6F－5。コクピット前方横には〝MinsiⅡ〟のパーソナル・ネームを記入している。マッキャンベル中佐は、マリアナ沖海戦にて個人でも7機撃墜を果たし、エースの称号を手にした。

←マリアナ沖海戦後も着実にスコアを重ねたマッキャンベル中佐が、1944年10月下旬フィリピン攻防戦が始まる頃に乗機としていた、F6F－5〝MinsiⅢ〟号コクピット上での記念写真。軍艦旗を形どったスコア・マークは21個に達している。この時点で海軍トップ・エースの座にあった。10月25日のレイテ沖海戦では、1日で9機撃墜の新記録をうち立て、その後34機撃墜までスコアを伸ばし、トップ・エースの座を保ちつつ、11月14日の出撃を最後に第一線を退いた。

に出、退却する日本艦隊を追撃して空母「飛鷹」を撃沈。Ｆ６Ｆ隊85機は、迎撃に上がってきた零戦42機（爆・戦19機を含む）と空戦を交え、29機撃墜（うち不確実7機）を報じた。Ｆ６Ｆは6機が未帰還となったほか、母艦への帰投が夜間となったために燃料切れ、事故などでさらに14機を失った。

２日間にわたったマリアナ沖海戦で、日本側は空母３隻と、艦上機３７８機を失う大惨敗を喫し、艦隊航空隊は事実上以後の作戦遂行能力を喪失した。

Ｆ６Ｆの天下

先のマリアナ沖海戦は、零戦がもはやＦ６Ｆにとって何ら脅威に値する存在ではなくなったことを、象徴的に示した戦いだったが、日本海軍には真の後継機がなく、引き続き数の面で主力機として用いる以外に術がなかった。

昭和19（１９４４）年10月下旬に始まった、比島（フィリピン）を巡る攻防戦には、マリアナ沖海戦で生き残っ

←1945年2月16日早朝、アメリカ海軍空母艦上機による日本本土初空襲となったこの日、空母「ホーネット」（二代目、CV－12）の飛行甲板上で発艦に備える艦上機群。エンジンを始動し暖機運転を行なう手前の一群が、VF－17のF6F－5、および－5P。これら各機は、このあと東京周辺上空で零戦の他、陸軍機も含めた各種機と交戦し、多くの撃墜戦果を報じる。

←軍艦旗のスコア・マークを、4人の合計スコア〝50〟に形どって並べたボードを前に、記念写真に収まったVF－9のF6Fエース。この4人は、右端のユージン・ヴァレンシア大尉が率いた小隊で、彼自身23機撃墜を誇り、マッキャンベル中佐に次ぐ海軍第2位のエースだった。左へ順にフレンチ中尉（スコア11機）、スミス中尉（同6機）、ミッチェル中尉（同10機）。

た４隻の日本海軍空母が、アメリカ空母群を北方海域に誘い出す〝囮役〟として出撃。25日のエンガノ岬沖海戦で全て沈没し、ここに日本海軍艦隊航空隊は消滅。以後、零戦の艦戦としての運用機会もなくなった。

その日はまた、零戦が体当り自爆攻撃、すなわち「神風特別攻撃」の先陣として出撃した日でもある。もはや、正攻法をもってアメリカ海軍艦船群に対し、何らかの打撃を与えることが困難と悟った日本海軍が、最後の手段として採用した戦法、それが神風特攻であった。

零戦は、その神風特攻の主力機として登用され、翌20（１９４５）年4月以降の沖縄攻防戦をピークに、敗戦までに６５０機以上もの多くが若い命とともに散っていった。

神風特攻が恒常化するにつれ、アメリカ空母搭載のＦ６Ｆの任務のなかで、地上攻撃などとともに重要になったのが神風特攻機の迎撃。そのため、エセックス級空母のうち何隻かは、ＳＢ２

←太平洋戦争における最後の島嶼攻防戦となった、昭和20（1945）年4月からの沖縄戦に際し、九州の鹿屋基地から特攻出撃せんとする、零戦五二丙型。胴体下面に懸吊した、重々しい五〇番（500kg）爆弾が、その悲愴さを際立たせる。しかし、こうした零戦特攻機の大半が艦船の対空砲火と、防空を担ったF6F、F4Uによって撃ち墜とされた。

←艦船の対空砲火が直撃し、右水平尾翼がちぎれそうになって墜落する、特攻零戦五二丙型。F6F、F4Uパイロットによる特攻機の撃墜は、対戦闘機空中戦で記録したスコアと同価値があるとは言い難い面もある。

C艦爆、TBF／M艦攻の搭載機数を減じ、F6FとF4Uを計70機前後も搭載して対処した。

1945年2月中旬以降、アメリカ海軍空母艦上機も日本本土空襲に参加し、各地に配備された零戦、雷電、紫電改などとF6Fの空戦も生起したが、零戦に関し、一部の生き残り熟練搭乗員による、例外的な撃墜戦果はあったものの、F6Fの天下という大勢には変わりがなかった。

第三章で既述したように、太平洋戦争におけるF6Fの日本機撃墜戦果は、公式記録として各種合計5，156機とされており、このうち4，947機が空母搭載機によるものである。これに対するF6Fの損失は270機。零戦相手の空戦に絞った明確な数値は示されていないが、いずれにしろF6Fの圧勝に終わったという事実は動かしようがない。

→零戦に搭乗し、F6F相手の空戦で複数以上の撃墜戦果をあげた海軍搭乗員を正確に把握するのは困難である。それは、日本海軍がアメリカ海軍/海兵隊のように個人戦果として明確に記録せず、あくまでも部隊総合戦果という形式を採ったからである。そんな現状下、該当者の最右翼と目されるのが、写真の岩本徹三中尉。昭和18年末から19年2月までのラバウル防空戦において、自身の回想録にて100機以上の撃墜戦果を主張しており、のち本土部隊に転じてからの沖縄戦も通じ、F6F10機以上撃墜と記している。因みに、岩本中尉の総撃墜数は80機前後というのが、史家たちの認識。

←昭和20年6月、九州の鹿児島基地における二〇三空戦闘三〇三飛行隊の谷水竹雄上飛曹と、胴体後部に青円/白星の撃墜・破マーク8個を描いた愛機、零戦五二丙型。谷水上飛曹は、公認で18機撃墜とされており、ラバウルおよび本土防空戦でのF6F撃墜も何機か含まれる。

〈主要参考文献〉

零式一号艦上戦闘機一型第六号機以降仮取扱説明書、零式艦上戦闘機取扱説明書――海軍航空本部、研究実験成績報告・空技報01323零式艦戦図面集成――海軍航空技術廠、A7M2試製烈風局地戦闘機取扱説明書、A7資料/A7M1強度計算書第一、二、六、八巻、三菱重工業株式会社製作飛行機歴史――三菱重工業（株)、栄発動機二〇型取扱説明書、誉発動機取扱説明書――海軍航空本部、台南航空隊飛行機隊編成調書/戦闘行動調書、中島飛行機エンジン史、日本海軍戦闘機隊――酣燈社、みつびし航空エンジン物語――アテネ書房、海軍航空隊年誌――出版協同社、日本空母戦史――図書出版社、戦史叢書各巻――朝雲新聞社、日本軍用機航空戦全史第一~五巻――グリーンアロー出版社、ガ島航空戦（上）――大日本絵画、ラバウル海軍航空隊――朝日ソノラマ、零戦撃墜王――今日の話題社、GRUMMAN GUIDEBOOK Vol.Ⅰ――FLYINGENTERPRISE PUBLICATIONS,Pilot's Handbook for FM－2,F6F－3/－5、F8F－1/－2――THE CHIEF OF THE BUREAU OF AERONAUTICS、Grumman Aircraft since1929――Putnam Aeronautical Books、THE WILDCAT IN WWⅡ――Nautical&Aviation Publishing Campany、HELLCAT THE F6F IN WORLD WARⅡ――United States Naval Institute、US NAVY CARRIER AIR GROUPS PACIFIC 1941－'45、Wildcat Aces of World War2、Hellcat Aces of World War2――Osprey Publishing Ltd.、Detail&Scale vol.26 F6F HELLCAT、vol.30 F4F Wildcat――TAB BOOKS Inc.、MARKINGS OF THE ACES Part2 U.S.Navy BOOK1――KOOKABURRA TECNICAL PUBLICATIONS、PROFILE No.53 The Grumman F3F Series, No.92 The Grumman F4F－3 Wildcat――PROFILE PUBLICATIONS、GRUMMAN BIPLANE FIGHTERS in action、F4F WILDCAT in action、F6F HELLCAT in action、F7F TIGERCAT in action、F8F BEARCAT in action、Walk Around F4F Wildcat、F6F Hellcat――Squadron/Signal Publications Inc.、FIGHTER ACES OF THE U.S.A――AERO PUBLISHERS,Inc.、「世界の傑作機」No.16、68 F4F ワイルドキャット、No.22 F6F ヘルキャット、No.100 F7F タイガーキャット、No.78 F8F ベアキャット、第二次大戦米海軍機全集――文林堂、「グラマン戦闘機」――航空ジャーナル社、「丸メカニック」No.40 グラマン F6F ヘルキャット――潮書房。

写真協力：国本康文氏、潮書房光人新社

零戦vsグラマン

2021年8月12日　第1刷発行

著　者　野原　茂

発行者　皆川豪志

発行所　株式会社　潮書房光人新社

〒100-8077
東京都千代田区大手町1-7-2
電話番号／03-6281-9891（代）
http://www.kojinsha.co.jp

装　幀　天野昌樹

印刷製本　サンケイ総合印刷株式会社

定価はカバーに表示してあります。
乱丁、落丁のものはお取り替え致します。本文は中性紙を使用

ISBN978-4-7698-1684-3 C0095